工程建设管理常见问题焦点分析与对策

第2版

主　编　叶丽影
参　编　（按姓氏笔画）
叶丽影　孙翠萍　陈　晶

机械工业出版社

本书以工程建设管理方面的现行法律、法规为基础，以工程建设几个主要管理阶段中遇到的实际问题为主线，以解决问题过程中经常发生的争议为主题，对问题的发生过程、争论焦点、解决途径、处理依据以案例的形式进行情景再现。本书精选了73个案例，“案例简述”力求突出工程建设管理中“容易犯错”的细节问题；“焦点回放”直击案例问题的引出和解决过程，避免了脱离案例的空论；“评析与启示”突出了案例的借鉴或警示作用；内容涉及工程合同、工程造价、工程设计、造价索赔、设备材料、招标投标等工程建设管理等方面的相关案例细节。

本书涉及招标投标、合同执行、工程设计、工程质量、工程造价、洽商变更及施工索赔、设备材料采购供货等工程建设管理方面内容，力求从一定理论高度，通过对每个案例的评析总结，发人思考，带来启发，为读者在今后的工程管理工作中提供一些有意义的参考和借鉴。本书可供从事工程建设管理的招投标工作人员、合同造价和技术管理等相关人员参考使用。

图书在版编目(CIP)数据

工程建设管理常见问题焦点分析与对策/叶丽影主编.—2版.—北京：机械工业出版社，2017.4

ISBN 978-7-111-56757-8

Ⅰ.①工…　Ⅱ.①叶…　Ⅲ.①建筑工程-施工管理-研究　Ⅳ.①TU71

中国版本图书馆CIP数据核字(2017)第081162号

机械工业出版社(北京市百万庄大街22号　邮政编码100037)
策划编辑:汤　攀　责任编辑:汤　攀　刘志刚
责任印制:李　昂　责任校对:刘时光
三河市国英印务有限公司印刷
2017年5月第2版第1次印刷
169mm×239mm·16.5印张·314千字
标准书号:ISBN 978-7-111-56757-8
定价:49.00元

凡购本书,如有缺页、倒页、脱页,由本社发行部调换

电话服务	网络服务
服务咨询热线:(010)88361066	机工官网:www.cmpbook.com
读者购书热线:(010)68326294	机工官博:weibo.com/cmp1952
(010)88379203	教育服务网:www.cmpedu.com
封面无防伪标均为盗版	金书网:www.golden-book.com

前　言

在我国市场经济改革进程中，工程建设企业与其他生产企业一样，经历着一个从粗放式管理向精细化管理过渡和发展的过程。在经济全球化、市场国际化的今天，工程建设企业只有彻底摒弃经验主义和松散、粗放的管理模式，坚定走科学、严谨、精益求精的管理之路，才能不断提升自身管理水平，增强企业核心竞争力，在激烈的市场竞争中求生存，促发展，立于不败之地。

同时我们也看到，在工程建设管理向精细化管理发展的过程中，存在许多常常遇到、不被人注意、甚至被忽略的问题，这些问题往往对工程能否顺利实施产生重要影响，如果不重视它，甚至会给工程带来严重的不良后果。因此对这些问题进行认真分析，总结经验，并能正确为我所用，已被越来越多的建设管理者们认同和重视。成功的经验能为管理者们提供一个更高的起点、更好的基础，在摸索前行的道路上少走弯路，事半功倍；失败的经验让管理者们回顾审视自己，发现那些不容忽视却因没有重视而导致失误的管理环节，从而增强理性思维，重新调整前行的方向和坐标。不论是成功的还是失败的经验，都将成为工程建设管理者们的宝贵财富。

本书旨在将这些工程最常见“争议”问题归纳总结，对应工程建设招标投标、合同执行、工程实施质量控制、洽商变更及施工索赔几个主要管理阶段，将这些问题发生的原因、争论的焦点、解决的途径、处理的方式和过程进行详细的分析，对处理这些问题所依据的法律法规、条例办法、程序规章进行深入的探讨，借此与大家一起分享处理过程和体会心得。希望通过本书，能给从事工程建设管理工作的同行们带来一些启发，为日后的管理工作提供一些有益的参考和帮助。

本书将每一个问题穿插在每一个案例情节里，以剧情焦点回放形式将每件“案情”通过“人物”对话方式呈献给读者“观众”，让问题层层展开、逐步深入，聚焦争论双方对问题认识的过程，使读者犹如身临其境、进入角色，在接收完整全面信息的同时，获得更加鲜明深刻的印象。读者透过“剧情”，了解到问题的核心，通过“剧”终的评析，带给自己更多的回味和思考。

本书列举的每个案例短小精干，各有特色，去掉了与问题本身无关的内容。

对要阐述的每一个问题立意明确，思路清晰，对要表达的观点力求做到透彻准确、通俗易懂、生动有趣。书中尽量回避过多专业性、技术性术语和内容，以求兼顾不同层次工程管理人员使用。在突出工程管理参考书基本功能的同时，增强了阅读趣味和体验感受，进一步提高本书的实用价值。工程建设领域日新月异，工程建设管理也要顺应发展，与时俱进，但工程建设管理程序应遵循的规律和原则是不变的。在与陈贵民老师合编的《建设工程管理细节案例与点评》一书出版后，得到了读者们的充分肯定。因此，在编写本书过程中，继续沿用受读者欢迎的对话讲述形式，保留工程建设管理中的部分经典案例，对与现行法律法规不符合或不适宜的内容和结论进行了修改，同时增添大量新鲜素材，将其所依据的相关法律法规知识进行扩展和延伸，着力揭示问题带给人们的思索和启示，以适应更广泛读者人群。这也是我们编写此书的初衷。

本书所举案例来自于实际工程，虽然在问题评析的过程中对工程名称、单位名称等背景资料进行了虚化处理，但仍不可避免出现的相同、相近或相似之处，绝非编者有意为之，对由此带来的不周表示歉意，请读者谅解。

此书受陈贵民老师全权委托负责编写，对陈贵民老师给予的信任以及热情帮助和悉心指导表示由衷的感谢。在编写过程中，借鉴和选用了有关专家、同行们的相关资料，并得到机械工业出版社的大力支持。在此，一并表示衷心的感谢。

由于水平有限，书中难免有错误和不当之处，敬请读者批评指正。

编　者

目 录

前言

第一章 工程建设招投标管理常见问题案例评析

1. 投标人资格标准有规定，投标人递交资料需满足 …… 2
2. 未提出质疑的投标人，也需要发放答疑文件 …… 5
3. 有效投标人数量不足，应按规定重新组织招标 …… 7
4. 有意愿放弃中标却非事实放弃中标 …… 11
5. 资格审查中的特定条件是合理要求还是限制排斥 …… 15
6. 实质要求不满足，两字之差成废标 …… 18
7. 价格搞颠倒，中标变废标 …… 22
8. 发包人任意指定分包要不得 …… 25
9. 欲借他人优势投标，反被连累淘汰出局 …… 29
10. 照顾关系联合投标，却因违规中标无效 …… 32
11. 项目招标已完成，为何最终又撤销 …… 36
12. 投标人不符合实质性要求废标，竞争性谈判程序违规被判无效 …… 39
13. 业绩突出通过资格预审，实际考察发现造假劝退 …… 42

第二章 工程建设合同管理常见问题案例评析

1. 君子协定替代不了书面协议 …… 46
2. “尽量保留”和“不确定保留”引发的拆除和移改 …… 49
3. 合同范围对施工交界面约定不清引起的麻烦 …… 52
4. “室外”与“外墙”引来的争议 …… 56
5. 审核竣工结算为何出现两个结论 …… 59
6. 表面免费捐建，实为有偿新建 …… 62
7. 谁来承担基础资料提供不准确的责任 …… 65
8. 合同描述欠缺严谨，工程实施产生歧义 …… 69
9. 改变实质性条款太离谱，自知理亏最终做出让步 …… 72
10. 未经法人授权委托，代理履行合同无效 …… 76
11. 虽未订立合同，却已履行义务，合同事实成立 …… 79

12. 超标排放废水停产导致工程停建，强词夺理无法逃避合同违约责任 …… 83
13. 工程不可随意拆解招标和自行分包 …… 87
14. 工程实施中的质量责任与工程验收后的保修责任 …… 90
15. 竣工后工程设备运行出现问题，推迟设备验收延长保修期违规 …… 93
16. 采购的设备为何出现了不同的质保期 …… 97

第三章　工程建设变更索赔管理常见问题案例评析

1. 现场拆除安装管道，价款调整不增反减 …… 102
2. 投标期间踏勘场地，莫忘留意周边设施 …… 106
3. 兼顾双方利益，赢得索赔主动 …… 109
4. 技术先行优化设计方案，主动变更实现项目收益 …… 112
5. 未作现场工程量增减核认，调整费用缺少依据难认可 …… 116
6. 答疑补充的清单漏项为何在工程结算时被取消 …… 121
7. 新增材料自组单价，各方签认才是凭证 …… 125
8. 技术薄弱接错管，工期索赔反被罚 …… 129
9. 验收部门提出修改，发生费用各自承担 …… 133
10. 搞错开工时间，延误工期反索赔 …… 136
11. 利用变更时点，抓住索赔环节 …… 140
12. 未及时办理设计变更提出费用补偿遭拒绝 …… 143
13. 撤销的合同内容没做减项变更，原封不动装进结算资料一眼看穿 …… 146
14. 善意提出修改，相互诚信双赢 …… 150
15. 总包与分包之间的合同关系与变更管理关系 …… 153
16. 合同理解严重偏差，随意“平均”自食其果 …… 157
17. 现场踏勘失误，合同漏洞成转机 …… 159
18. 投标文件做出施工质量保证，并非理应承担一切质量责任 …… 163
19. 供货期间市场价格上涨，能否调整遵循合同约定 …… 166
20. 一次阀门变更与两个定金比例背后的故事 …… 170
21. 变更未经正式确认，提前订货得不偿失 …… 174

第四章　工程建设实施管理常见问题案例评析

1. 一个软接头质量好坏带给工程的影响 …… 180
2. 将设备拆成散件场内运输执行环节 …… 184
3. 阀门以假乱真到现场，火眼金睛识破退回厂 …… 187
4. 遗漏管道吹扫导致设备故障停机 …… 191
5. 非减振支吊架让振动彻底失控 …… 196
6. 加厚的保温棉让保温失去效果 …… 200

7. 场地测量数据出偏差，导致工程投资增数倍 …………………………………… 203
8. 施工风道清理检查不到位，导致消防系统风量不达标 ………………………… 206
9. 发包人采购设备完成进场交验，承包人现场保管理应尽职尽责 …………… 209
10. 未充分了解使用特点和使用规律做设计，空调系统刚刚投入运行就面临重新改造——空调系统改造之设计环节………………………………………… 212
11. 不合理的系统设计已修改，改造后运行为何又出问题——空调系统改造之施工环节……………………………………………………………………………… 215
12. 为方便施工进行修改却让风管送风量打了折扣……………………………… 219
13. 违规擅自修改设计导致在建工程倒塌………………………………………… 223
14. 环环把关频出漏洞，用错材料重新返工……………………………………… 225
15. 管网资料已过时，进场施工大拆改…………………………………………… 228
16. 不懂专业改错数据，造成损失自食其果……………………………………… 231
17. 管理水平高低体现竞争实力差距……………………………………………… 234
18. 新风机组管道冻裂漏水，源自产品缺陷而非操作不当……………………… 237
19. 既然安装了管道消声器，为何室内噪声仍超标？…………………………… 240
20. 逃避损坏设备责任作假，检查设备序号破绽百出…………………………… 244
21. 材料性能地区差异大，未充分调查慎重使用………………………………… 247
22. 为求美观损失功能不应该，考虑不周实际使用留遗憾……………………… 249
23. 模糊的系统含义让暂估价格相差几十万元 ………………………………… 252
参考文献 …………………………………………………………………………… 256

第一章

工程建设招投标管理常见问题案例评析

1

投标人资格标准有规定，投标人递交资料需满足

案例简述

甲方：某机械学校项目建设办

乙方：某工程公司

某综合楼工程，建筑面积为 12000m²。按照甲乙双方签订的施工合同约定，变配电柜属于暂估价设备，由甲乙双方共同招标，即乙方起草招标文件，甲方审核，甲、乙双方对投标申请人共同进行资格审查，确定入围投标人，乙方组织相关招标事务工作，与中标人签订采购合同。在招标准备会上，甲乙双方商定允许投标申请人可以是设备生产商也可以是设备代理商，但设备代理商需持有设备生产商出具的授权委托书才具备投标申请人资格，双方取得一致意见后，共同制订了资格审查原则。此时，施工现场将要进行二次砌筑，要求主要设备必须在砌筑前进场就位，设备招标工作迫在眉睫。准备会后，乙方发布公告，并按规定时间向递交资料的投标申请人发售招标文件，但在乙方发售招标文件的当天，有投标申请人向甲方提出质疑，称当天领取招标文件的三个设备代理商并没有设备生产商授权，也没有销售变配电设备及售后服务的工作经验。如果这些未经授权的代理商中标，所销售的变配电柜很可能满足不了合同质量要求，售后服务也难于保证，对设备生产商的信誉将产生不良影响。

甲方接到质疑后，马上召集负责招标工作的几方人员，对投标人资格审查过程中的有关问题进行查因和分析。

焦点回放

乙方：按照对投标申请人资格审查的要求，设备代理商投标时应在投标申请文件中附上设备生产商授权委托书，但领招标文件的时候，是不用出具设备生产商授权委托书的。领招标文件以后，设备生产商自然会给他们提供授权委托书的。

甲方：这里有两点要说明。第一，在甲乙双方讨论投标申请人资格条件时，对代理商须持有设备生产商为其开具的授权委托书是投标申请人资格条件之一这

一点上取得了一致意见。第二，甲乙双方共同招标的含义即招标人是甲乙双方，对投标人递交的资料，甲乙双方共同进行审查，这一点我们都应清楚。你们对递交的投标申请人资料是否进行过审查？这些资料有没有报给甲方审查？从现在的情况看，这两点恐怕都没有做到，你们没有核查清楚投标申请人资料是否满足要求的情况下就发招标文件的做法是不太妥当的。

乙方：招标文件发放的时间通知甲方和监理工程师了，发放招标文件的当天，甲方因公干不能参加，也没有提出其他意见，应该是同意由我方来安排发放招标文件。而且，当天投标申请人都等在现场，为抓紧时间，我方向他们发放招标文件并不违反规定！况且，招标文件已经过甲方审核了。

甲方：我方不能参加，你们可以组织发放招标文件，现在讨论的问题不是你们能不能发放招标文件，而是你们在审查投标申请人资格的环节上出了问题。

乙方：招标工作开始时没提出对投标申请人进行资格审查的要求，现在提出要在发招标文件前对投标人进行资格审查，责任不在我方。

甲方查阅了审定的招标文件和招标准备会上讨论投标申请人资格条件的会议纪要。

甲方：现在可以肯定，只有投标申请人通过资格审查才能向其发招标文件。如果不是设备生产商投标，而是设备代理商投标，必须要持有设备生产商为其开具的授权委托书，经甲乙双方审核无误后，才可以领招标文件。合同条款对暂估价设备要求甲乙双方共同招标的约定，以及设备招标准备会上对投标申请人资格审查标准形成的意见，就是对投标申请人在投标前是否要进行资格审查最准确的解释。也就是说，在发布的招标公告内容里，就应该明确投标申请人应具备的资格条件。

乙方找出招标公告，发现确实没有关于投标申请人资格审查条件的规定，最终甲乙双方协商确定，中止本次招标活动，重新发布公告，组织招标。

事后，乙方按照重新组织招标的最短周期和设备生产排产期，重新调整了变配电柜安装计划，没有对二次砌筑施工产生影响。

评析与启示

《中华人民共和国招标投标法》第二章第十八条规定："招标人可以根据招标项目本身的要求，在招标公告或者投标邀请书中，要求潜在投标人提供有关资质证明文件和业绩情况，并对潜在投标人进行资格审查…"，第二十六条规定："投标人应当具备承担招标项目的能力；国家有关规定对投标人资格条件或者招标文件对投标人资格条件有规定的，投标人应当具备规定的资格条件。"

由此可见，招标阶段是否要对投标人进行资格审查，资格审查的条件和标准是什么，"招标人是可以根据招标项目本身的要求"来确定的，一旦确定要进行资格审查，就应"在招标公告或者投标邀请书中"说明，才能对所有投标人制订一个统一而公平的衡量标准。而投标人也应当具备招标文件对投标人资格条件的相关规定，才有参与投标的资格。资格审查包含资格预审和资格后审。资格预审即潜在投标人投标前，对其进行资格审查的一种形式。资格后审为潜在投标人投标后，评审委员会在评标时，对其投标文件是否满足招标文件规定和评标办法进行符合性评审后，对通过符合性评审的所有投标人进行资格审查的一种形式。资格预审不合格的潜在投标人不得参加投标，资格后审不合格的投标人作废标处理。本例乙方在招标公告中缺少对投标申请人进行资格审查内容的详细说明，在投标申请人递交资料后，既没有按甲乙双方共同招标原则将投标申请人资料提交给甲方审核，又没有对投标申请人是否具备招标人规定的资格条件进行审查，结果导致招标失败。

招投标阶段资格审查流程如图 1-1 所示

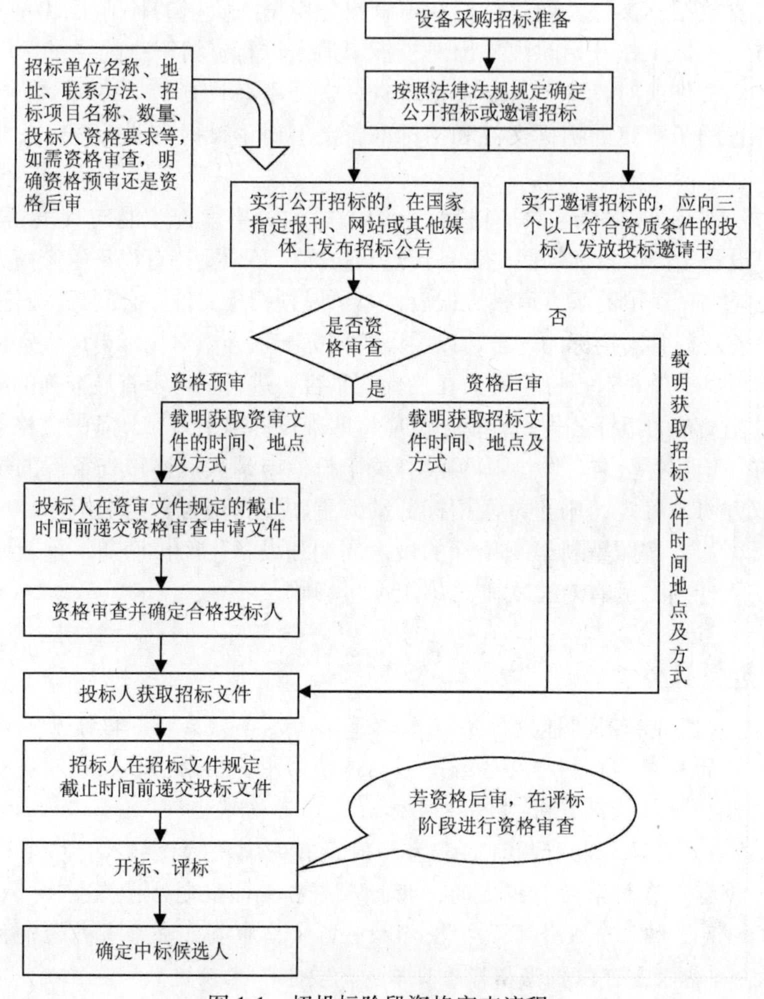

图 1-1　招投标阶段资格审查流程

2

未提出质疑的投标人，也需要发放答疑文件

案例简述

招标代理：Z 招标代理公司

投标人：A 建筑公司

受招标人委托，Z 招标代理公司负责办理某新建图书馆工程的施工招标事宜，通过资格预审确定了 7 名投标资格候选人，并在两天内向 7 名投标资格候选人发售了招标文件。投标人现场踏勘三天后，对招标文件有疑问的投标人在招标文件规定的质疑时间内提交了各自的质疑文件。其中有五家投标人提出了现场踏勘时发现的部分地下障碍物是否应考虑在投标报价范围内的问题，这部分地下障碍物是招标人在三个月前，为提供施工场地拆除老宿舍楼，因场地条件所限未全部拆除遗留下来的。

答疑期间，招标人组织了答疑会，对投标人提出的疑问逐一给予了解答。会后，招标人要求代理公司根据投标人提出的质疑问题和答疑会的意见，形成书面答疑文件，发给投标人。在整理好的答疑文件里对现场地下障碍物的处理也做了明确指示：地下障碍物拆除量及相应处理措施等各项费用含在投标报价中。招标代理公司很快整理好了答疑文件，交给负责联络的具体工作人员，让其尽快将答疑文件发给投标人。

招标代理公司工作人员工作效率很高，当天就将答疑文件分别以邮件和传真形式发给了提出疑问的投标人。

焦点回放

开标评标过程很顺利，评审委员会依据招标文件和答疑文件对 7 家投标人进行了评审，一直被看好的 A 建筑公司被废标，评标报告中指出 A 建筑公司在工程量清单和投标报价中没有包含现场地下障碍物的内容。评标结果公示期间，A 建筑公司向招投标监管部门提出了投诉，称自己的投标文件完全符合招标文件实质性内容，工程量清单无错漏项，认为此次评标结果有失公允。监管

部门介入调查后发现，原来Z招标代理公司向投标人发答疑文件时，并没有将答疑文件通知发给所有投标人，而只将通知发给了提出疑问的五家投标人，A建筑公司正是那两家没有提出疑问、也未接到答疑文件的投标人之一，因此在计算工程量清单和投标报价中漏掉了地下障碍物的内容。经过监管部门和Z招标代理公司对过程的回顾和分析，Z招标代理公司主管人员也意识到了工作中的失误。事后，Z招标代理公司根据监管部门的处理意见，重新组织了招标。

评析与启示

《中华人民共和国招标投标法》第二十三条规定："招标人对已发出的招标文件进行必要的澄清或者修改的，应当在招标文件要求提交投标文件截止时间至少15日前，以书面形式通知所有招标文件收受人。该澄清或者修改的内容为招标文件的组成部分"。

也就是说，本案Z招标代理公司在发送答疑文件时，应该向提出疑问和没有提出疑问的所有投标人同时发送。答疑文件是招标文件的组成部分，是对招标文件的澄清和补充，未收到答疑文件的投标人很可能因为不知道其中的某项补充内容，导致投标文件不能实质性响应招标文件而废标。

本案中有一个细节有必要在此提醒，招标人在答疑期间组织的答疑会是面向所有投标人参与的会议，招标人在答疑会上对所有投标人提出的问题逐一做了解答，与会投标人对提出的问题和招标人的答复都应该是清楚的，A建筑公司也不该例外。虽然A建筑公司没有收到书面答疑文件，但答疑会的参会者名单完全可以证明A建筑公司是知道地下障碍物拆除量及相关处理费用应计入投标报价中的，那么监管部门为什么仍然认定招标人应当重新组织招标呢？

因为答疑会上招标人的解答只是口头说明，并非书面文件，只有将所有的解释和回答落实在文字上，以书面文件形式"通知所有招标文件收受人…"，才被视为是对投标人有法律约束的依据和行为。当未中标的投标人出于某种目的向招投标监管部门进行投诉时，监管部门也只能依据法律法规和招标文件的规定进行处理。

招标工作是否能严格按照程序执行，关系到招标人能否给所有投标人提供一个平等、公正的竞争机会，关系到每个投标人的切身利益，也关系到招标人能否选择到一个合适的投标人，因此，从事招标工作的每个人，对工作的每项步骤、每道程序、每个细节，都必须依照法律规定严格执行、规范操作，不能因为麻烦就凭个人主观意愿想当然办事，任意简化或省略法律规定的程序步骤，因为任何一个微小的漏洞都可能造成严重后果，让所有的努力付之东流。本案中，由于招标代理公司工作不严谨，导致招标无效，就是一个深刻的教训。

3

有效投标人数量不足，应按规定重新组织招标

案例简述

招标代理：L 招标代理公司

投标人：B 建筑公司

某新建教学楼工程施工承包商 B 建筑公司委托 L 招标代理公司进行教学楼工程网络集成设备采购招标工作，设备造价约 148 万元，属于依法必须进行招标的项目。该项目招标设备不属于技术复杂、供应来源有限的特殊情况，L 招标代理公司与 B 建筑公司商量后决定采用资格后审形式，并在招标公告中说明了领取招标文件的时间和资格审查形式，L 招标代理公司于规定的时间向所有投标人发售了招标文件。然而，在开标之日，仅有两个投标人递交了投标文件。

焦点回放

L 招标代理公司将开标情况向 B 建筑公司进行了汇报，并向 B 建筑公司说明，两个投标人的投标文件基本满足招标文件要求，但有效投标人数量不足三个，按照招投标相关法律法规的规定，应当重新组织招标。但 B 建筑公司不同意这么做，理由是施工工期太紧，再重新招标，从办手续到定标要一两个月，以目前的施工进度恐怕来不及。B 建筑公司负责招标采购的人员还提出了一个理由：参与这个项目投标的两个投标人，都是合格投标人，根据七部委 27 号令相关规定，有效投标人不足三个，是否缺乏竞争，应该交给评审委员会定夺；是否要否决全部投标，重新组织招标，也应该由评审委员会决定。如果评审委员会对两个投标人的投标文件进行评审后，认为具备竞争性，评审委员会就可以推荐中标候选人或确定中标人。这样一来，一是能节省不少时间，二是有利于工程按计划如期进行。就算评审委员会否决了全部投标，到时再重新组织招标也不迟。

L 招标代理公司考虑到自己是 B 建筑公司的受托人，项目施工进度又到了关键时候，就未再争取，同意了 B 建筑公司的提议，第二天抽取了评标专家组织评标，招标人在向评审委员会专家做了简单介绍和解释后，评标工作进展顺利，

评审专家对两份投标文件进行了详细评审，两份投标文件均实质性响应招标文件要求，最终，评审委员会推荐了投标价格低的C公司为中标候选人。在评标结果公示期，落标的D公司向行政监管部门提出投诉，质疑本次招标过程违背了相关法律法规的规定，认为到投标截止时间为止，递交投标文件的投标人不足三个，按照招投标相关法律规定，招标人应依法重新组织招标。

行政监管部门在了解了招标全过程以后，参照招投标相关法律法规，认定投标人D公司质疑成立。

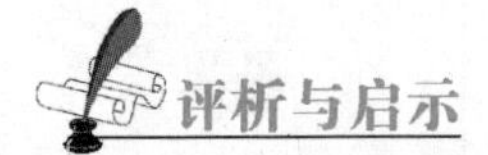

评析与启示

《中华人民共和国招标投标法》第二十八条规定："投标人应当在招标文件要求提交投标文件的截止时间前，将投标文件送达投标地点。招标人收到投标文件后，应当签收保存，不得开启。投标人少于三个的，招标人应当依照本法重新招标。"

《工程建设项目施工招标投标办法》第三十八条规定："……依法必须进行施工招标的项目提交投标文件的投标人人少于三个的，招标人在分析招标失败的原因并采取相应措施后，应当依法重新招标…"。

本案D公司正是基于上述规定对B建筑公司提出质疑。

《工程建设项目货物招标投标办法》第四十一条规定"评标委员会对所有投标作废标处理的，或者评标委员会对一部分投标作废标处理后其他有效投标不足三个使得投标明显缺乏竞争，决定否决全部投标的，招标人应当重新招标"。

《中华人民共和国招标投标法》第二十八条规定和《工程建设项目施工招标投标办法》第三十八条规定通常针对以下两种情况：第一种情况是通过资格预审后、投标候选人少于三个或开标后递交投标文件的有效投标人少于三个的情形；第二种情况是采用资格后审，在投标截止时间止递交投标文件的投标人少于三个的情形，这两种情形都属于有效投标人不足三个，应当重新组织招标的情况。《工程建设项目货物招标投标办法》第四十一条规定则主要针对投标人提交的投标文件已经进入评标环节，评审委员会否决不合格投标或者废标后，有效投标不足三个，由评审委员会比较其是否具备竞争性后，而决定继续评审还是全部否决的情形。也就是说，在评标过程中，因否决不合格投标或废标后，出现了投标人不足三家的情况，评审委员会仍可以继续评审或否决全部投标，如何评判取决于评审委员会视其余投标人是否具备竞争性而定。两个规定针对的情况和阶段有所不同，对应资审、投标、评标几个环节要求的具体内容和掌握的尺度也不尽相同，谁先谁后，孰重孰轻，一目了然。本案项目在开标时，只有两个投标人递交了投标文件，不满足招投标法及有关办法规定，招标人应当依法重新组织招标，而不是继续评标活动。

本案B建筑公司和L招标代理公司出发点都是善意的，在工期吃紧的情况下，能采取既合理又合法的“补救”措施尽快解决设备招标，当然是再好不过了。但事态的发展往往比预想的要复杂。B建筑公司对行政规章熟记于心，只可惜在理解上出现了偏差，混淆了法律条款和行政规章的效力层级，搞错了相关规定适用的场合。而L招标代理公司明知相关规定，却不想违背招标人意愿，宁愿睁一只眼闭一只眼，少麻烦图省事，虽认为B建筑公司提议有背招投标规定，但不致违法，不影响大局，没想到恰恰是这个提议违反了法律规定，产生了质疑和投诉，造成了必须重新招标的被动局面。

招标投标法对有效投标数量规定分析图如图1-2所示。

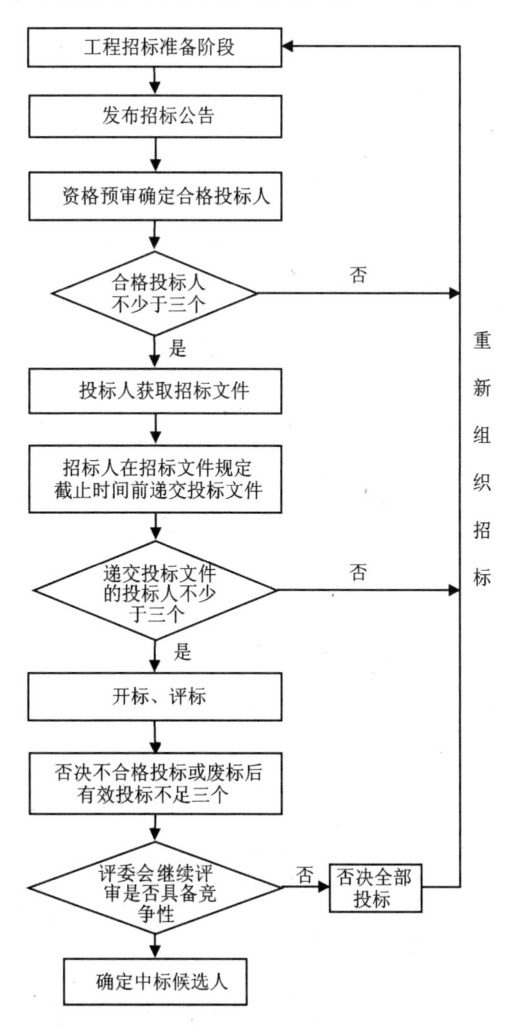

图1-2　招标投标法对有效投标数量规定分析图

像本案招标过程中出现了投标人少于三个而招标人想方设法进行“补救”的情况时，招标代理单位要想做到既节省时间，又满足法律法规程序要求，是需要仔细斟酌的，并在做出决定之前应与监管部门认真协商和研究，否则仓促实施很容易出现程序上的漏洞和工作失误，引起各类纠纷。

法律是约束个人、群体行为的最高原则。法律用语简明扼要，准确精练。每个字，每个词，每句话都代表着深刻而广博的含义，要求每一个从事建设管理的工作人员严格遵守和执行，任何一点疏漏都可能铸成大错，本案中的 B 建筑公司如果对法律规定的细节在理解上再下点功夫，L 招标代理公司如果对法律规定在执行环节上做到一丝不苟，就能避免很多不该发生的失误。

本案给了我们一个启示：从事管理工作需要遵循一定规则行事，因为这些规则是经过实践检验，被法律法规提炼总结的法则。

4

有意愿放弃中标却非事实放弃中标

案例简述

招标人：F 市科技局管理中心

投标人：建筑工程公司

F 市科技局办公楼工程，建筑面积 40000m^2，按照招标计划经资审、评标，确定的前三名中标候选人分别是 B、H、Z 建筑公司。科技局管理中心 C 经办人向科技局领导大致介绍了排名第一的中标候选人 B 建筑公司情况："B 建筑公司是一家外省建筑公司，在投标文件中，编制的施工组织设计方案较完善，配备的项目班子力量也较强。"科技局领导在听取了汇报后说："我们这个项目能争取下来很不容易，又处在市中心位置，社会影响大，能否选到一个好的施工队伍是保证项目顺利实施的关键，不知道外省的建筑公司对我们当地建筑市场的政策要求是不是熟悉，你们让项目技术管理人员详细了解清楚 B 建筑公司背景，再对几家中标候选人的投标文件认真比较一下"。领导的一番话让 C 经办人员似乎明白了什么。会后马上开始张罗项目业主代表、技术、造价人员对另两家中标候选人 H、Z 建筑公司的投标文件进行审查。审查中，技术人员发现，B 建筑公司提出的工程质量标准为"合格"，而本地 H 建筑公司除满足工程质量百分之百合格外，还承诺创优质工程奖。C 经办人员把审查情况向局领导汇报后，局领导很重视，认为"如果这个工程能创优，不仅是科技局的荣誉，也是局里从事工程建设全体人员的荣誉"。有了领导的指示，有了对荣誉的渴望，局管理中心项目管理班子成员情绪高涨。C 经办人员赶紧召集 B 建筑公司开会，要求 B 建筑公司在工程质量"合格"的基础上，增加一项创优质工程奖的承诺，才能发中标通知书。B 建筑公司犹豫不决，一方面好不容易在 F 市争取到这项工程不想轻易放弃，另一方面，招标文件条款中没有对工程创优的要求，公司在投标报价时未考虑创优的费用，现在招标人提出增加此项承诺让 B 建筑公司很为难。为了争取中标，公司在投标报价上已经做出了很大让步，如果同意增加这项承诺，就意味着本来不大的利润空间将进一步压缩。B 建筑公司答应回去再考虑，两天后给予答复。

两天后，B建筑公司回复说“我们几个部门经过反复核算和协商，认为针对现有报价无法做到工程创优，我们初步决定放弃这个项目，但还需要请示公司董事长批准，董事长现在国外，预计一周后回来，等相关手续一办完就送过去”。C经办人员得知B建筑公司准备放弃中标，松了一口气，这样一来，既能让排名第二的H建筑公司顺利成为中标人，让领导满意，又能选择一个工程质量好，保证工程创优获奖的施工企业，两全其美。现在B建筑公司已决定放弃中标，补办手续只是时间问题，为尽快开工，C经办人决定抓紧时间，马上给排名第二的H建筑公司发中标通知书，同时与H建筑公司协商办理签订施工合同有关事宜。就在招标人紧锣密鼓准备与H建筑公司签订合同时，B建筑公司发来函件，表示可以在合同中增加工程创优的承诺。原来B建筑公司董事长回国了解了全部情况以后，决定为了公司今后的发展，在F市站稳脚跟，同时表现出最大诚意，同意招标人意见。但当B建筑公司得知中标书发给了H建筑公司后，立即向当地招投标监管部门提出投诉。

投诉称：“招标人在第一中标候选人不知情的情况下，将中标通知书发给排名第二的中标候选人，其行为违背了《工程建设项目施工招标投标办法》的规定。”

招标人解释：“B中标候选人已向我方提出自愿放弃中标，相关手续正在办理中，我方是在征得了B建筑公司同意后才决定选择排名第二的中标候选人为中标人的。”

而监管部门处理意见要求招标人立即停止与H建筑公司正在进行的签订合同相关事宜，将中标通知书发给B建筑公司，并尽快与B建筑公司签订施工合同，办理合同备案手续。

评析与启示

《工程建设项目施工招标投标办法》第五十八条规定：“依法必须进行招标的项目，招标人应当确定排名第一的中标候选人为中标人。排名第一的中标候选人放弃中标、因不可抗力提出不能履行合同，或者招标文件规定应当提交履约保证金而在规定的期限内未能提交的，招标人可以确定排名第二的中标候选人为中标人。排名第二的中标候选人因前款规定的同样原因不能签订合同的，招标人可以确定排名第三的中标候选人为中标人。”

那么，第一中标候选人—B建筑公司是否自愿放弃了中标？

当然不是。《工程建设项目施工招标投标办法》第八十一条规定：“中标通知书发出后，中标人放弃中标项目的，无正当理由不与招标人签订合同的，在签订合同时向招标人提出附加条件或者更改合同实质性内容的，或者拒不提交所要求的履约保证金的，招标人可取消其中标资格，并没收其投标保证金；给招标人的损失超过投标保证金数额的，中标人应当对超过部分予以赔偿；没有提交保证金的，应当对招标人的损失承担赔偿责任”，可以看出，首先是中标候选人拿到了中标通知书，才可以选择“放弃中标”。本案B建筑公司作为经评审确定的第一中标候选人，却因招标人提出的额外要求，不能顺利成为合法意义上的中标人。很明显，招标人的做法是不符合招投标规定的。虽然B建筑公司有准备放弃中标的意愿，但该公司既没有向招标人提供放弃中标的书面材料，也不是在拿到中标通知书后声明放弃中标，“放弃中标”也就失去了前提条件。

那么，如果B建筑公司拿到了中标通知书，公司董事长也同意放弃中标，B建筑公司是不是就可以随意放弃中标？而招标人就能顺理成章地选择第二中标候选人为中标人呢？

《中华人民共和国招标投标法》第四十五条规定：“中标人确定后，招标人应当向中标人发出中标通知书，并同时将中标结果通知所有未中标投标人。中标通知书对招标人和中标人具有法律效力。中标通知书发出后，招标人改变中标结果的，或者中标人放弃中标项目的，应当依法承担法律责任。”

根据上述《工程建设项目施工招标投标办法》第八十一条和第五十八条规定可以看出，排名第一的中标候选人放弃中标，如果是“因不可抗力提出不能履行合同”，“向招标人提出附加条件或者更改合同实质性内容”，或者“招标文件规定应当提交履约保证金而在规定的期限内未能提交的”情况下，招标人才“可取消其中标资格”，确定排名第二的中标候选人为中标人。除此之外，其他的理由都很难称之为正当理由。无正当理由，中标人在中标通知书发出后随意放弃中标项目，不与招标人签订合同，将可能承担法律责任。

同样，无正当理由，招标人在中标通知书发出后改变中标结果的，也要承担法律责任。

(1) 评标结果出来后才提出要认真比较三个中标候选人的投标文件，说明在评标前已圈定了有意向的中标人。

很多例子证明，在评标后提出对候选人进行审查，一般都是招标人在评标前事先圈定好了有意向的中标人，想通过评标程序使其合法化。如果评标结果为有意向的中标人排名第一，则按照正常评标程序进行；如果不是有意向的中标人排名第一，则对排名第一的中标候选人进行“审查”，在“审查”中，以种种理由，取消或使第一中标候选人放弃中标资格，让有意向的中标人顺理成章中标。

本案招标人对三个中标候选人投标文件的“审查”，是招标人自己组织的单方面行为。既未征得招投标行政主管部门的同意，又不是依法成立的评标委员会，这种行为得出的“审查”结论不具有合法性，不能推翻和取代评标委员会的评标结果。

（2）本案中，招标人想通过“审查”让自己有意向的中标人取代第一中标候选人，其做法已经违背了法律规定。这种随意扩大自己权利空间的行为，也严重损害了其他中标候选人合法权益，也为某些人把招投标过程变成自己暗箱操作的土壤创造了条件。本案招标人未必有意漠视法律，但却在无意中做出了法律禁止的事情。如果评标结果出来后，招标人发现中标候选人确实存在着实质性不响应或不符合招标文件要求的情形，应当尽快向招投标行政主管部门反映，以求得主管部门的帮助和解决，而不是任意改变中标结果。

在招投标过程中的任何行为都应受到法律的约束。作为管理者，如果为自己的利益钻法律的空子，甚至违反法律规定，其行为定会受到法律的惩罚。

5

资格审查中的特定条件是合理要求还是限制排斥

案例简述

招标代理：H 招标代理公司

投标申请人：A 供应商

H 招标代理公司受采购人委托就某机关事务局采购的办公家具进行供应商资格预审。在资格预审文件中，对供应商资格的要求为："具有良好信誉的独立法人，从事办公家具制作、安装五年以上经验、有良好售后服务的本省家具生产企业"。资格预审当天，有一家从事办公家具的非本省企业 A 供应商，因不满足资格预审文件中规定供应商为本省企业的要求，遂向政府采购监管部门提起投诉，理由是采购人对潜在供应商设定了不合理条件，实行了差别待遇，监管部门受理了这份投诉案件。

焦点回放

A 供应商："我们生产的家具 80% 销往国外，在国内主要面向高档写字楼，连年获得全国十佳家具品牌称号。对于本项目拟采购的办公家具，我公司产品完全能够满足要求。按照国家相关招投标法和采购法的规定，我们完全具备该项目投标资格条件。"

监管部门：既然具备资格条件，为什么没能入围？

A 供应商：资格预审文件对供应商设定了生产地限制条件，我们认为这是不合理条件，是对外地企业实行差别对待，不符合招标投标法、政府采购法相关规定。

监管部门调看了资格预审评审录像，看到 A 供应商在资质、项目人员组成、财务状况、业绩等各项评分均排在前列，也感觉到其中存在的问题，遂找到 H 招标代理公司。

监管部门：你们在资格预审文件里对供应商要求为："具有良好信誉的独立法人……有良好售后服务的本省家具生产企业"，请解释一下。

H招标代理公司：要求供应商必须是本省企业。

监管部门：外地企业制作的家具不能用吗？

H招标代理公司：倒也不能这么说，我们作为招标代理机构，是受采购人委托进行招标工作的，资格预审文件规定的供应商条件也是按照采购人想法设定的，采购人想选择本省企业，可能是出于本省企业对运输、安装、售后及当地各方面关系比较熟悉，沟通方便的考虑吧。

监管部门：作为招标代理机构，应该熟悉和掌握招投标法、政府采购法各项规定，其中对不能限制和排斥潜在投标人，不能对供应商实行差别或歧视性待遇作出了明确规定，你们是不是清楚？

H招标代理公司：清楚，可是法律文件对“采购人可以根据采购项目的特殊要求，规定供应商的特定条件…”也作了相应规定。“本省企业”就是采购人规定的“特定条件”。

监管部门：设定这个“特定条件”什么依据？

H招标代理公司：采购项目的特殊要求。

监管部门：只能用本地企业，不能用外地企业，对一个办公家具采购项目，是特殊要求？

H招标代理公司：我们只是按照采购人的意思办事，主观上并没有限制和歧视任何供应商的想法。

监管部门：这个项目的情况我们也了解一些，采购人要采购的办公家具从外观形式、规格型号与普通办公家具没有多大差别，不存在有什么特殊性，该项目也不是保密项目。所以，这个家具采购项目不存在需要设置特定标准和特定条件的问题，只要是国家正规家具生产企业都有资格参与。你们在资格预审文件中设定这样的特殊条件对前来投标的供应商是不公平的，也是不合理的，是对供应商实行了差别对待，有排斥和限制潜在投标人之嫌疑！

H招标代理公司：谢谢监管部门对我们的提醒，这个问题，确实需要我们认真反思，在今后工作中加以改正和避免的。

监管部门经过复议，最终认定供应商投诉有效。要求H招标代理公司重新组织资格预审。经评审，A供应商成为合格的投标申请人。

评析与启示

关于在招投标或采购活动中的法律条文有以下规定：

《中华人民共和国政府采购法》（以下称为《政府采购法》）第二十二条规定：“采购人可以根据采购项目的特殊要求，规定供应商的特定条件，但不得以不合理的条件对供应商实行差别待遇或者歧视待遇。”第二十三条：“采购人可以要求参加政府采购的供应商提供有关资质证明文件和业绩情况，并根据本法规定的供应商条件和采购项目对供应商的特定要求，对供应商的资格进行审查。”

《中华人民共和国招标投标法》（以下称为《招标投标法》）第六条规定：“依法必须进行招标的项目，其招标投标活动不受地区或者部门的限制。任何单位和个人不得违法限制或者排斥本地区、本系统以外的法人或者其他组织参加投标，不得以任何方式非法干涉招标投标活动。”第十八条规定：“招标人不得以不合理的条件限制或者排斥潜在投标人，不得对潜在投标人实行歧视待遇。”第二十条：“招标文件不得要求或者标明特定的生产供应者以及含有倾向或者排斥潜在投标人的其他内容。”

采购项目特殊要求的标准和对供应商规定的特定条件是什么，法律条文并没有给出具体解释和答案，但对“不得以不合理条件排斥本地区、本系统以外的、具有独立法人的投标人或供应商参加投标”作出了明确规定。根据《招标投标法》第六条规定，本案采购人一开始的主观想法就是不合理的。从上面的描述中可以看出本案H招标代理公司虽然熟悉招投标和采购供应相关法律法规，但缺乏对条款的准确理解，对什么情况下采购项目应具有特殊要求，什么情况下对供应商应规定特定条件，特定条件与合理条件的区别是什么并不清楚，又因受采购人委托，对采购人的意图既不好深究，又不好违背，但又必须找到支持采购人意图的理由和法律依据，所以就出现了H招标代理公司在复议中提到的《政府采购法》第二十二条理由。

可以这样说，如果采购人规定的“特定条件”是合理的条件，采购人是可以根据这个特定条件对供应商资格进行审查的。如果采购人规定的“特定条件”是不合理的，根据这样的“特定条件”对供应商资格进行审查，其结果也是不合理的，如果这样的“特定条件”对供应商构成事实上的歧视性待遇或者差别待遇，其结果当属违法。所以，H招标代理公司依据的理由是不成立的。

6

实质要求不满足，两字之差成废标

案例简述

招标人：某市卫生局改造办

投标人：E 供应商

某市卫生局为改善职工冬季供暖质量，决定对职工宿舍区锅炉房进行改造，更新旧锅炉及附属设备，费用共计约 1200 万元。为确保改造后的锅炉供暖质量有保障，卫生局改造办在设备采购招标文件技术标准中提高了对锅炉技术的要求。其中对锅炉出力、效率、炉体表面温度、噪声等技术参数的标准要求如下：锅炉出力不小于 10MW，锅炉效率不小于 90%，锅炉本体表面温度不大于 60℃。锅炉外 1m 处噪声小于 75dB，并规定这些要求为招标文件实质性响应条款。

该项目部分资金来源为财政拨款，评审办法采用经评审的最低投标价法。共有五家锅炉供应商通过了资格审查，投标截止时间内，五家锅炉供应商递交了投标文件，且均为有效投标文件。评标过程中，评标委员会经济专家根据招标文件评审办法通过计算确定，五家参与投标的供应商中 E 供应商的投标价格最低，但评标委员会的一位技术专家指出，E 供应商的技术标书中，提供的锅炉本体表面温度技术指标有待澄清。E 供应商技术标书中对锅炉本体表面温度是这样描述的："我方承诺各项技术指标满足招标文件要求，其中锅炉出力 10MW，锅炉效率 91%，锅炉外层表面温度不大于 60℃。锅炉 1m 处噪声小于 75dB。针对 E 供应商技术标书对锅炉表面温度的描述，评标委员会几位技术专家讨论了起来。

焦点回放

L 评标专家：招标文件规定的锅炉本体表面温度是指锅炉设备表面温度还是指锅炉设备保温层外表面温度？

M 评标专家：锅炉本体表面温度。

Z 评标专家：锅炉出厂前都要包覆一层保温的。

J 评标专家：对，锅炉整体装配时，是要在本体表面包覆一定厚度保温棉的。

X 评标专家：招标文件技术要求里所说的锅炉本体表面温度是指没有保温层的锅炉本体表面温度。E 供应商投标书中提供的锅炉外层表面温度不大于 60℃会不会指的是锅炉包覆完保温层后的温度？

L 评标专家：这点描述确实有些含糊。这项指标是投标人必须实质性响应的条款，为避免理解有误，建议让供应商说明这个问题。

经评标委员会专家一致协商后，决定启动澄清程序，给 E 供应商一次补正机会。评标委员会向 E 供应商提出需要澄清的问题是："请明确 E 供应商锅炉外层表面温度不大于 60℃的含义"。E 供应商很快发来了补正说明函。说明如下："我方投标文件技术标书中，锅炉外层表面温度不大于 60℃的含义是指锅炉保温层外表面的温度不大于 60℃"。评标委员按照招标文件废标条款的规定，对 E 供应商的投标文件予以废标处理。评标报告结论为"E 供应商投标文件未能实质性响应招标文件的技术要求，作废标处理"。当 E 供应商知道评标结果后，向招投标行政监督部门提出投诉，称卫生局改造办在职工宿舍区锅炉房改造项目锅炉及附属设备采购招标活动中的评标结果有失公正，要求监督部门作出合理解释。为此，招投标行政监督部门分别约见了评标委员会和 E 供应商进行调查。

监督部门约见 E 供应商进行的调查如下：

E 供应商：我方投标报价最低，我方投标文件中的各项技术指标与招标文件各项要求没有偏离，为什么在评标过程中被作废标处理？而且推荐的中标候选人投标报价都比我们高。这个评审结果是不是不符合评标办法采用的经评审的最低投标价法的规定？

监督部门：评标中，评标委员会要求你们对投标文件中的问题进行补正，一方面说明投标文件在个别地方存在不明确或者提供的技术信息和数据不完整有待澄清的情况，另一方面，评标委员会通过启动澄清程序，让投标人对问题进行补正，给投标人提供一个公正、平等的机会，希望投标人利用这个机会能成为合格的投标人。

E 供应商：我方已让技术人员对评标委员会提出的问题进行了认真核实和补正。

监督部门：你们虽然补正了，但可能存在严重偏离，评标委员会认为这项技术指标没有满足招标文件实质性要求，所以才被废标。

E 供应商：我们在补正说明中对这项技术指标的含义解释得很清楚，不明白还有哪方面不满足招标文件实质性要求？

监督部门：我们会与评标委员会专家进行了解。

监督部门约见评标委员会进行的调查如下：

监督部门：E 供应商对评标结果提出投诉，认为评审结果有失公正，对于将他们的投标文件作废标处理的结论，希望评标委员会给出一个合理解释。

评标委员会：评标过程中，E 供应商的投标报价最低，其他各项技术指标也满足招标文件要求，但评标委员会发现 E 供应商技术标书中对锅炉表面温度这项技术参数所表达的含义不清楚，本着对投标人负责的态度，评标委员会启动了澄清程序。要求 E 供应商对此问题进行说明补正。E 供应商发来的说明函对这项技术参数含义解释为："锅炉保温层外表面温度不大于 60℃"，与招标文件技术标准中"锅炉本体表面温度不大于 60℃"的要求不符，而这项要求，为招标文件实质性条款。根据招标文件废标条件，按照《评标委员会和评标方法暂行规定》，评标委员会一致认定 E 供应商投标文件未能对招标文件作出实质性响应，应予以废标。

监督部门："锅炉保温层外表面温度不大于 60℃"，和"锅炉本体表面温度不大于 60℃"有什么太大区别？我不是专业人员，请专家们给解释一下。

评标委员会：锅炉运行时，表面温度较高，为防止散热，保证安全，在锅炉本体外表面要包覆一定厚度的保温材料。"锅炉本体外表面温度"是指锅炉设备自身外表面温度，不含保温层，"锅炉保温层外表面温度"是指锅炉设备包覆了保温层以后外表面温度。E 供应商提供的这个技术参数标准低于招标文件技术要求。三字之差，性质完全不同。

监督部门：这样一说就明白了，E 供应商提供的这项技术指标确实与招标文件标准存在重大偏差，评标委员会的评审结论是正确的。

经过复议，招投标行政监督部门维持对 E 供应商的评审结论。

评析与启示

《中华人民共和国招标投标法》第二十七条规定："投标人应当按照招标文件的要求编制投标文件。投标文件应当对招标文件提出的实质性要求和条件作出响应。"第三十九条规定："评标委员会可以要求投标人对投标文件中含义不明确的内容作必要的澄清或者说明，但是澄清或者说明不得超出投标文件的范围或者改变投标文件的实质性内容"。

《评标委员会和评标方法暂行规定》第十九条对什么情况下，评标专家可启动澄清、说明或补正程序也作了明确规定："评标委员会可以书面方式要求投标人对投标文件中含义不明确、对同类问题表述不一致或者有明显文字和计算错误的内容作必要的澄清、说明或者补正。澄清、说明或者补正应以书面方式进行并不得超出投标文件的范围或者改变投标文件的实质性内容"。

本案招标人在招标文件评标办法中规定："实质性不响应招标文件中规定的技术标准和要求的"属于废标条件。E 供应商也许对招标文件关于"锅炉本体表面温度"技术指标的要求没有完全理解或没想仔细，所以在编制投标文件时，对这项技术参数的描述既不准确又含混不清。当评标委员会发现这个问题，要求E供应商澄清补正时，本是一次绝佳的补救机会，可E供应商没能认真体会这不同的几个字所代表的深层含义而彻底失去了中标机会。

建设工程中投标人的投标活动就是强手之间的一场较量，特别是在实力旗鼓相当、水平不相上下的情况下，往往就因为某些细节的疏忽而痛失机会。这个案例告诫所有投标人，拿到一份招标文件，就等于拿到了一张有望中标的入场券，投标人应集各方之力进行投标文件的编制，管理、技术、造价等所有参与者都应反复研究招标文件，对招标文件每项规定逐字逐句认真理解，特别是招标文件提出的实质性条款，更要仔细斟酌，重视细节又不陷于繁复冗赘，才有可能交出一份符合招标文件要求的满意答卷。

7

价格搞颠倒，中标变废标

案例简述

某市政公路局负责开发一处道路，在官方指定网站发布招标公告，工程投资约15000万元，其中，暂估价金额2200万元，暂列项目金额800万元。经过资格预审评审后，共有A、B、C、D、E、F、G七个投标申请人成为合格投标申请人。招标文件发出后，七个投标人均递交了投标文件。经过对七个投标人的投标文件进行评审，C投标人以施工组织方案合理、各项保证措施到位，较好地满足招标文件要求而获得排名第一，排名第二、第三的中标候选人依次为B投标人、D投标人。在中标结果公示期间，招投标行政监管部门接到B投标人投诉，遂通知评标委员会专家对评标过程和中标结果进行复议。

焦点回放

复议过程中，招投标行政监管部门（以下简称监管部门）与评标委员会专家提出各自见解：

监管部门：有投标人提出，C投标人的投标文件有符合废标条件的内容，评标委员会的评标过程存在失误。

评标委员会：我们对比了七个投标人的投标文件，C投标人综合实力最强，经济评分最高，获得排名第一中标候选人是公正的。

监管部门：专家们是否阅读了招标文件废标条款？对各项废标条件是否熟悉和理解？

评标委员会：都很清楚。专家培训时，废标条件以及在评标过程中应慎重对待投标文件的废标处理都是重点学习的内容。

监管部门：如果投标文件与招标文件确实存在重大偏差，该废标必须废标，不然就是对其他投标人不公平。

评标委员会：我们仔细审核了C投标人投标文件，没有发现与招标文件存在重大偏差的情况。

监管部门：专家们仔细审核过投标函吗?

评标委员会：C 投标人投标文件的内容和格式符合招标文件要求，签字盖章也没有问题。

监管部门：招标人对招标项目设立了暂估价和暂列项目金额，这部分有没有仔细看过?

评标委员会：这两项金额在 C 投标人投标函里都列出来了，有什么问题吗?

监管部门翻开招标文件和投标文件：请你们再仔细核对一下。

评标委员会对 C 投标人的投标函和招标文件暂估价及暂列项目金额又仔细进行了比对，发现 C 投标人把暂估价和暂列项目金额的数值写颠倒了，暂估价金额标为 800 万元，暂列项目金额标成了 2200 万元。

评标委员会：这应该是笔误，不能被看作不满足招标文件实质性要求或与招标文件存在重大偏差!

监管部门：我们再看看招标文件废标条款其中一条规定："投标报价中的整项暂估价或材料设备暂估价单价或暂列金额与招标文件不符的"。很遗憾，笔误的结果确实造成这两项金额与招标文件金额不符!

评标委员会：如果严格按照招标文件废标条款规定，C 投标人投标文件应该按废标处理。

经过复议，各方一致同意将 C 投标人投标文件按废标处理。原排名第二的 B 投标人最终成为中标人。

评析与启示

本案中，C 投标人的最后结果实在令人惋惜，他们已经完成了 99% 的工作，就因为差了 1% 而功亏一篑。

是他们做标书的人没经验吗? 可他们是施工特级企业，在多个重点工程投标中夺魁。是造价人员不清楚暂估价和暂列项目金额的区别吗? 可他们编制的工程量清单列项完整、费用清晰，并未出现错误。从本案中我们只能找到一个原因：粗心大意。正是因为对这 1% 的工作粗心大意导致 C 投标人功败垂成，真可谓大意失荆州。

《评标委员会和评标方法暂行规定》第十七条规定了评标委员会进行评审时应该依据的原则："评标委员会应当根据招标文件规定的评标标准和方法，对投标文件进行了系统的评审和比较。招标文件中没有规定的标准和方法不得作为评标的依据"。本案招标文件对废标条件做出了明确规定："投标报价中的整项暂估价或材料设备暂估价单价或暂列金额与招标文件不符的" 应视为废标。C 投标人因为粗心大意把暂估价金额和暂列项目金额写颠倒了，造成投标文件满足废标条件，确实是一件既可笑又遗憾的事情，评标委员会虽然惋惜，也必须严格按照招标文件规定实事求是地进行评审，而不能用推测代替招标文件评标办法自作主张，更不能用同情改变法律规定。

8

发包人任意指定分包要不得

案例简述

发包方：某公交枢纽站工程办

承包方：F 安装公司

某承包商承接了某公交枢纽站工程开闭机项目安装施工。与发包方签订施工合同后，承包商 F 安装公司组织人员投入施工，各项工作按计划进展顺利，与方方面面的关系协调顺畅。结构如期完工，施工进入水、暖、电安装阶段，此时，发包方向承包方提出，为保证工程质量、控制造价，电缆整项施工由发包方指定分包队伍施工，承包方负有对分包队伍现场管理和协调责任，承包方可收取一定比例配合管理费。分包施工中出现的质量问题，承包方承担连带责任。承包方虽然感觉别扭，可也不好拒绝，只得照办。发包方经过招标，确定了 G 公司为电缆施工分包队伍。随着工程进度加快，强电工程施工即将开始电缆敷设，可是发包方指定的电缆施工分包商 G 公司仍迟迟没有进场，为避免影响工程整体施工进度，监理工程师签发了几次要求承包方尽快进行电缆施工的监理通知单，承包方也多次致函给发包方，声称多次协调 G 公司进场无果，请发包方敦促 G 公司尽快进场配合施工，并把监理通知单附在了函件后面。经多次协调，G 公司终于进场，虽然 G 公司在施工中增派劳动力加班加点赶工，但完工时间还是比预定计划晚了两个星期。

工程竣工结算期间，承包方针对电缆施工分包商不按时进场施工导致电缆施工完成时间比计划拖延两个星期造成的窝工费，以及为抢工额外增加的人、机、料和相关管理费向发包方提出工期索赔。

焦点回放

发包方：虽然电缆施工收尾时间比计划晚两星期，但没有影响整体强电工程施工进度，工程按工期计划竣工，提出工期索赔不太合理！

承包方：强电分项工程施工进度是没受到大影响，全部工程也是按合同工期竣工的。可是因G公司迟迟不进场施工造成其他配合施工的分包队伍只能停工等待，材料来了只能堆在场地周边，前后耽误了近一个月。我方主要针对因窝工造成人、机、料费用增加提出索赔。另外，G公司完工后，我方为保工期投入了多一倍的人力、物力，好不容易让工程顺利竣工，不然，是不是会导致工期延误都不好说。我方对额外投入的人、机、料以及相关管理费用提出索赔也是合理的要求。

发包方：对于现场施工的分包队伍，你们作为工程承包方负有管理责任，这次抢工，暴露了不少质量缺陷，验收虽然合格了，但仍留下很多遗憾。

承包方：对现场所有分包队伍，我方确实负有现场管理协调责任，不过G公司是发包方指定的分包队伍，他们在施工中出现质量问题，是要负主要责任的，我方只承担连带责任。如果要对这方面质量问题进行整改，需要发包方协调G公司增派人手。

发包方：这点可以，不过你们提出的工期索赔我方不能同意。

双方僵持不下，把事情反映到了建设工程监督管理有关部门（以下称监管部门）。

监管部门：电缆施工分包队伍不是承包方确定的吗？

承包方：事情过程是这样的：我们在发包方组织的公交枢纽站工程项目招标活动中有幸中标，承包合同范围是设计图纸全部内容。开工后，工程进展顺利，不过施工正要进入安装阶段时，发包方决定将电缆施工这部分内容拿出来指定分包，并确定了G公司为电缆施工分包队伍。

监管部门：发包方为什么要将这部分工程内容拿出来进行分包？

发包方：以往由承包单位选定的施工队伍施工的电缆工程出现了一些质量问题，为避免同样问题出现，我方决定将这项施工内容拿出来，由我方负责选定分包队伍进行施工，把握性更大些。

承包方：发包方指定分包队伍，我们没有异议。不过电缆施工分包队伍与我方没有合作经历，又自恃与发包方关系特殊，沟通协调及配合起来比较困难。结果比施工计划晚了一个月进场。施工中不服从我方管理，经常因机械使用和工作安排发生争执，电缆施工拖延两周才完工。为抢回施工总体进度，我方只好投入更多的人力、物力。

监管部门：发包方这种行为是违反规定的。

发包方：我们选择一个专业素质高、实力强的施工队伍是出于对工程质量负责的态度。也是为更好地进行工程管理控制和造价控制，会有什么问题？

监管部门：根据《房屋建筑和市政工程施工分包管理办法》（建设部124号令）第七条和《工程建设项目施工招标投标办法》（七部委30号令）第六十六条，对建设单位不得直接指定分包工程承包人的规定，发包方的行为是错误的。

根据最高人民法院发布的《关于审理建设工程施工合同纠纷案件适用法律问题的解释》，如果发包人指定分包人施工的工程，造成工程质量缺陷，还应承担相应的过错责任。

发包方：国际上就有允许发包方指定分包的相应条款。

监管督部门：很遗憾，国内相关规定是不允许的。我们只能以此为依据。

发包方：我方和承包方通过招标确定的G公司，手续合法，并不是直接指定分包。

监管部门：只要是施工承包方资质和能力范围内可以实施的项目，都应由承包方来完成，招标人（主要指建设单位）将本应是承包方施工范围的专业工程进行分包，有肢解发包工程之嫌。

发包方：法律法规和规章办法关于不允许建设单位指定分包的概念有些模糊，操作起来不好把握！

监管部门：这点我们也感觉到了，会向有关部门反映，目前，只能按现有规定和办法操作执行。

发包方：如此说是我们有错在先。

监管部门：电缆工程出现的质量问题发生在发包方指定分包人施工的工程上，由发包方督促G公司整改。承包方提出的索赔申请合情合理。不过，G公司现场施工也应纳入总承包管理，承包方是负有连带管理责任的，发包方要求也是合情合理的。

发包方：现在问题清楚了，我方同意承包方索赔申请，抓紧办理相关手续，我方会尽快通知G公司进行整改，承包方为其提供必要的方便条件，并监督其实施。

评析与启示

发包人进行指定分包多数是出于对工程负责的角度。出发点是好的，但责任心不能成为忽视行政法规的理由。《房屋建筑和市政基础设施工程施工分包管理办法》第七条规定："建设单位不得直接指定分包工程承包人。任何单位和个人不得对依法实施的分包活动进行干预"。《工程建设项目施工招标投标办法》第六十六条规定："招标人不得直接指定分包人"。招标人指定分包是一种变相规避招标的行为，不利于市场公平竞争，不利于市场监管，因此也是不允许的。

本案承包方对发包方指定的分包队伍在工程施工中出现问题的处理方式是妥当的，并没有因发包方指定的分包队伍施工拖延造成对工期的影响。后期提出的索赔要求，与发包方的沟通是良好的。虽然承包方对发包方指定分包队伍心存不满，施工中，G公司又没有按计划进场施工造成进度拖延，但承包方并未从中作梗，有意扩大事态，而是为保工期抢进度，投入了大量人力和物力，保证了工程按时竣工。作为发包方指定的分包队伍，承包方对G公司的现场协调一定不会是顺利的，但承包方变不利为有利，利用G公司对其施工造成的种种不利，向发包方提出工期索赔，论据充分、解释合理，为自己创造了机会，也获得了利益。同时指出了发包方在执行有关行政法规和管理办法规定中的错误，让监管部门及时做出了处理。当然，后者并不是承包方有意而为之。

9

欲借他人优势投标，反被连累淘汰出局

案例简述

某市对老小区周边道路、给水排水地下管线及园林绿化工程进行改造修建，总投资约 20000 万元。负责这项改造工程的建设单位——老小区改造办公室依法对该工程施工项目组织招标，采用资格预审形式确定投标申请人。在资格审查文件中，对投标人资质的要求为：具有市政公用工程施工总承包一级和城市园林绿化企业一级资质，项目接受联合体投标人；近三年业绩要求需具有五项市政工程和园林绿化工程类似业绩。

C 公司是一家具有市政公用工程施工总承包一级资质，城市园林绿化二级资质的企业，在市政工程施工方面经验丰富，但在园林绿化工程施工方面，近三年类似工程业绩较少，做过的项目也不大。本次招标的项目同时包括市政工程和园林绿化工程两方面施工内容，对这样的项目规模，C 公司还是第一次碰到。目前，C 公司已承接了两个市政工程，公司业务骨干都在施工的项目上，但面临建筑市场僧多粥少的局面，C 公司仍决定一搏。为能顺利通过资格审查，同时分担公司资金压力和工程风险，C 公司决定采用联合体形式投标，欲借助强强联手提升自身整体优势，为自己争得一席之地。

G 公司虽然具有城市园林绿化一级资质，但不具备市政公用工程施工总承包资质，G 公司与 C 公司的想法如出一辙，为能在竞争中取胜，G 公司准备联合一家有市政公用工程施工总承包一级资质的施工企业共同参与投标。

在资格预审申请文件递交截止日，共有四个投标人递交了资格预审申请文件。他们分别是：独立投标申请人 A 公司；由 C 公司、D 公司和 E 公司组成的联合体 B 投标申请人，其中 C 公司为联合体主体；独立投标申请人 F 公司；F 公司与 G 公司组成的联合体 H 投标申请人，其中 G 公司为联合体主体。这四个投标人中，A 公司与 F 公司均具有市政公用工程施工总承包一级和城市园林绿化一级资质。联合体 B 投标申请人中的 D 公司和 E 公司的资质分别为：D 公司具有市政公用工程施工总承包二级资质和城市园林绿化一级资质；E 公司具有城市园

林绿化二级资质。联合体B投标申请人签订的联合体协议对联合体成员分工为：老小区周边市政工程施工由C公司、D公司共同承担（双方分别承担60%和40%），园林绿化工程施工由D公司、E公司共同承担（双方分别承担60%和40%）。联合体H投标申请人签订的联合体协议对联合体成员分工为：老小区周边市政工程施工由F公司承担，园林绿化工程施工由G公司承担。四个投标申请人递交的资格预审申请文件封套格式均满足资格预审文件要求。招标人依法组建了资格审查委员会，对四个投标申请人的资格预审申请文件进行资格审查。

焦点回放

评审专家一：A公司资质满足资格预审文件规定的要求。

评标专家二：投标申请人B联合体成员中，C公司具有市政公用工程施工总承包一级资质，D公司具有城市园林绿化一级资质，这个联合体投标申请人的资质满足招标人对投标申请人的资质要求。

评标专家三：F公司具有市政公用工程施工总承包和城市园林绿化双一级资质，也满足招标人对投标申请人的资质要求。

评审专家四：可是F公司既然参加了联合体H投标申请人的投标申请，又以自己的名义单独进行投标，是不符合招投标规定的。

评审专家五：如果按联合体每个成员的最高资质看，这些联合体投标申请人资质符合招标人对投标申请人的资质要求。但按照招投标法规定，联合体B投标申请人的资质是不满足要求的。

评审专家一：联合体H投标申请人分工为：F公司承担市政工程施工，G公司承担园林绿化工程施工，G公司为联合体主体。这样看，虽然F公司以个人名义单独进行投标申请不符合招投标法相关规定，但H投标申请人是符合资格预审文件要求的。

评标专家五：联合体B投标申请人的资质应按照资质等级低的组成人确定，其资质应为市政公用工程施工总承包二级，城市园林绿化二级，不符合资审文件要求。

评标委员会经过对各个投标申请人的资格预审申请文件详细评审后，最终确定通过资格预审的投标申请人分别是A公司、联合体投标申请人H。因有效投标申请人少于三家，招标人应依法重新组织招标。

评析与启示

《中华人民共和国招标投标法》第三十一条规定：“两个以上法人或者其他

组织可以组成一个联合体，以一个投标人的身份共同投标。联合体各方均应当具备承担招标项目的相应能力；国家有关规定或者招标文件对投标人资格条件有规定的，联合体各方均应当具备规定的相应资格条件。由同一专业的单位组成的联合体，按照资质等级较低的单位确定资质等级。…”

《工程建设项目施工招标投标办法》第四十二条规定：“联合体各方签订共同投标协议后，不得再以自己名义单独投标，也不得组成新的联合体或参加其他联合体在同一项目中投标。”本案中，B联合体中的C公司和D公司共同承担市政工程施工，D公司和E公司共同承担园林绿化工程施工，两项工程均等同于由同一专业的单位组成的联合体进行的施工，按照资质等级较低的单位确定资质等级的规定，D公司具有市政公用工程施工总承包二级资质，E公司具有城市园林绿化二级资质，B联合体的资质只能是市政公用工程施工总承包二级资质和城市园林绿化二级资质，不满足招标人对投标申请人提出的需具有市政公用工程施工总承包一级资质和城市园林绿化一级资质的要求。C公司本想借D公司、E公司在资质、技术和人员上的优势和经验，助自己一臂之力，却因不清楚联合体投标有关法律规定和缺少联合体共同投标经验，在细节操作上出现了失误而失去了投标申请入围机会。

联合体各方一旦签订了联合体共同投标协议，联合体每个成员的独立法人身份也就暂时失效。这些成员不能再以独立法人的身份行使投标活动中的任何事务。本案中的F公司与G公司以联合体名义，以一个投标人身份对本案项目进行投标，F公司又以独立法人的名义参加本项目投标，其提交的投标申请文件被评标委员会确定为无效文件是必然的结果。

随着建设市场集约化、规模化程度的提高，工程建设投资不断扩大，在投标活动中，对投标人专业化水平的要求也越来越高，把具有某些领域技术优势、专业特长、雄厚资金和较高管理水平的多家施工企业联合起来，以联合体名义投标，既能借各家所长形成集中优势弥补一己之短，提高投标竞争力，又能有效分散每个投标人的资金压力和施工风险，这种形式已被越来越多的施工企业所接受。

虽然投标人组建联合体的初衷是想通过强强联合提升自己投标竞争力，但因为联合体成员依自愿组合，他们之间并没有合同关系，只能通过联合体共同投标协议相互约束，所以，联合体中的主体，也就是牵头人，在投标前，对合作伙伴具备什么样的资质条件，准备利用这个资质条件弥补自己哪方面不足，强化哪方面技术和专业力量都要清楚明白。从这个角度讲，联合体成员不宜超过两个，避免多个企业相互交叉，层次混乱，工作范围模糊，造成投标失败。

另一方面，在建设工程招标活动中，招标人一般都不太接受联合体投标，使得投标人采用这种形式投标的机会不多，经验积累不足，加之对相关法律法规理解不透，拿捏不准，也容易造成联合体投标人在投标环节上出现失误。

10

照顾关系联合投标，却因违规中标无效

案例简述

招标人：某交通管理局

投标人：L 建设集团。

招标人采用公开招标方式，对 X－Y 公路段路面工程施工进行招标，要求投标人具有公路工程施工总承包一级或公路路面工程专业承包一级以上资质；允许投标人采用联合体投标。共有 I、G、K、L 四家投标单位领取了招标文件，其中 K 公路建设公司施工资质为公路路面工程专业承包一级，曾多次承接过由招标人牵头组织的建设工程，与招标人关系密切。四家投标单位中，L 建设集团是一家具有公路工程施工总承包特级资质的企业，实力雄厚，承担过多项国家重点公路工程，是四家投标单位中的佼佼者，也是中标呼声最高的企业。本次招标的 X－Y 公路段路面位于山区，地形情况比较复杂，交通管理局领导希望能选到一家既有实力、又熟悉本地区环境和周边情况的施工队伍承担该项目施工。招标人在对比了四家投标单位报送的材料后，认为 L 建设集团中标的可能性很大。于是，吩咐跑市场的办事人员让 K 公路建设公司找 L 建设集团私下活动，说服 L 建设集团同意与 K 公路建设公司共同组建联合体，以联合体名义共同投标，招标人办事人员还暗示 L 建设集团，如果不能接受与 K 公路建设公司联合投标，可能中标渺茫。L 建设集团看到 K 公路建设公司与招标人有过多次项目合作的关系背景，为能顺利中标，同意与 K 公路建设公司组成联合体投标，并共同承担项目施工。

评标过程没有悬念，L 建设集团与 K 公司组成的联合体顺利中标。中标后，G 公司就招标过程合法性向招投标监管部门提出质疑。

焦点回放

G 公司：L 建设集团和 K 公路建设公司组成的联合体违法。

K 公路建设公司：我们与 L 建设集团有合法的联合体共同投标协议书。这份

协议书就附在投标文件里。从评标结果看，评标委员会对此并无异议。

监管部门：协议书内容、格式都符合要求，G 公司的质疑点是什么？

G 公司：K 公路建设公司是招标人的关系单位，常年与招标人有项目合作往来。我们公司也曾找到 L 建设集团，想与之合作，组成联合体投标，但 L 建设集团说，招标人有意向让 K 公路建设公司与他们组成联合体。

监管部门派调查人员从侧面向 L 建设集团了解到的情况大致如下：

L 建设集团：我们本意是要自己独立投标，以我们的资质、实力、技术水平和做过的业绩，对获得这个项目的中标机会很有信心。不过，我们在外面承接的工程较多，人力、资金压力比较大，如果能联合一个实力相当的企业共同投标和施工，既能分担资金压力，也能分散施工风险和责任，投标过程也有个帮手。

调查人员：G 公司找过你们？

L 建设集团：G 公司确实找过我们，有意向和我们组成联合体，共同投标，G 公司实力也不错。

调查人员：为什么最终没有选择 G 公司，而是与 K 公路建设公司组成联合体？

L 建设集团：投标前，K 公路建设公司找到我们，让我们和他们组成联合体，说这是招标人的意思。我们也了解过，K 公路建设公司做过招标人不少工程，与招标人关系微妙，如果我们不同意与 K 公路建设公司组成联合体投标，我们的中标概率就小了很多。集团为这个项目在人力、物力、资金方面下了很大投入，集团领导指示我们必须尽全力争取这个项目中标。我们对 K 公路建设公司各方面情况也做过调查，认为该公司综合实力与 G 公司不相上下，最终决定与 K 公路建设公司组成联合体投标。

调查人员找到 K 公路建设公司了解到了同样情况：

调查人员：你们为什么想到要与 L 建设集团组成联合体？

K 公路建设公司：虽然我们和招标人有过多次项目合作，也具备施工这个工程的资质条件，可是 L 建设集团实力太强，如果我们单独投标，竞争会相当残酷，能否中标根本没有把握。我们征求招标人意见，他们建议我们去找 L 建设集团私下活动活动。并指出 L 建设集团虽然实力强，但对本地区环境和周边情况不熟悉，如果不找到一个熟悉本地关系和情况的施工企业合作，别说中标不易，就算中标了，以后施工也会困难重重。

监管部门找到招标人进行调查。

监管部门：你们指示 L 建设集团与 K 公路建设公司组成联合体投标确有其事？

招标人：我们从来没有和 L 建设集团私下接触过。

监管部门：K 公路建设公司以往做过交通管理局不少工程吧？你们对他们的

情况是否比较了解？

招标人：是的。K 公路建设公司目前还在施工我局家属区室外工程，公路局上下各方面反应 K 公路建设公司活干得好，工地文明施工也做得好。

监管部门：你们是否让 K 公路建设公司去找 L 建设集团私下活动，同意其与 L 建设集团组成联合体？

招标人：我们只是提醒 K 公路建设公司，如果想参与项目投标，可以与 L 建设集团多沟通，我方是接受联合体投标的，如果联合体中标，将来工程施工也是由联合体每个成员分工合作共同实施。

监管部门：你们这么做，对 K 公路建设公司和 L 建设集团的潜台词就是招标人希望他们之间组成联合体。

招标人：但我方并没有强迫他们这么做。

监管部门：虽然没有强迫，但这种暗示已经很说明问题，因为 K 公路建设公司暗示 L 建设集团如果不与他们组成联合体投标，中标渺茫。

招标人：这不是我们的意思。

监管部门：但已既成事实。本应该由投标人公平、自愿、自主地选择联合体成员，现在却只能有一种选择方式。你们的做法已违反了招投标法规定。

监管部门最终认定 L 建设集团和 K 公路建设公司组成的投标联合体无效。

招标人表示不服，拟向更高一级行政主管部门申诉。

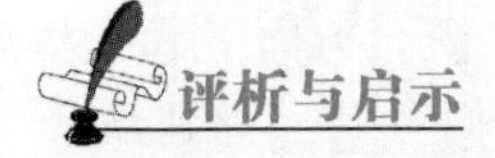

评析与启示

《中华人民共和国招标投标法》第三十一条规定："……联合体各方应当签订共同投标协议，明确约定各方拟承担的工作和责任，并将共同投标协议连同投标文件一并提交招标人。联合体中标的，联合体各方应当共同与招标人签订合同，就中标项目向招标人承担连带责任"。

"招标人不得强制投标人组成联合体共同投标，不得限制投标人之间的竞争"。

本案中，就 L 建设集团和 K 公路建设公司签订的联合体共同投标协议书本身而言，内容、格式是符合要求的。在评标过程中，评标委员会也只能通过审查联合体共同投标协议书是否随投标文件一起递交，协议书中是否规定了联合体牵头人、组成成员，以及各自和共同承担的责任和义务等事项来确定联合体投标人是否为合格投标人。所以，评标委员会据此得出 L 建设集团和 K 公路建设公司组成的联合体投标人有效并通过评审，成为第一中标候选人的结论是符合《评标委员会和评标方法暂行规定》的。

招标人为照顾领导面子，关照某些关系，向 K 公路建设公司面授机宜，授意其找 L 建设集团私下活动，并向 L 建设集团暗示如果 L 建设集团不与熟悉本地区关系和周边情况的施工企业合作，中标并非易事。这才有了K公路建设公司去游说L建设集团与其组成联合体的底气。招标人已构成强迫投标人按其旨意组成联合体共同投标的事实，给投标人之间的竞争设置了人为障碍，构成不正当竞争，也让其他投标人失去了可能中标的机会，所以，招投标监管部门依据《中华人民共和国招标投标法》第三十一条中“……招标人不得强制投标人组成联合体共同投标，不得限制投标人之间的竞争”的规定认定L建设集团和K公路建设公司组成的投标联合体以及签订的联合体共同投标协议无效。

招投标监管部门对这种限制他人竞争，扰乱招投标市场秩序的行为给予严肃处理，对规范和约束招投标从业人员的行为起到了很好的警示作用。这个案例告诫从事招标管理的每一个人，再熟的关系也不能超越法律关系，再好的情面也大不过法律的约束，法律是严肃的，也是无情的，一旦触犯了它，不论当事人做得多隐蔽，都终将逃不过它的惩罚。

11

项目招标已完成，为何最终又撤销

案例简述

招标人：某商业学校

中标人：某建筑工程局

某商业学校为改善因扩大招生而日益紧张的教学场所现状，决定将70年代建造的一座旧资料楼改为教学楼，供师生上课和自习使用。旧资料楼年久失修，管道锈蚀，电线老化，供水供电已不能满足新增负荷的要求，改为教学楼以后还需要对结构进行局部加固，增加空调系统。改造设计施工图完成后，招标人经过公开招标确定了本项目施工中标单位——某建筑工程局，中标价2160万元。

某建筑工程局自收到中标通知书以后，就开始了签订合同前的准备工作，可是过去了将近一个月，某建筑工程局始终没有收到招标人让其签订合同的通知。招标人解释说，因学校几位领导对花费大笔费用改造一座旧资料楼持不同意见，认为不如新建一座教学楼。现在还无法确定签订合同的时间，让某建筑工程局再等一等。某建筑工程局只好等待。二个星期后，某建筑工程局不仅没等到签订合同的通知，反而被招标人告知，学校准备将这座旧资料楼进行周转使用，什么时候结束使用再开始施工，但没有准确的时间表。又过了几周后，某建筑工程局见一直没有动静，便找到建设主管部门负责人想问个究竟，以及大致开工的时间，得到的回复却是“学校资金紧张，工程暂停”。

一个通过正常招投标手续确定的中标人，迟迟不签订合同也就罢了，又莫名其妙地被撤销了中标项目，某建筑工程局将事情原委向招投标监管部门进行了投诉。招投标监管部门在了解并核实了全部情况后，依照《中华人民共和国招标投标法》的规定，责令招标人立即改正，并处招标人以“中标项目金额千分之五”的罚款。

焦点回放

本案招标方在投入了人力、财力，经过一轮又一轮招标程序后，好不容易确定了中标单位，却最终撤销了中标项目，不仅造成以前的工作全部作废，到头来还要承担法律责任，为什么会发生如此颠覆性的变化呢？究其根本原因，是由于学校领导层意见不统一造成的。

原来，学校初期在讨论将旧资料楼改造成教学楼时，曾经让学校工程建设办公室对改造投资进行评估，评估结果为改造资金1500万元左右，因此学校领导层同意进行改造。但是，由于使用单位提高了建筑标准和市场价格上涨等因素，施工图完成后，编制的设计概算已经达到了2000万元。工程建设办委托的招标代理咨询公司在编制工程量清单和控制价时，考虑到各项措施管理费用和税金，最终设定控制价为2250万元。评标委员会经过对各投标人的投标报价进行评审，报价为2160万元的某建筑工程局因排名第一而中标。从项目投资评估到确定中标人约半年的时间里，改造资金增加了40%。造成学校领导层对是否继续改造旧资料楼产生了顾虑，出现了意见分歧，才最终导致项目被撤销。

评析与启示

《中华人民共和国招标投标法》第四十六条规定："招标人和中标人应当自中标通知书发出之日起三十日内，按照招标文件和中标人的投标文件订立书面合同。招标人和中标人不得再行订立背离合同实质性内容的其他协议"。

第五十九条规定："招标人与中标人不按照招标文件和中标人的投标文件订立合同的，或者招标人、中标人订立背离合同实质性内容的协议的，责令整改，可以处中标项目金额千分之五以上千分之十以下的罚款"。

本案招标人在通过招标程序确定了中标人之后，因领导层意见不一，改变决策，招标人始终不能与中标人签订合同直至最后撤销中标项目，已严重违反了《中华人民共和国招标投标法》的规定。当然，建设项目在实施过程中改变使用功能、标准档次、设计形式并不鲜见，但像本案因领导意见分歧不仅白白花费了几十万元设计费，最后还被罚款十几万元，致使已完成了设计、招投标整个过程的项目全部告停，实属罕见，因为任何改变都不应该以违反法律规定为前提。本案最后，招投标监管部门要求招标人责令整改，并处以中标项目金额千分之五的罚款，则是对招标人违反法律规定擅自撤销中标项目行为的警告，也是维护法律严肃性的必要手段。

从另一方面看，不可否认的是工程建设办一开始对改造项目基本投资估算偏低，对工程各种影响因素考虑不全，一定程度上影响了招标人决策者的思维，使领导层出现意见反复，但这并不是问题的主要原因，主要原因是我们一些管理者在执行建设领域相关法律规定的过程中过于随意，对法律缺少敬畏之心，才造成了本案项目中标又撤销这类"罕见"现象的出现。

工程建设投入大、影响方面多、持续时间长，每项决策的改变都会牵一发而动全身，所以，决策者在做出最终决定之前一定要深思熟虑，慎之又慎，而一旦做出了决定，就不能轻易改变，更不能做出任何违反法律法规和建设管理程序的决定。

12

投标人不符合实质性要求废标，竞争性谈判程序违规被判无效

案例简述

采购方：某信息电子高等学校

供应商：S电子科技公司

某信息电子职业学校为一项课题研究急需采购三套信息技术设备，该设备目前属于较新型产品。采购方委托P代理咨询公司组织设备的招标采购工作。P代理咨询公司按照招标程序对设备供应商进行公开招标，却只有两家投标供应商符合要求，根据招投标法相关规定，投标人少于三个的，应当重新组织招标。采购方向财政部门提出申请：因本项目采购设备采用了技术较复杂的新型研究成果，不能准确确定设备的详细规格和具体技术要求，申请采用竞争性谈判方式采购。该申请经财政部门审核后批准。之后，采购方按程序成立了竞争性谈判小组，编制了谈判文件，与两家投标供应商进行谈判。经谈判小组谈判和对两家供应商提供的资质、技术和商务文件的审核，认为S电子科技公司提供的产品不符合谈判文件实质性要求，最终推荐了Y公司为成交候选人。为此，S电子科技公司对谈判结果表示质疑，遂向财政监管部门提出行投诉。

焦点回放

财政监管部门：落选S公司对谈判结果提出质疑，具体情况请专家介绍一下。

谈判小组：我们严格按照谈判文件制订的评审办法对两家供应商提交的文件进行了评审。S电子科技公司没有按照谈判文件的要求提供省级及以上检测部门出具的产品检测报告原件。

财政监管部门：S电子科技公司是否提供了产品检测报告复印件？

谈判小组：提供了复印件，但是谈判文件要求，如果提供复印件，需经过公证，并提供公证材料。S电子科技公司并没有提供任何公证材料。

财政监管部门：刚才提到的两个不满足的问题是否是谈判文件实质性条款？

谈判小组：这两项要求都是谈判文件实质性条款。

财政监管部门：过程基本清楚，一会请各位专家对所陈述的内容进行签认。

财政监管部门约请S电子科技公司。

财政监管部门：谈判文件实质性条款规定：供应商应提供省级及以上检测部门出具的产品检测报告原件，如果是复印件，需经公正，并提供公证材料。你们这两项均未提供，谈判小组认为你们的文件未满足谈判文件实质性要求而判定不合格，并不违背谈判文件的评审办法规定。

S电子科技公司：我方虽未提供这两项材料，但我方提供的产品为国产品牌，满足使用需求，且符合关于政府采购首购和订购有关管理办法的要求，应被认定是首购产品。

财政监管部门：首购产品需要经过国家权威机构认定，纳入《政府采购自主创新产品目录》。而这个目录还没有制订出来。所以，你们的主张缺少依据。

S电子科技公司：我方提交的文件不能满足谈判文件的实质性条款，被判为不合格，那么只剩下一家供应商，谈判小组没有终止谈判，反而继续评审，确定成交候选人，应该违反了政府采购有关管理办法的规定。

财政监管部门：你们说的这个问题非常重要。我们会仔细研究。

经过对采购项目招投标和竞争性谈判全过程审查，综合分析，依照招投标和政府采购相关法律法规的规定，财政监管部门驳回S电子科技公司投诉请求；该项目采购任务取消，应重新组织招标，若采取其他方式采购，应当获得政府采购监督管理部门或者政府有关部门的批准后方可进行。

评析与启示

S电子科技公司提供的产品因为没有实质性响应谈判文件的要求，被谈判小组认定不合格是符合谈判文件评审办法规定的，依据充分，结论正确。财政部门经事实认定，驳回了S电子科技公司的投诉请求合理合法。

《政府采购货物和服务招标投标管理办法》规定："招标截止时间结束后，参加投标的供应商不足三家的，除采购任务取消情形外，招标采购单位应当报告社区的市、自治州以上人民政府财政部门，由财政部门按照以下原则处理：①招标文件没有不合理条款、招标公告时间及程序符合规定的，同意采取竞争性谈判、询价或单一来源方式采购；②招标文件存在不合理条款的，招标公告时间及程序不符合规定的，应予以废标，并责成招标采购单位依法重新招标。在评标期间，出现符合专业条件的供应商或者对招标文件做出实质性响应的供应商不足三家情形的，可以比照前款规定执行。"

本案采购设备因为采用了技术较复杂的新型研究成果，不能确定设备的详细规格或者具体技术要求，采购人向财政部门申请采取竞争性谈判方式采购是符合

《政府采购货物和服务招标投标管理办法》规定的。

本案投标供应商为两家，谈判期间，谈判小组在判定S电子科技公司提供的产品实质性不响应谈判文件后，没有终止采购任务，而是继续进行，并推荐Y公司为成交候选人。违反了《政府采购货物和服务招标投标管理办法》要求“在评标（或谈判）期间，出现符合专业条件的供应商或者对招标文件（或谈判文件）作出实质性响应的供应商不足三家情形的，应当重新组织招标或采购活动”的规定，是违规行为。

《中华人民共和国政府采购法》规定：废标后，除采购任务取消情形外，应当重新组织招标；需要采取其他方式采购的，应当在采购活动开始前获得设区的市、自治州以上人民政府采购监督管理部门或者政府有关部门批准。财政监管部门正是据此作出的处理决定。

13

业绩突出通过资格预审，实际考察发现造假劝退

案例简述

某联合商会新建某博物馆工程，项目投资约9600万元，建筑面积12500m²，委托Z招标代理咨询公司负责办理项目施工招标有关手续。项目采用资格预审方式，要求投标申请人应具有房屋建筑工程总承包一级（含）以上资质、项目经理应具有房屋建筑工程一级建造师执业资格。在资格预审申请文件截止时间时，共有45家单位提交了资格预审申请文件。

招标人组建的评审委员会对45家投标申请人进行了资格预审评审，经过初步评审和必要合格条件评审，共有28家投标申请人通过符合性审查，进入附加合格条件评审阶段，通过综合评分，确定了各投标申请人的排序。根据资格预审文件相关规定要求，排名前7家的投标申请人成为合格投标人。

资格预审评审结果确定后，招标人本着对项目负责的态度，决定对7家入围投标人进行实地考察，核实投标人业绩。

在考察最初阶段，招标人要求7家投标人提供资格预审申请文件中所报的已竣工业绩的合同原件，以核实业绩真实性，7家投标人中只有资格审查排名第二、第三、第五及第六的投标人积极配合并提供了合同原件，其余三家投标人均以合同原件正用于外地项目投标为由一直拖延未提供。

招标人在催促投标人提供合同原件的同时，也开始通过实地考察、电话联系等方式核查投标人所报业绩的真实性。

考察过程中发现，排名第二、第三、第五、第六的投标人所报业绩与实际工程情况符合，而排名第一、第四、第七的投标人所报业绩均有不同程度的问题，具体结果为：

（1）排名第一的投标人所报业绩只有一项是本企业自行实施的项目，且项目规模、投资与资格预审申请文件提供的情况不符。

（2）排名第四的投标人所报业绩无一项是本企业自行实施的项目。

（3）排名第七的投标人所报业绩是本企业自行实施的项目，但所报项目规

模、投资、竣工时间不实。

招标人将核查情况向招投标管理部门进行了汇报，管理部门对此非常重视，在对招标人反映的情况和评审全过程进行了仔细审查后，与招标人进行了沟通。

焦点回放

招投标管理部门：从评审当时的情况看，评标委员会对投标人提供的资格预审申请文件没有提出疑义，也未启动质疑程序，评审委员会是依据投标人文件满足资格预审文件要求的前提下得出的评审结果，过程并无不妥之处，说明本次评审活动有效。在结果出来后，招标人出于对项目负责的态度对 7 家投标人业绩进行考察是招标人的正当权利。目前距离评审结果公布时间已经过去了两周，对于你们提出的质疑事项，我方需要按程序逐一复核，如果确认质疑事项属实，将按规定对责任人进行处理。

招标人：这个过程需要多长时间？

招投标管理部门：现在还不好确定准确时间。按照招投标实施条例规定，自受理投诉之日起 30 个工作日内要做出书面处理决定。如果需要检验、检测、鉴定、专家评审的，所需时间不计算在内。

招标人：处理时间确实比较长，可能会影响本项目进展。

招投标管理部门：按该条例规定，在此期间，我方可能需要查阅、复制有关文件、资料，调查有关情况，相关单位和人员要予以配合，如果有必要，会暂停招投标活动。

招标人：时间上我们恐怕等不起！我们回去再仔细商量和考虑考虑。

招标人回来后召集有关人员反复研究，权衡利弊，商量斟酌一番后，会同各方意见报商会领导批准决定：针对核实结果，由招标人与情节较严重的 3 家投标申请人进行沟通，劝其自行退出投标竞争，尽快落实入围合格投标人。

招标人与 3 家投标人进行充分沟通后，3 家投标人同意退出投标竞争，并发来了退出函；招标人按照评审委员会评审排序依次递补了投标候选人。

评析与启示

本案发生在资格预审过程中的情况暴露了以下问题：

招标人在资格预审文件中要求企业同类工程业绩及项目经理业绩均必须是博物馆或图书馆工程，该项得分为 25 分，占总分的 1/4，业绩得分基本决定了排名高低。资格预审文件附加合格条件打分项中对投标申请人业绩设置过高的门槛和权重迫使投标人为获得申请人资格不惜采取弄虚作假的违法行为制造入围机会。

投标人为了满足资格预审文件的要求；伪造合同等相关文件，把别人的项目改为自己的项目、修改项目规模等主要信息。这并不仅仅是发生在本案的个例，在调查的很多工程中都或多或少的存在不同程度的类似现象。究其原因，其一被商业利益驱使。有些投标人虽具备资质条件，但缺少相关业绩，在竞争日益激烈，项目僧多粥少的大环境下，投标人宁愿采取一切手段来满足资格预审文件的要求；而较低的造假成本也为投标人没有顾忌地采用这些手段提供了有利条件。其二，相关法律体系不完善，失信惩罚和信用评价约束机制不够健全，给一些投标人为不择手段达到目的，不顾长期战略目标，忽视诚信建设，追求短期利益而造假失信提供了生存土壤。

通过本案反映的问题应该从以下几个方面加强相应措施管理：

(1) 资格预审评审过程对投标人所报业绩要求必须提供合同、竣工验收备案等资料原件备评审委员会待查，可以在一定程度上约束投标人业绩造假的行为。

(2) 加强信息公开。将招标、资格审查、评标等相关事项在网上公示，实现社会监督与行政监督相结合，加强诚信体系建设。构建以信用评价为核心的招投标诚信体系，将投标行为纳入企业诚信内容，发挥信用体系在资格审查等活动中的作用。实行诚信准入制来约束和限制不良诚信行为，将有长期不良诚信记录的企业列入“黑名单”，直至取消其市场准入。

(3) 加大对弄虚作假行为的打击力度。一旦发现企业有造假行为，视情节严重程度，给予降级、取消其在一定时间内的投标资格、吊销营业执照的处罚，企业记入不良行为黑名单并予以公示。构成犯罪的，依法追究刑事责任。

第二章

工程建设合同管理常见问题案例评析

1

君子协定替代不了书面协议

案例简述

发包方：某开发公司

承包方：某建筑工程集团公司

某市开发区改造建设综合性商业区。其中一座建筑面积为38000m²的商业大厦工程，发包方某开发公司通过招标评标确定某建筑工程集团公司为项目总承包单位，双方签订了施工承包合同。合同约定计划开工时间为2011年8月5日，并注明，实际开工时间以监理工程师发出的开工令为准。合同范围为设计图纸全部内容。合同签订后，承包方进入现场，着手进行平整土地、测量放线、敷设临水、临电和临建搭建工作。在布设施工控制网时发现，设计图中的建筑物东侧外墙与场地内一座旧二层办公楼的距离比总平面图中标注的距离短了1.8m。如果按照基坑支护设计方案进行土方开挖放坡施工势必会影响旧办公楼结构安全。承包方把这个情况反映给了发包方。开发公司与负责建设的有关领导协商决定，将这座旧办公楼拆除，另选址建设。发包方向承包方提出，拆除办公楼是招标时未能预见到的，现在承包合同已定，发生这类问题，工程按计划开工肯定会受到影响，询问承包方有什么好的建议，承包方想到开发区主抓的综合性商业区改造建设的施工项目一定少不了，只要与发包方建立长期合作关系，就会有机会承揽到更多的工程。为满足发包方要求，争取早日开工，承包方主动提出负责拆除办公楼的工作。发包方对此表示了感谢。双方相谈融洽，拆除事项就此定论。

谁知办公楼的拆除工作并不顺利，另选新址、金额补偿等问题因意见不同反复协商迟迟达不成协议，经过将近一年的争论，拆迁工作才画上了句号。一切准备就绪，监理工程师于2012年6月15日签发了开工令。工程实施顺利，并按合同要求的工期完成了验收，在承包方向发包方送交的结算报告中，提出了拆除办公楼相关费用的补偿申请，合计102万元。发包方对这笔费用不予承认，为此，双方进行了激烈争论。

焦点回放

发包方：拆除补偿款必须扣除。这是在开工前的碰头会上，你们承诺要负责完成的工作。

承包方：当时会上，公司领导是说过，旧办公楼拆除工作由我方负责，可是你们也知道，实际运作时困难重重，旧办公楼产权单位对补偿金额的条件苛刻，为达到双方都能接受的条件，我方与之进行了多次交流协商，做了大量的说服和劝导工作，拆除方案也做了多次修改，为这些工作支出的人力成本我们都没有计算，拆除费用我方也遵守承诺，没计入结算报告中。我方提出补偿的费用只是运送渣土费、租车费、垃圾消纳费等。能免的都免了，这些不能再免了，开工晚了将近一年，已经搭进不少人工、租赁和管理费了，我们不能做赔钱工程。

发包方：当时承诺拆除工作时，为什么不说清楚呢？

承包方：当时我方与贵方主要讨论拆除进度问题，毕竟，能否尽快完成拆迁任务，早日开工是双方最关心的事情。没人提出对具体哪项工作要进行说明。

发包方：工程结算要依据施工承包合同的规定。合同里可没有对拆除补偿费如何计算和调整的约定。

承包方：我方完全同意以合同约定为结算依据的意见，不过，施工承包合同里可没有要求承包方免费拆除旧办公楼的条款。

发包方：我们双方签订的合同里是没有要求承包方免费拆除旧办公楼相关条款，这是你们在与我方见面碰头会上主动承诺要完成的工作内容。既然已经承诺，反过来又要求我方给予补偿，是没有道理的。一切都要实事求是地按合同要求办事，没有合同依据，即使发生额外增加或补偿的费用也是不能列进结算内容里的。

承包方：合同里没有依据，并不说明，这些额外增加的工作内容就应该免费做，如果我方不完成这些拆除工作，项目就无法正常开工，你们可以去了解，是不是能够找到免费做这些工作的单位，拆除包含的所有工作是由我方完成的，这是事实，既然要实事求是，结算就应该依据这个事实进行，这样比较合理。

发包方：拆除工作是你们做的，这是事实，但是，你们承诺免费拆除也是事实，作为一家常年经营施工的总承包一级企业，能提出这个承诺，说明你们有经验、有能力、有信心完成这个工作，如果不是这样，为什么没有在见面碰头会上向我方提出签订拆除合同的要求？这个时候提出拆除费用补偿的问题，难以理解。

承包方：如果知道这个项目的拆除工作这么难做，我方一定会要求签一个拆除合同的，我们投入太多了。

发包方：你们的意思是，一开始认为完成这项工作可以胜任，承诺了免费拆除，后来感觉做起来太不容易，投入太多，就可以不管以前的承诺，提出费用补偿？法律、法规有这样的规定吗？

承包方：不太清楚，这只是业内习惯做法。

发包方：你们既然向我方做出了免费拆除的承诺保证，按照习惯理解，应该是免费进行全部拆除工作，所以，我方不能同意你们提出的拆除补偿费的申请，这项费用应全额扣减掉，如果你们不接受，可以申请调解或仲裁。

承包方考虑到之前是自己主动承诺负责拆除任务的，想想最艰难的事情已经免费完成了，也不想因为拉渣土、租运输车、垃圾消纳这些费用和发包方关系搞僵，最终接受了发包方的决定，放弃了对拆除补偿费的申请。

评析与启示

本案中，合同双方之所以对是否应补偿拆除款产生意见分歧，其原因是忽视了合同订立过程中的一个重要细节。对于合同采用的形式，《中华人民共和国合同法》规定："建设工程合同应当采用书面形式"。本案工程开工前期发生的拆除工作，虽然是在发包方和承包方签订的施工总承包合同以后的事情，但如果发包方在见面碰头会后，根据承包方提出的承诺，签订一个补充协议，或者要求承包方提供一份承诺书，把免费拆除所含有的全部内容写入协议或承诺书里，处理这类问题的结果就会简单得多，即使产生分歧，发包方所持理由也会更充分。相信"一诺千金"，却因没有书面文字记录，差点让发包方陷入赖账的被动境地。本案提醒建设工程管理人员，在工程管理的各项环节中，君子协定中的"一诺千金"永远代替不了书面协议中的"一纸千钧"。

2

“尽量保留”和“不确定保留”引发的拆除和移改

案例简述

发包方：某互联网科技公司

承包方：某建安机电安装公司

某互联网科技公司为适应不断扩大的员工培训需要，决定对公司办公大厦第十六层和第十七层进行装修改造，将办公室改为培训教室，每层设三个大开间普通阶梯教室，三个“EMBA”高端教室。发包方委托招标代理公司编制招标文件和办理招标相关手续。在招标文件中，对招标内容描述如下：改造范围包含施工图全部内容，包括但不限于建筑、暖通空调、给水排水、电气、通信及装修改造工程。发包方经过招标各项程序，确定某建安机电安装公司为中标施工承包单位。在承发包订立的施工改造合同中，发包方提出，合同范围在招标范围的基础上需要增加一项备注：原建筑物中的强（弱）电桥架、线槽、空调设备和末端风口、消防末端喷头及各专业管道，在满足设计要求的前提下，尽量保留；如不明确是否可以保留，施工单位有义务先对其采取保护措施，待发包方确认后予以拆除或保留。承包方表示同意，并答应发包方，对需要保护的材料设备，不收取任何费用。

承包方按合同要求的工期按时完成了施工改造，并绘制了竣工图，同时向发包方递交了一份有关施工改造中对材料设备采取临时保护措施增加的费用预算清单和请示发包方批准此项费用的详情报告。但发包方看到这份清单和报告后，并不认可承包方的提出的理由，认为承包方出尔反尔，便联系承包方针对此事进行沟通。

焦点回放

发包方：双方在订立施工改造合同时，一起协商过，对满足图纸要求的现有管道和材料设备尽量保留，对不确定是否保留的，施工方要对其采取保护措施，待发包方确认后予以拆除或保留。你们并未提出异议，这条规定也写入了合同中，现在你们拿来这份对材料设备采取保护措施增加的费用清单和报告是什么意思呢？

承包方：请不要误会。合同约定承包方要履行的义务，我方都已经履行了。现场中，对不能确定的如风机盘管、弱电线槽、风口、消防喷头和一些专业管道等，我方都采取了适当保护措施，这部分费用我方没有包括在预算清单和报告里。但是原有这些设备管线及线槽喷头的位置影响了改造后的管道安装，我方必须移位或拆除。经你们确认后，有些需要重新安装，有些就拆除不用了。现在申请的费用就是这部分移位或拆除工程量所增加的费用。

业主方：合同中没有提到这部分工程量，协商时，你们满口答应不收取任何费用，也未提出有这笔费用要额外计算，就是为以后增加这笔费用埋伏笔！

承包方：这么说吧。我方答应承担义务范围内的工作内容，已按照合同要求完成了。我方所提出的额外工程量产生的费用该不该有，有多少，我们可以讨论。从合同约定看，我方对原有“强弱电桥架、线槽、空调设备和末端风口、消防末端喷头及各专业管道，在满足设计要求的前提下”，已经“尽量保留”了50%。对剩余50%“不明确是否可以保留”的材料设备，我方“义务先对其采取了保护措施”，经“发包方确认以后”，已经将可利用的20%材料设备移位安装，只有30%的材料设备确实不能满足设计要求和不具备使用条件的部分被拆除了。也就是说，现场有50%已经采取保护措施的材料设备因要让位于重新改造以后的各专业管线安装，进行了移位或拆除。

业主方：施工中，让我方工程师确认时，为什么没有提出移位和拆除工作量的事情？

承包方：我方认为，向发包方工程师提与不提，这些工作量都是存在的，难道提出来以后，明明看到这条管线或这段线槽影响了改造后的专业安装，因为合同中没包含这些内容就不移位或拆除了吗？如果按此推理，合同中没有明确移位、拆除是我方承包内容，我方完全可以置之不理，施工就无法进行下去了。

业主方（查看了改造施工合同以后）：你们说的有道理。很多时候，工程进度和现场情况来不及事事请示汇报。这些事先无法预见，合同中又没有指明的内容，应该实事求是解决。

承包方：现场有两条弱电线槽绕开了修改设计中的风管，增加了38m，拆除了六台不适用的风机盘管；小办公室改成大开间教室，消防喷头改动的比较多，约有上百处移位，管道增加量较大；再有就是原来敷设的各专业管线移位大概有几十米，清单中有详细的工程量。

业主方：虽然现场中不可能事事汇报请示，但这些可能发生的移位和拆改量，是一个有经验的承包商可以预见到的。在协商会上和订立合同时应该事先提醒我方。我们会在合同中做出合理的增项和价格变更约定的。

承包方：这点，我方以后注意改进。

业主方：关于移位和拆除增加工程量相关费用，我方将按照《某市房屋修缮工程 2012 预算定额》有关计算原则进行调整和增补。具体事项会后协商。

承包方：谢谢！我方将尽快补充和完善资料。

评析与启示

在很多实际工程案例中，经常遇到这种情况，即当合同双方在履行合同过程中，发生了争议、纠纷或者严重利益冲突，甚至要采取仲裁和诉讼时，才发现签订的合同条款遗漏了太多的细节，正是这些遗漏的细节造成了工程实施管理上的诸多漏洞，引起合同双方争端，给双方带来了不同程度的利益损失。这一现象是企业长期粗放式管理的产物。本案发包方在与承包方签订的改造施工合同中约定，在满足设计要求的前提下，对桥架、线槽，风口、喷头及管道尽量保留。但是，何谓“满足设计要求”？具体“满足”的标准和“尽量保留”的条件是什么？不保留的条件又是什么，拆除和保留前发包方如何确认？确认的程序和时限该是怎样？合同条款均没有明确。在工程建设中，合同是规范和指导签订合同的双方当事人实行合作、履行合同义务的法律依据，为双方发生争议时提供可靠的解决途径，在处理这类纠纷时有法可依，有据可寻。因此，合同用语准确性、规范性和完整性是决定合同双方能否顺利完成合同内容、正确处理纠纷的关键。而本案发包方恰恰在合同条款用语这个细节上出现了漏洞，被承包方抓住了机会。按照合同要求，该保留的“尽量保留”，不确认保留、但妨碍施工的，视现场情况，先拆除或移位再进行保护，等候发包方确认。这被发包方认为是为日后申请费用补偿做伏笔的处理方式也变得合乎情理。由此可见，订立合同时，对每一项条款、每一个用语都应对照项目实际情况字斟句酌非常必要，也是必须要做到的一项细致工作。

3

合同范围对施工交界面约定不清引起的麻烦

案例简述

发包方：某出版社

弱电施工分包商：某电子公司

设备生产商：某冷水机组生产厂商

某出版社新建办公楼，于2006年4月，通过公开招标确定了某总公司第三建筑公司为中标施工总承包单位。2007年5月，经投标评审，确定了该工程弱电系统施工承包单位——某电子公司。弱电系统施工范围包括综合布线系统、有线电视系统、安防系统、楼宇自控系统（负责接线到设备接口）、多媒体系统、会议系统、精品视听系统的设备生产、检验、供货、运输安装、调试运行、竣工验收及售后服务保障工作。办公楼三台冷水机组及配套控制系统则由甲方负责采购。最终，某冷水机组生产厂商成为中标供应商。发包方在与冷水机组厂商签订的设备采购供货合同中明确：冷水机组厂商负责三台冷水机组和配套控制系统硬件及软件包供货、运输，配合总承包单位进行系统调试及售后服务。

2007年8月，三台冷水机组及配套控制系统到货，并由某总公司第三建筑公司通过二次吊运，运输至地下二层冷水机房就位。

2007年10月，某电子公司开始进行楼宇自控系统施工安装，当施工到冷水机房时，某电子公司只把控制线甩到了冷水机组控制柜外。当现场监理工程师询问时，某电子公司施工人员回答说合同范围就是这样规定的。监理工程师调阅了合同，对“楼宇自控系统（负责接线到设备接口）”的具体含义也不甚明了，也就对弱电公司施工人员的说法未置可否。

监理工程师把情况反映给了发包方，发包方就机组控制连线问题联系了冷水机组生产厂商，让其派人来接线。但冷水机组生产厂商认为，合同中只要求生产厂商负责提供控制系统软件包和相关硬件，并没有安装软件硬件和连接线缆及穿线的内容，这部分工作应该由弱电分包商负责安装。

弱电分包商和冷水机组生产厂商都声称，机组控制系统的安装、连线不属于自己的合同范围，发包方只好把双方叫到了一起。

焦点回放

发包方：按照计划，楼宇自控系统已经安装完成了50%，冷水机组是全楼的冷源，是空调系统的心脏，机组能否在投入使用后正常平稳运行，控制系统是关键。你们双方都认为，控制系统的安装属于对方合同范围内容，今天，我们一起分析和商量下，问题出在了哪里，该如何解决。不管属于谁的工作，总得有人来做。

冷水机组生产厂商：我把合同带过来了，现在可以看一下我方的合同范围是如何界定的：冷水机组生产厂商负责三台冷水机组和配套控制系统硬件及软件包供货、运输，配合总承包单位系统进行调试及售后服务。这里说的很明确，我方只负责所有设备、控制软件包和系统硬件的供货。

发包方：招标的内容就是设备采购供货，冷水机组生产厂商不具备机电和弱电安装资质，也确实不能进行控制系统的安装，由弱电分包商来安装是比较合理的。

弱电分包商：我们具有智能建筑设计与安装一级资质，这类系统，我们完全可以安装，现在讨论的不是可不可以、能不能安装的问题。我方与发包方订立的合同中，也没有包含这部分内容。如果要求我方来安装没问题，不过，要办理一个增项的洽商变更。

发包方：合同是这样描述的：弱电系统施工承包范围包括综合布线系统、有线电视系统、安防系统、楼宇自控系统（负责接线到设备接口）、多媒体系统等设备生产、检验、供货、运输安装、调试运行、竣工验收及售后服务保修工作。对楼宇自控系统也说明了要负责接线到设备接口。如果是冷水机组，我理解应该是接到机组控制柜里面的某个接口。

弱电分包商：设备接口包含的意思比较广，可以把线接到距设备1m左右的位置，也可以把线接到设备控制柜下缘处，还可以把线接到控制柜里某个端口上。控制柜内部接线一般由设备生产商负责，因为那些工作是属于设备自身控制以及设备之间关联控制的内容。

发包方：我不是搞这个专业的，请教一下，像这类设备控制衔接的情况一般是怎样操作？

弱电分包商：每个工程做法不同，冷水机组控制系统要通过开放的通信协议，把所有数据上传给楼宇自控系统。这个通信协议在设备生产商提供的软件包里都设计好了。我方只要接过去一条控制线，就可以传输数据了。

发包方：这么说就明白了，冷水机组生产厂商负责设备自身的控制，包括控制柜内部接线，并在软件系统里设计好所有的控制模块，做好可上传数据的通信协议，弱电分包商负责与模块控制器接好控制线。就可以互通有无了，是这样吗？

弱电分包商：是的，经你这么一归纳，其实也没那么复杂。

发包方：现在弱电控制线接到哪了？

弱电分包商：冷水机组控制柜旁边 1m 位置。

发包方：重新明确一下，接到冷水机组控制器或者冷水机组生产厂商指定控制柜某个端口的控制线和每台机组之间的连接线由弱电分包商负责，设备控制柜里所有接线，软件和机组之间的控制调试由冷水机组生产厂商负责。各自是不是都已经清楚自己的工作了？

弱电分包商：清楚是清楚了。可是多出来的几米控制线增加的费用，我方认为应该办一张洽商变更单为好。

发包方：会后，把相关内容整理一下，找具体人员办理。冷水机组控制柜里的接线和调试工作属于冷水机组生产厂商的合同范围，不再另计费用。

经过协调分工，冷水机组控制系统与楼宇自控系统顺利接通。

评析与启示

本案是关于合同界面不清导致施工分包商与设备供应商工作交叉时产生纠纷的事件。从发包方与弱电施工分包商和冷水机组生产厂商分别订立的施工承包合同和设备采购供货合同可以得出，弱电楼宇自控系统与冷水机组群控系统在通信传输交接过程中发生相互推诿的根本原因，是发包方在合同中没有对两者工作界面和各自责任明确清楚。发包方虽然在合同中对弱电分包商和冷水机组生产厂商的工作范围和内容分别做出了约定，但却遗漏了两个关键细节问题，第一，只划清了弱电分包商和冷水机组生产厂商各自的工作界限，但没有明确双方交叉作业面的分工和责任，如各控制单元间的连接线管及穿线谁来施工，冷水机组之间的控制线谁来连接等。发包方是知道冷水机组生产厂商没有安装资质的，但是，又没有将弱电分包商负责安装冷水机组之间的控制线，并负责与冷水机组生产厂商进行通信联络、协调和调试等有关事项包含在弱电施工分包合同中。导致弱电分包商在投标报价中并没有考虑这部分工作量。施工中，遇到增加合同以外工作内容的情况，必然会提出洽商变更的要求。第二，发包方在签订弱电施工承包合同、冷水机组设备采购供货合同时，没有对冷水机组和弱电系统之间的控制联络做深入细致的调查研究，也没有对两者之间的相互联系和专业特点进行比较和了解，造成合同在双方工作交叉范围内形成真空地带。施工过程中，弱电分包商和冷水机组生产厂商不注重沟通环节，双方缺少足够的配合也是产生本案纠纷的另一个主要原因。例如，弱电分包商并不关心冷水机组生产厂商提供的这套控制软件和相关硬件设备与弱电控制元器件接口是否匹配，因为这部分内容不在弱电分包商的合同范围里。合同没有约定交叉施工面的衔接，施工中各自为政，不进行交流，造成了弱电分包商和冷水机组生产厂商有分工无协作的结果。而由此发生的变更因无法界定双方责任，只能由发包方自己消化。从此案可以看出，在与有工作交叉的分包商或分包商与设备生产商之间订立合同时，有关两者之间的分工界面、彼此衔接，以及各自应承担的责任等细节都应在合同约定中重点说明，不能忽视，否则，就会给施工分包商和设备生产商推卸责任制造口实，让他们之间的相互推诿变得顺理成章。

4

“室外”与“外墙”引来的争议

案例简述

发包方：某技术培训学校

承包方：某三建公司

某技术培训学校新建图书馆由某三建公司承包建设。该工程建筑面积为12000m^2。发包方在施工合同专用条款中约定的承包方施工范围是：“设计图纸范围内的全部内容。包括不限于建筑工程、采暖通风空调工程、给水排水工程、电气工程、弱电工程。”并说明建筑室外工程由发包人单独招标。在技术标准和要求专用部分明确：“承包人按图纸全部施工到位，各专业出户管线施工至建筑物室外1.5m处”。

工程开工后，进展顺利，半年多的时间已施工到地下一层，这一层是各专业主干管排布最集中、进出管线最密集的部位。在安装前，施工方已组织各专业依据设计施工图进行了管线综合。对相互打架交叉的部分管线重新进行了调整，办理了相应设计变更。因各专业管线空间布置较合理，施工进度也比原计划加快。当承包方根据合同要求施工到出户管线时，却出现了令人啼笑皆非的事情，当初设计师在设计建筑外形时，为突出错落有致的立面效果，并没有把建筑物外立面设计成平齐的，而是凹凸转折，没想到漂亮的外形却给专业管线施工带来了麻烦。合同对施工范围规定了“各专业出户管线施工至建筑物室外1.5m处”。然而对“建筑物室外1.5m”的理解，承包方专业施工人员却各有不同。水暖专业理解就是从外墙轴线算起，电专业却认为应该从外墙面算起，还有的人认为应从散水边缘算起。于是，出外墙的几十条管线和线缆有的施工到距轴线1.5m处，有的施工到距外墙面1.5m处，有些电缆施工则截止到距外墙装饰柱外缘1.5m。有些通信缆则施工到建筑散水边缘外1.5m。室外工程验收会上，在讨论这个问题时，发包方指出，合同约定的“建筑物室外1.5m”是指建筑外墙面以外1.5m。验收之后，承包方向发包方递交了一份关于建筑物出户管线增加和拆除工程量的洽商单。

焦点回放

发包方代表：按照合同约定，“各专业出户管线施工至建筑物室外 1.5m 处”，这里所说的“建筑物室外”，正常理解都是指外墙。

承包方代表：建筑物室外的含义太多，可以是外墙以外，可散水之外的理解也不能说完全没道理。按轴线为界计算是有些出入，不过这样计算最好算，相对比较准确，与外墙的误差不算大，理解也基本接近。这个工程外墙立面设计变化较多，大家理解不同也正常，例如，有人就理解为外墙装饰柱外缘。

发包方：合同的意思就是指建筑物外墙。如果是建筑物外墙轴线、外墙装饰柱外缘、建筑物散水边缘，就会在合同里明确的，而不是用“建筑物室外这句话了。这都是约定俗成的做法，作为有多年施工经验的承包方不会连这点都理解不了吧？

承包方：可是，我们也不能按约定俗成的做法进行施工吧，那可代替不了合同约定。从合同字面理解，并没有说“建筑物室外”不可以是建筑外墙轴线、外墙装饰柱外缘、建筑物散水边缘。正是因为意思含义太多，边界就变得模糊，使得施工人员的理解千差万别。

发包方：之所以会出现这样的问题，主要是对合同理解有误造成，即不存在办理设计变更的情况，也不存在因现场施工情况变化办理工程变更洽商的情形。合同中可没有因对合同理解有误差导致出户管线长短不一而调整价款的规定。

承包方：合同中是没有针对这方面调整价款的约定，可是，合同约定的施工承包范围不准确，就会引起变更，这种做法在工程中很常见。

发包方：不是以常见做法提出变更就可以变更。刚才说过了，“建筑物室外”就是合同约定的出户管线边界叫法，既不是修改设计图纸里的内容，也不是对施工做法进行调整，不属于办理设计变更和工程变更洽商的范畴。

承包方：就算按你们所说，这些工作不属于办理设计变更和工程变更洽商的范畴，可是因为合同条款明示不清，造成工程量的调整总是应该有的。专用合同条款对可以调整的价款约定：“工程量按实际完成的相应工程量计算”。按出外墙轴线 1.5m 施工的出户管线要加长，按出外墙装饰柱外缘和散水边缘 1.5m 施工的出户管线要进行部分拆除，几十条出户管和线缆修改的工作量可真不少。

发包方：出现这样的问题，你们也有责任，已经对“施工至建筑物室外 1.5m 处”存在疑义和不同理解，为什么不尽早向我方沟通确认，而是让各专业施工人员继续施工，到现在又提出变更洽商的要求。

承包方看到发包方情绪有些激动，语气也缓和了许多。

承包方：当时现场施工人员赶进度，交叉作业比较乱，交底没跟上。在这个环节上，我们的管理工作确实有些问题，回去一定要加强这方面管理监督。我们双方在施工中一直合作不错。贵方对我们的工作也给予了很大支持，这样吧，我们只对按外墙轴线距离计算的出户管线多出的工程量办变更洽商，其余管线和线缆的拆除费用，我方承担。

会后，发包方与承包方来到施工现场，察看了所有施工完成的出户管线，虽然按外墙轴线计算的出户管线比按外墙面计算的出户管线差了约200mm，按外墙装饰柱外缘计算的出户管线又多了约200mm，但都不会对外线施工造成任何影响。于是，双方商定不再对这部分出户管线进行加长和拆除的施工处理，而只把按散水边缘计算的出户管线进行部分拆除，拆除工作由承包方负担，因为工作量很小，承包方同意不进行任何工程量变更。问题就此圆满解决。

评析与启示

本案发包方与承包方在合同履行过程中发生的争议，实际上是对“建筑物室外”和“建筑物外墙”两个用语理解误差引起。简单讲，建筑物外墙就是形成室内、室外分界的建筑物围护构件。特指具体的建筑墙体。而建筑物室外则是指建筑物外墙以外的室外空间里所包含的内容，不是具象的某个构件。但在日常生活里，“室外”的概念广大、笼统而模糊，在施工合同中如果要以建筑围护墙体为边界界定施工范围和内容时，应使用更准确的建筑工程专业术语，如“建筑物外墙”或“建筑物外围护结构墙体”等。合同约定承包方将室内管线、线缆预留到室外边界要求中使用了“建筑物室外”这个用语，由于边界太大，含义不清，很容易叫人产生不同的理解，也容易让有心之人借此疏忽为自己所用而钻空子。发包方如果未对“建筑物室外”的范围、含义和界限约定准确，工程实施中，就可能会造成管线和线缆出室外的距离因理解而异，从而产生额外增加的工程量。而承包方在施工中，缺乏对现场施工的统一组织和管理，任由各专业施工“各行其道”，在问题已经发生的情况下，又没有及时向发包方、监理方进行求证和确认，导致返工结果的出现。

本案还反映出另一典型方面，承包方可能已经发现了合同因“室外”和“外墙”一字之差带给自己的机会，并利用和抓住了这个机会，交涉中，发包方虽然察觉到了承包方的“早有预谋”，但也只能面对现实。尝到了“合同界定不准确”的苦果，由此提醒合同管理人员应该加强和规范对合同条款中专业术语的细节审查。

5

审核竣工结算为何出现两个结论

案例简述

某建设公司承包某办公楼工程。于2005年3月签订了施工承包合同，合同总价3500万元；合同约定：工程款按月支付，当工程款累计支付到合同价款的90%时停止支付工程款，工程竣工验收合格后28天内，承包方提交竣工结算报告，经发包人审计部门审计后按审定金额扣除5%保修金后一次性付清。2006年5月工程竣工并通过验收，承包方按照合同要求的期限送交了竣工结算报告，发包方审计部门委托C咨询公司对报告进行了审核。2006年7月，C咨询公司出具了审核报告，审定的工程结算金额为4050万元。发包方拿到报告后，认为这个审核结果，与合同总价悬殊太大，担心C咨询公司算法有误。又委托了D咨询公司重新进行审核，2006年9月，D咨询公司也出具了审核结果，结算金额为3850万元。就在发包方准备按D咨询公司约谈承包商时，承包商通过渠道了解到事情原委，向发包方致函，内容大致为，贵方对我方所提交的工程竣工结算报告已审核近四个月，远远超出正常的审核时间。请发包方尽快按照审计部门的审核意见支付余款397.5万元（已支付3450万元）。发包方以需要对审核意见进一步核准为由，一直未作答复。双方因此发生了争执。

焦点回放

承包方：施工过程中，我们双方合作一直比较顺利，到了工程结算这个时候，希望我们还能继续保持，友好协商。现在距我方送交结算报告的时间快四个月了，我方一直未收到任何答复，也没被要求约谈，应该不存在什么问题了吧？那就请贵方尽快按照C咨询公司审核结果支付余下工程款。

发包方：双方合作是良好的，现在也没有出现不愉快、不良好的情况，我方从投资方面考虑，需要对C咨询公司的审核结论做进一步复核也是正常的工作程序。在复核没有完成之前，暂缓工程余款的支付，请你们理解。

承包方：按照合同约定，是按“发包人审计部门审定的金额扣除5%保修金后一次性付清”，据我方了解，C 咨询公司已经出具了正式审核结论，但直到今天仍没有支付，贵方已经违约在先了。

发包方：结算款是按“发包人审计部门审定金额扣除 5% 保修金后”支付，但合同也没有不允许我方进一步复核审定金额的条款，我方与 C 咨询公司签订的委托合同中，就有这项条款，和违约不能相提并论。

承包方：这两个合同，一个是施工承包合同，一个是咨询委托合同，没有可比性，同样不能相提并论，我们要确定的是贵方审计部门是不是已经对我方工程结算报告出具了审核结论，如果有，就尽快按审定金额支付剩余工程款，如果没有，什么时间可以拿出审核结果？贵方超期结算的行为已严重违约。

发包方：正在复核，很快就会有结论。

承包方：这是为拖延支付工程款找理由，属于继续违约。

发包方：因合同约定的事项未完结，不具备支付工程款的条件。不存在违约问题。

双方互不相让，僵持不下，最后双方向仲裁委员会申请仲裁。裁定结果为：同意承包方关于尽快支付剩余工程款的申请要求，发包方按照合同约定，按“发包人审计部门（C 咨询公司）审定的结算金额扣除 5% 保修金后一次性付给承包商。

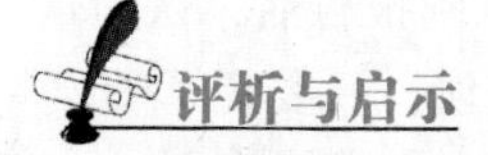

评析与启示

我们知道，为履行经济监督职能，监督检查本单位、本部门财政、财务收支和各项经济活动的真实、合法及效益，各个单位都会设立审计部门。

本案发包方与承包方签订的施工承包合同对结算款支付规定：“承包方提交竣工结算报告，经发包人审计部门审计后按审定金额扣除 5% 保修金后一次性付清”，其中“经发包人审计部门审计后”应当理解为，只有审计部门委托的审计公司对承包方竣工结算资料和报告进行审核并出具审核报告才具有相对独立性、权威性和客观公正性，也才具有合法性。发包方看到审计公司的审核结果与合同价格差距太大，心里无法接受，就自作主张找来 D 咨询公司重新审核，这种行为有失合同真实含义，也是对审计部门审核结果的权威性、公正性的质疑，其做法欠妥当。而以进一步复核审计部门的审核结果为由延迟支付承包方结算款，则违反了双方合同对付款条件的约定，是一种违约行为。

按照《中华人民共和国合同法》第二百八十六条规定：“发包人未按照约定支付价款的，承包人可以催告发包人在合理期限内支付价款。发包人逾期不支付的，除按照建筑工程的性质不宜折价、拍卖的以外，承包人可以与发包人协议将工程折价，也可以申请人民法院将该工程依法拍卖。建设工程的价款就该工程折价或者拍卖的价款优先受偿。”

既然合同已明确了工程结算条件，按照约定条件执行就是自然而然的事情，似乎不该存在争议。但由于工程采用单价合同，中间因各种变更、工程量变化和价格上涨等多种因素，结算过程必然是一场价款增减的拉锯战。发包方看到C咨询公司审核的工程结算价与自己的预期相差悬殊，动摇了对C咨询公司的信心，做出另找一家咨询公司进行复核之举可以理解。但此举却给承包方造成发包方节外生枝，制造借口拖延支付工程结算款的印象。而双方合同对“审计部门审计后按审定金额扣除5%保修金后一次性付清”中“审计后”的条件和时间限制没有约定，也让承包方感觉发包方会无限推迟付款的可能性。

如果发包方能在制订合同工程结算条款中，增加一项可以进一步复核审核结果的时间和条件限定，结算时将会有较大回旋余地，形式也会对自己更有利。同时，当承包方看到了合同对发包方结算审核的时间约束，也会避免产生一些敏感的联想。

6

表面免费捐建，实为有偿新建

案例简述

发包人：某高校体育部

承包人：某建筑工程第八公司

2005 年 7 月，某高校体育部招标新建游泳馆工程，经过评标比选，某建筑工程第八公司成为中标施工承包商。该承包商在近几年间承建的工程曾多次获奖，为此，发包方对招标结果也比较满意。某建筑工程第八公司也一直想通过承建高校项目，来扩大本公司在高校领域的工程业绩。该公司中标某高校游泳馆项目后，决心要以最大的努力，把这个项目打造成高校样板工程。在发包方与承包方准备签订施工承包合同时，双方谈到施工场地的一排后勤用房在施工前需要临时拆除，游泳馆建成后还要择地恢复的问题时，发包方提到复建后勤用房的资金要按程序打报告申请，能否批复，何时批复都暂时不能确定。承包方立刻表示，愿意免费拆除施工场地内的后勤用房，恢复重建的后勤用房可以为学校“捐建”，并希望学校明年计划建设的教学楼一期工程能给予支持。于是，双方在订立的施工承包合同补充协议中就讨论的事项约定如下：

（1）承包人现场管理办公暂设用房按照投标时的施工平面图所示位置并经监理人确认后进行搭建。

（2）承包人工人生活用房，由发包人协助联系学校保卫部门，腾出工地北侧停车场部分用地进行搭建。

（3）承包人负责免费拆除施工场地内后勤用房，并以捐建形式对后勤用房进行恢复重建。

一年以后，承包方按照合同约定的内容和工期顺利完成游泳馆工程施工，并通过验收交付使用。

在游泳馆施工后期，承包方按照设计施工图和发包方指定的位置将后勤用房重建交用。

工程竣工后，承包方在提交的结算报告和资料清单中增列了一项总计 29 万元的后勤用房分项工程费。发包方进行审核时，心中不解，遂向承包方说明后勤用房属于承包方自愿捐建，要求承包方将这笔费用在结算工程量清单中扣除，将结算资料重新整理后再报过来。而承包方回复说，所报费用是扣除了捐建费用以后发生的费用。为此，双方对这些费用是否应包含在捐建范围内进行了争论。

焦点回放

发包方：游泳馆工程按期竣工交付使用，使用部门和师生们都反响不错。新建的后勤用房条件有了很大改善，得到后勤管理人员普遍好评。今天主要讨论的是新建后勤用房“捐建”问题。在签订游泳馆施工承包合同的见面会上，我们谈到游泳馆建成后，要择地恢复重建后勤用房，但申请重建的报告能否批复，何时批复不能确定时，你们当场表示可以免费拆除场地内后勤用房，以捐建形式恢复重建后勤用房。为什么在结算资料和报告中又增加了这部分费用，前后做法不一致？

承包方：过程是这样的，我方确实表示免费拆除场地内后勤用房，恢复重建的后勤用房为“捐建”。但是，合同和补充协议里没有具体说明“捐建”的内容。我们是按照实际发生的工程量补充进结算清单中的。

发包方：合同补充协议对这一条写得非常清楚，“承包人负责免费拆除施工场地内后勤用房，并以捐建形式对后勤用房进行恢复重建。”

承包方：我们确实按照补充协议的约定，负责拆除了场地内后勤用房，并承担了恢复重建后勤用房的工作。

发包方：有点被绕糊涂了，你们说按照约定拆除和捐建了，怎么又发生了实际费用？

承包方：还是我刚才讲的，补充协议对拆除后勤用房和以捐建形式再恢复重建的意思说得很明确，拆除好理解，工作量就摆在那里。可是捐建包括的内容却没有具体约定，大家只从字面上理解，捐建恢复就是我方出资，按照原来的样式和图纸再重新建起来。我方是按照贵方指定的位置对后勤用房进行了重建，在基础施工时，发现在埋深800mm的地方有两条仍在使用的给水管。而且修改后的图纸对后勤用房的建筑、结构及其他专业都进行了不小的改动，并不是和以前的形式一模一样，例如基础构造、外墙涂料、屋檐形式、室内地砖、门窗材料、卫生间洁具等等，都比后勤用房高了一个档次。我方按照补充协议的约定，承担了原后勤用房标准对应的人机料及管理税金等全部费用，并未计入在结算中。结算资料和报告中所增列的这部分费用只是新建后勤用房比原后勤用房标准高出来的那部分施工相关费用，以及拆改两条给水管的费用。如果我方严格按照约定恢复重建，贵方看到的将是原来那排后勤用房的复制品。

发包方此时才如梦初醒，原来在订立合同见面会上，双方在友好气氛中达成一致意见的后勤用房捐建事项，因为既没有把捐建的具体范围、工作和可能遇到的情况及如何履行等问题说清，也没有在施工图出来以后编制工程量清单，与原后勤用房工程造价进行比对做到心中有数，更没有针对设计图纸修改和增加的部分，与承包方进行细致的讨论，让所谓的免费捐建变成了有偿新建。

评析与启示

本案发包方虽然和承包方就捐建意向签订了补充协议，但在协议中却没有对捐建后勤用房的具体内容进行说明，施工过程产生变更也就在所难免了。承包方在气氛融洽的见面会上痛快答应免费建设，并不能说明发包方就可以不在合同条款上深究细节，仔细推敲，要知道君子之交代替不了合同约束。经济往来就是要以合同说话，锱铢必较。合同必须包含的内容有：标的、数量、质量、期限、地点和方式，合同条款越全面越详细，将来的麻烦和纠纷就越少。本案合同双方签订的补充协议作为合同的一部分，却没有对捐建内容、如何捐建，以及将来设计施工图出来以后，新旧后勤用房之间可能产生的差异等关系到双方利益的具体细节约定确切，着实难以理解。我们暂不讨论承包方是否在答应捐建之时就已经做好了日后争取结算款的准备，但他们在一开始提出捐建到项目实施完成过程中能够有计划对资料进行收集、整理和记录，把各项环节的准备工作做到实处，为将来结算时获得费用补偿打下了基础。体现了承包方严谨细致的管理工作方法和丰富的索赔经验。反观发包方，因为没有把合同管理工作做细做实，让自己陷入了尴尬境地。

通过多个实际工程案例可以发现，除非做公益，否则很多打着捐建工程名义的背后都会附加自身利益的条件。作为企业经营者，如果牺牲企业经济效益做慈善，最终将使企业无法生存下去。这样的企业经营者也是不称职的管理者。所以在此劝告提出捐建要求的一方，要转变思维，换位思考，不能因自身资金紧张就可以不顾对方利益的损失，“动辄要捐”。

本案从赠予的角度分析，发包方也存在失误，《中华人民共和国合同法》对赠予合同有如下规定：“赠予人在赠予财产的权利转移之前可以撤销赠与”，“撤销权人撤销赠予的，可以向受赠人要求返还赠予的财产”。即使合同双方签订了赠予合同，赠予人在赠与财产的权利转移之前仍可以撤销赠予财产，可以向受赠人要求返还赠予财产。更何况是对一个工程的捐建，承包方开始答应，中间返悔，最后提出补偿工程款也在情理之中。发包方凭借优势地位暗示承包方捐建，本身就是一种欠考虑的做法。而承包方同意捐建后，也没有仔细研究捐建协议中的各项条款，及时发现漏洞并提醒发包方进行修正，从而导致捐建流产。

7

谁来承担基础资料提供不准确的责任

案例简述

发包方：某综合建设开发公司

承包方：某工程公司

某综合建设开发公司通过公开招标确定某工程公司为某综合楼工程承包商。承发包双方签订了施工合同，其中，专用合同条款对发包人提供施工场地的要求规定："施工场地应当在开工前7天具备施工条件并移交承包方，发包人应当最迟在移交施工场地的同时向承包人提供施工场地内地下管线和地下设施等有关资料，并保证资料真实、准确、完整"。发包方在签订合同的第二天，向承包方提供了一张施工场地地下管网测量图，并特别说明，图纸是根据探测仪探测的地下管网情况绘制的，不是十分准确，可做大致参考。此时，承包方已经完成了搭设暂设和施工围挡的工作。在铺设施工现场临时消防用水管线时，在场地北侧埋深400mm处挖出了并排的四根电缆，这些管线并没有在发包方提供的地下管网图中反映出来。承包方与发包方商量，能否提供更详细和更准确的地下管网图，或者通过其他手段再进一步探明一下地下管网情况。发包方回复，提供给承包方的测量图是委托一家测量公司三年前绘制的，目前已经是最全面且最准确的地下管网图了。因为探测成本较高，近两年还没有重探地下管网的计划。如果承包方担心地下情况不准确，对以后基坑开挖造成不利影响，可以自行采用挖探槽方式，对场地进行摸查。承包方听取了发包方意见，沿场地周边挖了一圈探槽，这一挖，不仅在西侧和南侧又挖出了两根正在使用的通信缆，在东侧还挖出了拆除建筑物下面的方形基础。前后因拆改管线和破除基础，使原定开工时间拖延了一个月。开工后，承包方就开工前发包方提供的施工场地条件不足、投入的各项成本太高，向发包方提出了费用补偿要求。

焦点回放

承包方：工程开工了，我方想就发包方提供的施工场地和我方为满足施工条件先期投入的情况一起商量一下。

发包方：先更正一下，我方为承包方提供的施工场地已完成了三通一平，临水和临电都已接入场地内，是具备了施工条件的。

承包方：三通一平是满足了，可是向我方提供的地下管网和地下设施情况等资料不全面。我方要不是铺设消防管，还发现不了场地下面还有这么多电力、通信电缆，而且有些管线还在使用，发包方提供的地下管网图里根本没有这些管线，最麻烦的是破除东边那座地下基础，大费周折。这些拆改管线、破除基础的费用都是我方承担的，这笔费用希望发包方帮助解决，请贵方理解。

发包方：可是我方确实给你们提供了地下管网图，只不过这张图在三年前是根据探测仪探测的地下管网情况绘制的，与现在的实际情况出入比较大，这种情况谁也无法事先预料到，总不能建一个项目，就要为施工场地探测一次吧？而且不论怎样探测，也不可能做到百分之百准确。这种靠仪器进行的探测是受客观条件限制的。开挖探查是最准确的，可每一个工程开工前，如果都让建设单位去开挖探查地下管线和地下设施也是不现实的，哪个工程也不会这么做，开挖探查工作都是交给承包方来完成，这是惯例。既然是惯例，像挖探槽这样用来探明场地地下管线和设施情况的措施费应该考虑在投标报价中。

承包方：是不是应该考虑在投标报价中，我方会让负责合同和造价的有关人员去核实。这个问题不是我们今天讨论的主题。根据合同要求，发包方应将“施工场地在开工前7天具备施工条件并移交承包人，同时向承包人提供施工场地内地下管线和地下设施等有关资料，并保证资料真实、准确、完整”。而现在的情况是，发包方向我方提供的场地，因为地下管线和地下设施资料不准确，我方无法断定直接进行土方开挖施工是否会挖断某条正在使用的管线或线缆造成停水停电甚至危险事故，所以，我方只能先通过挖探槽探明地下管线和地下设施的准确位置，拆改完十几条管线和破除废弃基础后，才能满足施工条件。

发包方：工程刚刚开工，工作千头万绪，现在最要紧的是保证各项施工能够按照施工计划顺利进行，工程质量满足合同、设计和施工规范的要求。我方造价预算人员正在调整中。关于你们为施工场地前期投入的费用该如何解决、解决的依据是什么及具体手续怎么办等这些问题都没确定下来，我方认为这件事还是先等等再说。

承包方：工程实施既需要场地，也需要资金，如不能妥善解决，对工程能否顺利进行影响很大。现在，场地条件基本解决了，投入的这些费用也应该落实了。我方理解贵方难处，能不能先草拟一个现场拆改和破除工程量的变更或报告，以便将来备查。

发包方：刚才不是说了，这个问题怎么解决还需要等一等，你们不要因此而影响施工进度、施工质量，给双方带来损失。

承包方：是呀，为了避免双方受损失，我方仍希望贵方能尽快解决我方提出的前期投入费用补偿问题。

发包方：你们的问题，我方会考虑，作为一家特级施工企业，相信你们有这个资金实力，如果连这个实力都没有，也不会有我们今天的合作了。

承包方：有些情况谁都预想不到，不过既然问题摆出来了，双方还是要一起协商来解决为好。

评析与启示

根据《中华人民共和国合同法》规定：“发包人未按照约定的时间和要求提供原材料、设备、场地、资金、技术资料的，承包人可以顺延工程日期，并有权要求赔偿停工、窝工等损失”。

《建设工程施工合同》（示范文本）对发包人应“提供的基础资料”和“逾期提供的责任”做了如下约定：

“发包人应当在移交施工现场前向承包人提供施工现场及工程施工所必需的毗邻区域内供水、排水、供电、供气、供热、通信、广播电视等地下管线资料，气象和水文观测资料，地质勘查资料，相邻建筑物、构筑物和地下工程等有关基础资料，并对所提供资料的真实性、准确性和完整性负责。

按照法律规定确需在开工后方能提供的基础资料，发包人应尽其努力及时地在相应工程施工前的合理期限内提供，合理期限应以不影响承包人的正常施工为限。”

“因发包人原因未能按合同约定及时向承包人提供施工现场、施工条件及基础资料的，由发包人承担由此增加的费用和（或）延误的工期。”

发包人的义务之一就是要向承包人提供具备施工条件的施工场地、地下管网和地下设施，本案发包方提供的地下管网测量图是不准确或不完整的，承包方进场后只要一开挖，就会遇见不明管线或设施，这种现象基本在每个工程中都会碰到。由于客观条件所限，加上多年建设，地下管网现状已经变得上下交叉、错综复杂，几乎挤满了整个地下空间。这期间不断大兴土木带来的地下管网频繁变化也很难做到时时整理和更新，所以，地下管网及设施情况不准确、不全面可以说是必然的结果。因此，施工单位进场后需要通过挖探槽探查地下情况，进行拆改管线和拆除地下设施也是通常做法，由此产生变更也是自然的事情了。既然是每个工程施工都会遇到的问题，发包人要想避免或减少这方面引起的变更费用，最好在招标文件中提示承包人：“发包人所提供的地下管网、地下设施等相关资料仅供参考，一切要以实际状况为准，”并要求承包人对现场地下情况与提供图纸之间的出入，进行必要的探测，由于探测和拆改管线、拆除设施产生的费用以措施费的形式考虑在投标报价中，今后将不再进行调整。或者在双方订立合同时，提出这个现实问题，希望承包方对此项措施提出优惠甚至免费，就可能避免发生或少发生类似本案情况的变更费用。

另一方面，这个案例也暴露了发包方资料管理方面的问题。每一个工程建设实施后，都会发生原有地下管线数量、接驳位置、走向的改变，发包人要想尽可能保证地下管网及地下设施资料的准确性，就必须加强每个竣工项目资料的归档管理，对与室外地下管网衔接的工程变化内容及时更新才是避免因场地情况不明导致变更费用产生的根本途径。

真正优秀和成熟的建设工程管理者，必然是具有丰富实践经验的理论家，也必然是一些专注管理细节，对细节不断精雕细琢的人。把容易产生纠纷或出现争议的地方尽可能考虑全面，进而制定出对自身有利、尽量避免损失的应对方案和措施，并能兼顾暂时和长远利益。才能在关键时候做出正确的决策。

8

合同描述欠缺严谨，工程实施产生歧义

案例简述

某开发公司于2013年3月5日与某拆除公司就某锅炉房部分拆除工作签订了总价为34万元的拆除合同，合同约定拆除的范围和内容为：拆除3台15t热水锅炉、6台水泵、3台换热器、配套除氧器和软水器及设备基础，并负责清运。拆除工作于停暖后第5天开始进场实施。因为老建筑拆除工程量不好确定，拆除工作本身也不复杂，发包方要求承包方按监理工程师签认的实际发生工程量及当期定额编制施工预算书经审计审定后予以支付。拆除工期30天；拆除款分两次支付。

停暖后第5天，承包方进场实施拆除工作，承包方先后将三台15t热水锅炉、6台水泵、3台换热器、配套除氧器和软水器及下面的混凝土基础拆除并进行了清运。拆除过程中，监理工程师和发包方工地负责人不定期来现场进行监督检查，未提出过异议。拆除工作进行到第15天时，发包方支付了第一笔拆除款。拆除进行到第28天，承包方向发包方提出已完成全部拆除工作，申请支付第二笔拆除款，却遭到发包方拒绝，理由是正在复核。又过了15天，当承包方又一次向发包方申请支付余款时，发包方提出，承包方至今仍没有按照合同要求拆完设备基础，并已拖延工期15天，不仅不能支付余款，还要扣除拖延工期的违约款。为此，双方开始了一番争论。

焦点回放

承包方：我方不明白，明明已经按照合同要求的范围和内容，对除氧器、软水器下面的混凝土基础进行了拆除，拆除期间，监理工程师和发包方工地负责人也进行了监督检查，没有提出过异议，为什么说我方仍没有完成合同范围内的设备基础拆除工作呢？

发包方：合同约定“拆除3台15t热水锅炉，6台水泵，3台换热器、配套除氧器和软水器及设备基础，并负责清运。你们现在只拆除了除氧器和软水器下

面的混凝土基础，但3台15t热水锅炉、6台水泵、3台换热器下面的混凝土基础还没有拆除。

承包方：对要增加的这些拆除工作，办理一个增项变更就可以了，我方保证5天内完成。

发包方：这些不是新增加的拆除工作，而是合同范围内的拆除工作，你们至今还没有完成。现在距离合同约定的完成时间已经过去了15天，我方要求你们尽快完成剩余拆除工作，拖延工期的天数也要按合同约定计算违约金。

承包方：合同约定，除了拆除3台热水锅炉、6台水泵、3台换热器；配套除氧器和软水器，要拆除的设备基础只有除氧器和软水器下面的混凝土基础。

发包方：这不是在玩文字游戏，合同约定的“拆除3台15t热水锅炉、6台水泵、3台换热器、配套除氧器和软水器及设备基础”很清楚也很明确是拆除上述所有设备的混凝土基础。

承包方：我方认为合同所述“拆除……配套除氧器和软水器及设备基础”即指拆除除氧器和软水器以及这两个设备下面的基础，而且一直理解如此。

发包房：如果你们不理解或不清楚，实施过程中为什么一直没有提出来?

承包方：倒没有觉得不理解或不清楚，我方一直认为就应该是这样的理解。

发包方：对合同理解不同，甚至有争议都很正常，但不管你们怎么理解，3台热水锅炉、6台水泵、3台换热器下面的混凝土基础都必须拆除。

承包方：拆除可以，但我方要求补办一份增加拆除工程量的变更洽商。

双方协商无果，申请第三方调解。经调解，结论如下：

发包房与承包方就某锅炉房部分拆除工作订立的合同中，拆除范围和内容条款明确。承包方应按照合同要求履行合同全部义务，发包方应按照合同约定，支付剩余拆除款。拆除实施过程中，发包方应协助承包方就合同中不确切且易产生歧义的事项进行解释和澄清，而不应迟付拆除款导致损失进一步扩大。

最终，发包方撤销了对承包方扣除延期违约金的要求，支付了承包方剩余拆除款，承包方在一周内完成了剩余拆除工作。

评析与启示

出现本案纠纷，发包方在管理工作中可能存在以下几个问题，一种可能，发包方对拆除工作的专业性不很了解；另一种可能，发包方了解拆除工作的具体内容，但在制订合同条款时，没有对容易产生歧义、产生纠纷或比较敏感的字义仔细思考，造成合同描述欠缺严谨。再有一种可能，发包方有意而为之，这样既可以引导承包方降低报价，又可以让承包方因不能按期完成合同内容构成违约。如果确实如此，那么这种“有意”带来的后果发包方没有想清楚。

承包方在本案拆除施工管理中也存在两种可能，一种可能，对合同约定的工作范围和内容理解不准确，又没有深入研究和要求发包方解释澄清。另一种可能，承包方故意为之，然后再向发包方提出变更申请，以达到增加拆除款的目的。如果确实如此，那么，这种因自身对合同理解有误，只能无偿继续“履行合同全部义务”的后果承包方没有想清楚。

本案发包方和承包方如果注意以下几个管理细节，就可以避免发生纠纷。

（1）双方在订立合同时，应该将拆除的具体内容以工程量清单形式作为合同附件。

（2）将合同约定的“拆除3台15t热水锅炉、6台水泵、3台换热器、配套除氧器和软水器及设备基础，并负责清运。”改为“拆除3台15t热水锅炉、6台水泵、3台换热器、配套除氧器和软水器及其以上所有设备基础，并负责清运”，就可以清楚地说明要拆除的设备基础范围和工程量。

（3）在拆除期间，监理工程师、发包方工地负责人应定期与承包方施工人员进行沟通，如果沟通及时，这个双方均没有注意到的细节就有可能被发现，从而避免以后纠纷的产生，而不应采取回避、拒绝的做法，到头来给双方造成麻烦。

（4）从合同签订到拆除工作完成，发包方和承包方都应该不断重温合同内容，对合同每项条款逐一深入研究。签订了合同，并不代表就可以束之高阁、高枕无忧了，由于多方面原因，合同条款缺乏严谨、准确、全面的情况经常存在，工程建设管理人员只有不断理解、体会和审视，才能及时发现问题并纠正错误，尽量避免不利情况和索赔纠纷的发生。

承包方想通过建设工程获得价格上的最大利润，发包方想通过控制造价获得最优的工程质量。不同的目的让双方所持立场、观点，以及手段和方法都有很大不同，工程建设管理人员应具有多角度辩证看问题的头脑，才能在出现问题时冷静面对，处理问题时游刃有余。

9

改变实质性条款太离谱，自知理亏最终做出让步

案例简述

发包方：L 项目开发公司

承包方：K 建筑公司

K 建筑公司经过竞标，成为 L 项目开发公司投资建设的某综合行政大楼工程施工中标承包商，L 项目开发公司向 K 建筑公司发放了中标通知书后，要求 K 建筑公司过来讨论签订施工合同的有关事项。

发包方：本工程评标过程中，你们能够在强手如云的投标企业中胜出，足以说明你们的实力，也说明我们的选择没错。今天请你们过来，正是要讨论一下工程质量标准问题。

承包方：我方能有幸中标贵方投资建设的工程项目，离不开贵方对我方的信任和支持。我方在此表示非常感谢。公司上下形成一致意见，一定要挑选最强的技术和管理力量，组成项目管理班子，打造一个精品工程。

发包方：这正是我方需要的，也是我方管理层的希望。我方在招标文件中设定的质量标准为合格，现在，经过我们对工程的评估，并向公司请示，决定在质量合格的基础上，创建工程质量最高奖——“鲁班奖”。我们认为，你们完全具备这个实力和水平。

承包方沉默了片刻后回答：工程要创“鲁班奖”，肯定要多投入，虽然招标文件中没有这项要求，但凭着贵方对我公司的信任和双方对这个项目的重视程度，我方有信心达到这个目标，我方向贵方承诺，一定会给你们一个满意答复。

双方在会上达成了共识，会后很快签订了施工承包合同，同时，承包方向发包方递交了一份承诺书，大致意思为：“经与发包方协商确定，我公司承诺某综合行政大楼工程质量达到鲁班奖标准。否则，发包方有权对我公司追究相应责任”。承诺书作为合同补充文件，双方进行了盖章确认。

其实，K 建筑公司明白，为让工程顺利中标，公司不仅先期投入了不少资金，在投标报价上也做出了很大让步，施工前期的准备和工程实施过程中还将投

入更多的人力、设施和管理费用，现在发包方又提出创建“鲁班奖”的质量标准，这样虽然可以提高企业口碑，却也让已经摊薄的利润进一步压缩，对公司经营明显不利。但为了日后获得更多的项目承建机会，无奈之下，也只能咬牙承诺。

工程实施后，K 建筑公司虽然认真努力，但是施工过程一直很不顺利，基坑施工时挖到地下古物，遭遇了 50 年来的最强暴雨，结构施工时，发包方提出改变部分建筑使用功能，致使已经施工完成的土建工作拆除重做。安装阶段，采购的十几台进口设备因在水运途中遇上台风，被耽搁了几个星期才到工地，导致设备安装进度拖延。这期间，因方方面面的原因，承包方技术总工更换了三个。可能要应付解决的问题太多，耗去了承包方大量的精力，而无暇顾及其他，施工过程中有关工程质量和管理控制的资料记录整理都受到了影响，工程竣工时间也比预定计划延误了半年。虽然顺利通过工程验收，可以有一年时间准备资料，弥补和整改缺陷，但承包方心里清楚，要想获得“鲁班奖”几乎没有可能性。

承包方找到发包方，叙述了工程施工过程中遇到的起起伏伏，最后，请求发包方撤除递交的保证工程鲁班奖质量标准承诺书。发包方认为承包方把承诺当成了儿戏，坚决不能接受。

焦点回放

发包方：争获鲁班奖是你们在签订施工合同时就做出的承诺保证，承诺书也是你们写的，这么严肃的事情，怎么可以说不做就不做了，这可不是开玩笑。而且，你们在承诺书中还保证，如果拿不到“鲁班奖”，我方有权追究相应责任。你们这么做，就是违约。

承包方也变得情绪激动：贵方要求我方获得“鲁班奖”，本来就是强人所难，施工中，贵方提供的现状资料不准确，挖掘到古物影响了整体基坑施工进度。结构施工时，贵方提出改变建筑使用功能和建筑格局，不仅导致已施工完成的工作全部作废，还严重打乱了施工部署，造成现在的后果，你们也负有很大责任。

发包方：移除古物和改变建筑使用功能，我方已经按实际发生情况办理了设计变更。你们在基坑开挖时，因缺少行之有效的应急预案和措施，突遇强暴雨，措手不及，只能靠现场补救，制约了基坑施工顺利进行。安装后期，设备进场缓慢，安装进度拖延。技术总工频繁更换，现场技术力量薄弱，工程质量管理缺位，这些因素才是导致无法获得“鲁班奖”的真正原因吧！

承包方：技术总工因为待遇的问题频繁跳槽，我们也很无奈，现场技术管理确实受到影响，这是我方问题，为此表示歉意。不管怎样，我方非常重视这个项目，不然也不会明知损失利润的情况下，还要做出这样的承诺，为达到工程鲁班奖质量标准，我们付出了成倍的人力、物力、财力和管理成本。但天有不测风云，遇到50年来的最强暴雨，我方雨季施工方案不得不临时调整。设备没有按时进场，是由于遇上了台风。这些都是我方无法预见、不能避免的客观情况，属于不可抗力的因素。

发包方：你们做出的努力，我方也看到了，暴雨和台风属于不可预见因素的影响，我方也无意要追究。但是承诺的事项要保证，这是一个企业的诚信问题。

承包方：我方虽然不得已做出了承诺，但一直都在为这个目标努力，恪守承诺，精心施工。在此，有三点需要澄清：第一，招标文件未要求工程质量达到"鲁班奖"，我方在投标报价中并未计入创奖的费用，可以说我方现在是自掏腰包；第二，施工承包合同中也没有要求我方拿到鲁班奖的条款，只要求质量合格标准，所以相对合同约定，我方并不构成违约；第三，我方承诺书承诺的内容为："经与发包方协商确定，我公司承诺该综合行政大楼工程达到"鲁班奖"质量标准。……否则，发包方有权对我公司追究相应责任"。工程质量要达到"鲁班奖"标准，但并没有说一定能拿到这个奖项。现在，我方仍在努力按照"鲁班奖"的质量标准，努力修补工程缺陷，各项投入还在继续。就是要为做出的这个承诺负责。但如果明知道不具备创奖条件，为了投其所好，迁就贵方，硬说可以拿到，才是不诚信的行为，也不是一个企业实事求是的做法。还有一种方式，贵方就创奖费用给予补偿，我方在工程验收合格的基础上，通过一年的努力，得奖还是很有可能的。

发包方又仔细回想了招标文件、施工承包合同、承诺书的前前后后，招标文件和备案合同里确实没有工程获"鲁班奖"的要求，也没有规定达到"鲁班奖"给予补偿的条款。现在工程竣工通过验收，根据建筑法规定："建设工程竣工经验收合格后，方可交付使用"。说明工程已具备了使用条件。如果要求承包方按照达到"鲁班奖"质量标准继续整改下去，一是要增加额外的补偿，二是强迫承包方达到招标文件和合同没有规定的标准可能会引起法律诉讼。自知理亏的发包方最终答应了承包方的要求，双方达成和解。

评析与启示

《中华人民共和国招标投标法》第四十六条规定："招标人和中标人应当自中标通知书发出之日起30日内，按照招标文件和中标人的投标文件订立书面合同。招标人和中标人不得再行订立背离合同实质性内容的其他协议。"

《中华人民共和国合同法》第三十条规定："承诺的内容应当与要约的内容一致。受要约人对要约的内容作出实质性变更的，为新要约。有关合同的标的、数量、质量、价款或者报酬、履行期限、履行地点和方式、违约责任和解决争议方法等的变更，是对要约内容的实质性变更。"

那么，承包方是否可以对“承诺某综合行政大楼工程达到“鲁班奖”质量标准。……否则，发包方有权对我公司追究相应责任”的约定撤销或变更呢?则要具体问题具体研究。《中华人民共和国合同法》第五十四条规定了当事人行使合同变更权或撤销权的几种情形，其中第二种情形为“在订立合同时显失公平”。因此承包方要想撤销或变更合同中关于“承诺……达到“鲁班奖”质量标准。……否则，发包方有权……追究相应责任”的约定，应当具备以下全部条件：①证明招标文件中未要求工程质量达到创奖；②承包方在投标报价中未考虑创奖费用；③签订合同时，发包方凭借优势地位强迫承包方承诺工程达到创奖，但并未就创奖费用给予补偿或未规定达到创奖给予的奖励。显然，就本案例而言，承包方是具备撤销或变更关于创奖承诺约定的前提条件的。

这个案例告诉我们，施工单位保护自己的最好办法是冷静对待市场竞争，而不是盲目承诺再事后反悔。首先，施工单位投标报价时对于招标人关于质量创奖的要求应有清醒的认识，对要求达到工程“鲁班奖”这样标准的招标工程更要谨慎决策，因为创“鲁班奖”需要投入很大的成本，且名额有限，大多数施工单位很难获得如此高的奖项，违约风险很大；其次，如果施工实力确实雄厚，对创奖十分有信心，则应对创奖所需费用进行测算，并在投标报价时予以体现，好的质量必定需要大的投入，不能为了中标，不惜将正常的创奖成本也作为让利让掉；再次，施工单位一旦承诺创奖，则必须严格工程质量管理，抓好每道工序，确保质量达到合同要求，否则一旦违约就要承担严格的违约责任。

10

未经法人授权委托，代理履行合同无效

案例简述

甲方：某建筑公司

乙方：某设备经销公司

某建筑公司和某设备经销公司在设备采购供货业务方面曾有过多次合作。在某办公楼项目建设过程，双方就配电箱供货业务再度合作，订立了设备采购供货合同。供货方合同签订人是某设备经销公司授权的委托代理人李某。根据工程需要，在合同中约定配电箱分四批进货，除 20% 的预付款，货款也分四次打款，预留 5% 质保金，待两年质保期满后结清。工程进行中，配电箱按施工进度，已进场两批，在第三批配电箱进场后，设备经销公司刘某照例找到建筑公司负责合同预算和财务的负责人，办理第三批货款手续。当负责人看到刘某所持证件时产生了疑问。

焦点回放

乙方：我们之间曾有过多次业务合作，双方配合也是比较愉快的，前两批送货都非常顺利，我们实在不明白，为什么同一合同中的货物，支付第三批货款时就有了问题呢？

甲方：前两次来的李某是你们公司投标时的法人授权委托代理人，合同签订时的授权委托代理人也是他，我这有加盖法人公章的李某授权委托书原件和身份证复印件，委托书里授权李某全权办理投标、签订合同和工程实施过程中的一切事务。前两次送货办款，都是李某带着盖公章的授权委托书复印件和身份证原件，经我们核对无误后才办理的。这次，李某为什么没有来？

乙方：李某已经调离我公司，现在由我来接替李某办理本工程后续送货办款的一切事物。这是我的身份证，这是我的公司胸牌和名片。您可以查证，也可以打电话核实，看看我是不是这个公司的人。

甲方：有相同公司名称的胸牌和名片并不能说明你就可以办理和执行本工程

合同一切事务，我方付款，要以法人授权委托代理人的相关证明文件为凭证，合同是代理人签署的，他才是执行合同的当事人。如果李某离职了，由你来代替他履行合同义务，为什么没在李某离开前，把这些事情向我方说明，把手续提前办妥？

乙方：我接替他的工作也刚刚不久，李某离职前，只想我交代了剩下的这些工作，我查看了合同，货物分四批进场，每次进场时间由你们提前两周通知我们，我也是按合同办事，李某离职前没有通知你们，也没有交代我提前送货，该办的事情没有办妥，并不是我的过错。

甲方：确实不是你的过错。可我方也要按照法规和合同办事，合同当事人是法人授权委托的代理人，是合法的当事人，你现在还不能证明你是可以继续履行本合同义务的法人授权委托代理人，胸牌和名片说明不了什么。简单说，无法凭此就确认你是合法的法人授权委托代理人，也无法证明你作为合同执行人的真实性。

乙方：我需要补办什么手续才可以证明我的真伪？处理以后的合同事项？

甲方：公司需要给你重新开具一张法人授权委托书，并附带一份说明，讲明你的身份，因何撤销或更换原委托代理人，委托你代理什么业务。与你的身份证复印件一起加盖法人公章，交给我方备案。每次办理货款时，需要带上本人身份证原件和加盖法人公章的法人授权委托书复印件。经核对无误后方可办理。

乙方：明白了，我这就回去办。

评析与启示

本案涉及的是没有代理权或超越代理权的执行人权限问题，建设工程项目在投标、签订合同和执行合同过程中的一切事务都应由法人授权委托的代理人进行办理。法定代表人授权委托书需要对代理人的权限、代理事项、期限等做出明确要求。例如以下授权委托书内容：

××××公司法定代表人×××特授权×××代表我公司全权办理×××工程投标、谈判、签订合同、合同执行过程中的一切事物，并签署全部有关文件。

我公司对被授权人签署的所有文件、合同和协议负全部责任。

在招标人收到撤销本授权通知以前，本授权书一直有效，授权人签署的所有文件、合同和协议（在合同和协议有效期内）不因授权的撤销而失效。

被授权人签名（盖章）：

授权人签名（盖章）：

××××

《中华人民共和国合同法》第四十八条规定：“行为人没有代理权、超越代理权或者代理权终止以后，以代理人名义订立的合同，未经被代理人追认，对被代理人不发生效力，由行为人承担责任”。

本案中乙方法人授权委托代理人李某全权办理配电箱供货活动中的一切事务，并与甲方签订了采购合同，这意味着配电箱采购供货过程中所有事务都应由李某负责办理。李某离职后，并不代表其业务就可以随便交给乙方任何一个业务员继续进行处理。乙方法定代表人没有为刘某出具变更其为委托代理人的法定代表人授权书，刘某也就没有获得“被代理人的追认”，其行为“对被代理人不发生效力”，那么，招标人（或发包人、甲方）在没有收到撤销李某代理权通知前（见以上授权书），不能认可刘某来办理第三批配电箱货款手续，是符合合同法规定的，也是对工作负责任的态度。

这里要说明一个细节，处理工程实施过程中相关事务的当事人可以与负责投标或订立合同期间的委托代理人为同一人，也可以不为同一人。不为同一人时，说明原来的代理人权限内容有了变化，变更后的代理人必须持有所在单位的法定代表人为其出具的、撤销原代理人代理业务，变更现代理人处理本阶段事务的授权委托书，后者履行代理义务才具有法律效力。否则，就可能要承担“没有代理权、超越代理权”处理和履行合同义务时“对被代理人不发生效力”的违法责任。

11

虽未订立合同，却已履行义务，合同事实成立

案例简述

某职业学校为适应日益紧张的教学用房要求，经立项批准，计划筹建一座建筑面积为50000m^2的综合教学楼。在可研报告编制阶段，学校建设单位为使建筑规模、使用功能及建设投资等数据更准确，邀请了几家著名设计单位进行方案比选，建设单位在方案设计任务书中说明，获得第一名的设计单位可以直接参加初步设计阶段的设计投标，对方案落选的设计单位给予一定经济补偿。经过几轮比选，本市一家具有甲级资质的著名设计单位——某设计公司的设计方案成为佼佼者。设计方案确定后，建设单位委托了一家咨询单位着手编制可行性研究报告，编制期间，某设计公司与建设部门和可行性研究报告编制单位进行了多次交流，解答教学楼功能和各专业设计要求等问题。最终，编制的可行性研究报告因方案设计详细、需求定位合理、功能配套完善、投资估算准确顺利获得批复。之后，某设计公司参加了初步设计阶段的设计投标，凭着熟悉和了解学校要求的有利条件以及之前所做的大量工作，某设计公司的投标文件以针对性、响应性、合理性远优于其他投标设计单位而毫无悬念地顺利中标。接下来，某设计公司按照学校建设部门的指示，组织各专业精兵强干，一鼓作气，用三个月的时间完成了初步设计全部图纸文件和设计概算书，建设单位对此非常满意，也庆幸自己选对了一个设计力量强，干活麻利，配合到位，又能准确领会甲方意图的设计方。之后，建设单位立刻通知某设计公司抓紧组织各专业设计人员进行施工图设计工作，设计周期四个月。但某设计公司却向建设单位发来了一纸公函。

××学校建设部门：

我司根据学校要求，已组织各专业设计人员着手进行××综合教学楼施工图设计工作。为保证设计顺利进行，按期完成，请学校尽快支付从××年××月至××年××月期间已完成工作的设计费用，避免影响施工图设计工作进一步开

展。已完成的工作如下：方案设计、可行性研究报告编制阶段设计配合、初步设计及概算……。

某设计公司

学校建设单位对此甚感不解，从方案设计到施工图设计，某设计公司一路顺利地走过来，免去了一次次投标竞争之苦，如愿拿到一个几百万的设计项目，这是多少苦于没项目，天天找项目，到处投标却收效甚微的设计单位梦寐以求的结果。建设单位有关人员认为，某设计公司从这个项目上获得的利润已经相当客观了，按常理，应该免去方案阶段等前期大部分配合设计费，再追着要设计费，则显得过于计较。于是，建设单位请设计公司前来商讨。

焦点回放

建设单位：你们发来的公函，我方已收悉，其实，你们大可不必担心设计费的问题，我们作为学校，绝不会像某些开发公司一样，拖欠设计费的。这个项目是我校基建计划重点项目，计划资金已经批复下来，再不抓紧开工，就无法向学校交代。下一步还要进行施工单位和监理单位招标评标，没有施工图就无法进行招标工作。你们能不能先进行设计，设计费的事，可以慢慢商量着来。

某设计公司：首先感谢学校对我们的信任和支持，我们能够获得贵校综合教学楼设计项目机会，深感荣幸。我们也理解学校希望早日开工的迫切心情，我们现在已经开始的施工图设计准备工作，正是急学校所急、想学校所想而安排的。我们也知道学校一定不会有意拖欠设计费的。只是，我们为这个项目已经投入了大量人力和物力，除完成的几十本设计图纸、效果图和彩册，还进行了大量的配合工作，与学校、可研编制单位等有关部门进行沟通交流支出的费用都已相当可观，设计人员这几个月来加班加点赶图纸，非常辛苦，也很劳累，这些付出理应得到回报。

建设单位：这点我们很理解，也很感谢。加班加点赶图纸是很辛苦，可比起那些没项目、找项目，还要参与激烈的投标竞争的设计单位要幸运得多。目前，我们双方还没有签订合同，看看可不可以这样，你们先回去，按照咱们约定的设计周期尽快完成施工图设计，图纸一拿来，我们立刻签合同。还有一点，方案设计和可行性研究报告编制阶段的设计配合费因为没有那么多像图纸一样的实物性成果，就不含在合同范围里了，合同就从初步设计阶段开始。

某设计公司：这样恐怕不妥吧，不管有没有像图纸一样的实物性成果，我们都实实在在付出了，做了该做的工作，该投入的也都投入了，方案设计阶段，效果图是决定我方胜出的关键性文件，从这个意义上来讲，这就是实物性文件。在可行性研究报告编制阶段，我方提供了大量有关综合教学楼功能和各专业设计要求的文字性说明，这些可都是实物性文件。你们刚才说的对，我们能够顺利获得这个设计项目，确实比很多设计单位幸运很多，这与学校的大力支持分不开，刚才我方已经表达了对校方支持的感谢。不过，我们双方是委托和被委托的关系，是合同关系，感谢归感谢，一切还要按照合同执行。

建设单位：刚才说过了，我们还没有订立合同。还谈不上委托和被委托的合同关系。也就没有可执行的合同条款依据。

某设计公司：《中华人民共和国合同法》第三十六条规定："法律、行政法规规定或者当事人约定采用书面形式订立合同，当事人未采用书面形式但一方已经履行主要义务，对方接受的，该合同成立。"我方从方案设计阶段到初步设计阶段，所有设计成果，学校建设单位都已接受并认可，证明我方已实际履行完成了部分合同义务，我们之间的委托和被委托的合同关系，无论是否已采用书面形式订立，事实上都已经成立。所以，还请贵方遵照合同法相关规定尽快支付已完成工作的设计费并抓紧订立设计委托合同。

建设单位：看来你们不仅设计做得好，法律、法规也学得好，提出的理由很充分，讲得也很清楚，你们回去先草拟一份设计合同，把内容填好，明天来签合同，签完合同一周后，我方将按程序办理付款。

某设计公司：感谢学校的理解，我们回去以后马上抓紧施工图设计工作，保证按期完成。

评析与启示

在项目前期，建设单位为争取立项和资金审批，首先要确定一个符合项目需求定位和主要功能的设计方案，才能比较准确的估算出项目投资。而方案必须依靠设计单位来完成。因此项目建设单位通常会通过方案比选模式确定最佳设计方案。而方案中标设计单位往往也是初步设计和施工图设计招标评选的最终赢家，这个过程经历久、耗时长，而在没有一锤定音获得最终设计任务时，对于前期的设计工作，设计单位往往都是无偿服务。这种方式或多或少都容易给项目建设方制造一些设计结果不确定、建设任务太紧、准备头绪太多的理由，进而提出采用口头约定或需求函的形式商定设计工作量来代替签订设计合同，一旦产生纠纷，往往对设计方不利。如果设计方又拿不出足够的证据来证明，往往会落得"白忙活"的结果。

经常处理建设工程纠纷的法律人士建议，对于设计欠款风险可以参照以下方法化解：

（1）设计委托人与被委托人应在每个设计阶段的设计任务开始前，签订设计委托合同，明确设计内容、范围、费用、成果形式、完成时间、违约责任和解决争议的形式，同时还应明确双方的责任和义务。被委托的设计单位不能因为怕得罪委托方，拿不到以后的设计任务，就一味迁就对方，从而给自己造成损失。

设计单位在确认开始某个阶段的设计任务前，如果有了合同约束，即使没有获得该阶段以后的设计任务，在该阶段已经完成的设计工作因为履行了本阶段的合同义务，其所得权益也会受到法律保障。

（2）设计过程中，设计方应妥善保管好双方往来函件、签收单、资料、收发图纸等凭证，对方书面联系单或发函应经盖章确认。还应定期催款，避免时间过长和人员变动等因素导致中间过程情况难以核实而无法顺利结款。一旦出现纠纷征兆，需尽快完善手续上的不足，采取各种措施收集和保存可以证实设计成果的全部资料，包括邮件、传真、录音等。避免既没有合同又没有双方任何往来凭证的情况发生。

（3）一旦发生诉讼，应采取正确方法调查取证，获取对自己有利的相关证据更是要重点考虑的途径。通过各种手段保护自身合法权益，否则，就可能面临虽事实存在，但证据不足，维权失败的情形。

本案设计方熟悉并掌握法律、法规，坚持按法律、法规说话办事，不因受建设单位委托就放弃原则，其丰富的知识背景和处理问题的方式令人赞赏。

12

超标排放废水停产导致工程停建，强词夺理无法逃避合同违约责任

案例简述

发包方：某制药公司

承包方：某工程公司

位于某开发区的某制药公司最新研制出一种抗病毒新药，为新药投产计划筹建一座制药厂，该公司通过招标评标确定某工程公司为施工承包单位。双方签订了施工承包合同，工程实施进展顺利。施工进行到第五个月，当地环保局决定对开发区各污水排放点进行突击检查，并明令规定对污水排放不达标的单位将强制关闭污染源并限期整改。检查中，某制药公司因废水排放污染物超标受到处罚警告，被要求限期四个月整改，使其制药生产废水达到国家排放标准，在整改期间，停止一切在建工程施工。监理方根据发包方要求向承包方下达了暂停施工指令，将施工材料、机械设备暂放在施工现场，并对已完工程采取保护措施，待整改检查合格后再确定工程复工时间。四个月以后，经环保局复检，某制药公司排放废水仍未达标，环保局向制药公司下达了停产关闭的通知。制药厂工程只得停建。双方订立的施工承包合同被迫终止。承包方认为，暂停施工后，不仅没等到复工，反而被要求停建，直到终止合同，整个过程已对工程造成严重影响，发包方已构成违约，遂向发包方递交了因发包方违约和停建工程造成经济损失的索赔报告。发包方却认为工程暂停施工到最终停建是因执行国家政策而引起，属于不可抗力因素造成，不应承担违约和赔偿承包方损失的责任。

焦点回放

发包方：由于环保局对超标排放废水整治检查使工程停工四个月，给我们双方都造成了不小损失，我方表示歉意。但是工程停工停建是因为国家环保治理提高了标准，环保部门加大了水污染整治力度，对我公司突击检查造成我方措手不及所致，并不是我方本意，这种非我方原因导致的工程停工停建问题，应该按合同约定的不可抗力条款来解决。

承包方：工程停工停建是和国家政策有关，也不是发包方的本意，你们因此也遭受了巨大损失，我方表示同情。但是不能说国家政策是造成工程停工停建的根本原因。我方认为造成工程停工停建的根本原因是制药公司没有采取行之有效的废水处理措施，没有严格执行国家要求的生产废水排放标准所致。工厂因排放生产废水污染物超标被处罚和被关闭停产，导致在施工程停建，应由贵方承担一切责任。通用合同条款对“暂停施工持续 56 天以上”规定：“监理人发出暂停施工指示后 56 天内未向承包人发出复工通知，承包人可向监理人提交书面通知，要求监理人在收到书面通知后 28 天内准许已暂停施工的工程或其中一部分工程继续施工，如果监理人逾期不予批准，承包人可将工程受影响的部分按第 × × 项的规定视为可取消的工作，如暂停施工影响到整个工程，可视为发包人违约，按发包人违约相应条款规定办理”。我方在停工期间虽一再要求继续施工，但均未被批准，直至 12 天后工程停建、合同终止。我方提出因发包方违约造成我方损失的索赔申请，完全符合合同约定。

发包方：排放废水不达标被处罚和被关闭停产应由我方承担责任，但因此推论应由我方承担在建工程被停建的责任则不合理。从项目立项到施工，我方都是严格按照工程建设基本程序进行的，手续完全合法。因为排放废水不达标使得在建工程停工停建，只能说是国家政策和政府行为导致，怎么能说让我们承担停工停建一切责任呢？

承包方：我们只能根据双方签订的施工承包合同来讨论问题。现在工程停建，总有一方违约，既然不是我方的原因，也不是我方丧失了履约能力，那么，违约一方只能是签订合同的另一方，总不会还有第三方！根据通用合同条款规定，发包人违约情形包括：发包人原因造成停工的；发包人无法继续履行或明确表示不履行或实质上已停止履行合同的。而合同规定对因发包人违约解除合同应向承包人支付的价款包括：承包人为该工程施工订购并已付款的材料、工程设备和其他物品的金额；承包人为完成工程所发生的，发包人未支付的金额。

现在合同已终止，该是讨论合同双方责任问题的时候了。不管怎样，我方损失理应得到补偿。

发包方：双方都遭受了损失，我们先不谈损失赔偿问题，先谈谈责任问题。根据《中华人民共和国合同法》约定：“所称不可抗力，是指不能预见、不能避免并不能克服的客观情况”。我方坚持认为，造成工程停工停建的原因是国家政策和政府行为导致，属于不可抗力因素造成合同不能履行的情形。

承包方：来看看我们双方订立的施工承包合同通用条款对不可抗力的约定：“不可抗力是指承包人和发包人在订立合同时不可预见，在工程施工过程中不可避免发生并不能克服的自然灾害和社会性突发事件。例如地震、海啸、瘟疫、水灾、骚乱、暴动、战争和合同专用条款约定的其他情形。”合同专用条款只对上述不可抗力因素的等级范围做了进一步约定。《中华人民共和国合同法》对不可抗力的定义描述为“不能预见、不能避免并不能克服的客观情况”。制药生产废水不符国家排放标准不应该是“不能避免并不能克服的客观情况”。如果说环保部门突击检查不可预见，但是废水排放污染物长期不达标必然导致什么样的后果显然是可以预见到的。因此，我方不认同发包方将造成停工停建的原因归咎于不可抗力的说法。

会后，发包方向有关法律人士进行了咨询，发包方生产废水超标排放导致被处罚和关闭停产是造成工程停工停建、合同被迫终止的根本原因，发包方确实已构成实际违约，其所持的不可抗力因素的观点，合同依据不充分。

之后，发包方同意赔偿因停建工程和终止合同给承包方造成的经济损失，双方进行了工程停建后的清理结算，办理了终止和解除合同的相关手续。

评析与启示

本案发包方把因自身排放废水污染物超标，导致关闭停产造成工程停建的原因归结为不可抗力因素的说法，实际是混淆“不可抗力因素”和“政府执法行为”的概念，企图逃避自身应承担的责任，最终没能得逞。

《建设工程施工合同》（示范文本）对“不可抗力的确认”做出了明确规定：“不可抗力是指合同当事人在签订合同时不可预见，在合同履行过程中不可避免且不能克服的自然灾害和社会性突发事件，如地震、海啸、瘟疫、骚乱、戒严、暴动、战争和专用合同条款中约定的其他情形”。违反“国家环保政策”超标排放废水，环保部门采取关闭停产整顿措施的“政府行为”是必然的执法结果。发包方不从自身管理不善方面找原因，硬要找出不可抗力因素当挡箭牌，把政府部门对污染整治采取的正当措施称之为不可抗力因素，牵强生硬且毫无道理。

《中华人民共和国合同法》第二百八十四条的规定：“因发包方的原因致使工程中途停建、缓建的，发包方应当采取措施弥补或者减少损失，赔偿承包方因此造成的停工、窝工、倒运、机械设备调迁、材料和构件积压等损失和实际费用。”

《建设工程施工合同》（示范文本）对“因发包人违约解除合同”和“因发包人违约解除合同后的付款”规定如下：

“除专用合同条款另有约定外，承包人按“发包人违约的情形”约定暂停施工满 28 天后，发包人仍不纠正其违约行为并致使合同目的不能实现的，或出现“发包人明确表示或者以其行为表明不履行合同主要义务的”的违约情况，承包人有权解除合同，发包人应承担由此增加的费用，并支付承包人合理的利润。

承包人按照本款约定解除合同的，发包人应在解除合同后 28 天内支付下列款项，并解除履约担保：

①合同解除前所完成工作的价款；

②承包人为工程施工订购并已付款的材料、工程设备和其他物品的价款；

③承包人撤离施工现场以及遣散承包人人员的款项；

④按照合同约定在合同解除前应支付的违约金；

⑤按照合同约定应当支付给承包人的其他款项；

⑥按照合同约定应退还的质量保证金；

⑦因解除合同给承包人造成的损失。

承包人应妥善做好已完工程和与工程有关的已购材料、工程设备的保护和移交工作，并将施工设备和人员撤出施工现场，发包人应为承包人撤出提供必要条件”。

本案中，尽管造成工程停建的原因不是发包方主观所为，但是，不能履行或者不能完全履行工程施工承包合同的结果却是发包方造成，按照合同约定的情形，发包方已构成严重违约，理应赔偿由此给承包方造成的损失。

13

工程不可随意拆解招标和自行分包

案例简述

发包方：某科研开发单位筹建部

承包方：某燃气工程第七分公司

某科研开发单位筹建部筹备建设的科研办公楼已进入室外工程施工阶段，室外工程内容除给水排水、采暖热力、电力通信管线施工外，还需要敷设一条供给科研办公楼职工餐厅使用的燃气管线。由于众所周知的专业特殊性，发包方拟通过招标程序从燃气总公司下属的几家分公司中选定中标单位来进行燃气管线施工，但在拟定招标文件的招标范围时，发包方犯了难。因为手头没有餐厅厨具设计图，室内燃气管线的施工内容因缺少依据，无法确定招标范围。原来，厨具设计图通常是工程投入使用以后，在餐厅开业前，先由餐厅经营部确定厨具公司，再由厨具公司根据经验和现场情况设计的。现在，工程还在施工阶段，何时确定餐饮经营单位遥遥无期，在室外工程招标阶段，厨具设计图肯定是无法提供的。发包方负责招标、合同及工程管理的人员反复琢磨，终于想出了解决办法。将燃气管线工程室外部分和室内部分分开发包，发包方招标的燃气管线工程只包含室外燃气管线施工内容，室内燃气管线施工内容的招标和过程管理交给餐厅经营部负责。这样既不耽误马上要进行的室外燃气管线工程施工，也为餐厅经营部确定厨具公司和厨具设计图以后，再进行招标和施工预留了充足的时间。而且分开招标单项工程，造价还会降低，发包方粗算了一下，室内燃气管线施工的工程总价不会超过法定必须公开招标的限额，通过走内部程序就可以解决。确定招标方式和招标范围后，发包方很快编制完成室外燃气管线工程施工招标文件，进入招标程序，经评审，某燃气工程第七分公司成为中标施工承包商。合同价为 75 万元。发包方和承包方签订了施工承包合同。

某燃气工程第七分公司不愧为专业施工队伍，施工计划安排合理，现场管理紧张有序，最终工程比合同工期提前了 15 天完工，并顺利通过了验收。工程投入使用后，物业管理单位、餐饮经营单位、厨具公司也陆续确定。厨具公司设计好了厨具布置图。餐饮经营部根据图纸工程量，通过内部程序选定了燃气总公司下属的另一家工程公司——某燃气工程第十分公司为室内燃气管线工程施工承包商，并与之签订了施工承包合同。因为某燃气工程第七分公司与某燃气工程第十分公司同为燃气总公司下属公司，经常有业务来往，某燃气工程第十分公司承接了科研办公楼职工餐厅室内燃气管线施工的消息很快传到了某燃气工程第七分公司，而后者找到了发包方进行理论。

焦点回放

承包方：整条燃气管线施工是一项完整工程，不管室外还是室内，都是这个整体的一部分。在我们的施工范围里为什么没有室内部分的内容？

发包方：在进行室外燃气管线工程施工招标的时候，科研办公楼工程还没有竣工投入使用，物业管理单位和餐饮经营单位都没确定，没有厨具设计图，无法计算室内燃气管线施工工程量，这部分工程量只有等到确定了上述单位，定下了厨具设计图以后才能准确地计算出来。所以，只能先进行室外燃气管线工程的施工招标。

承包方：我方作为总承包商，完全可以对室内燃气管线部分和室外燃气管线部分统一进行施工管理，当然就可以将两部分内容一起招标和签订合同，把不能确定工程量的室内部分作为暂估专业分包工程，先设定一个暂估价，等图纸到位了，再由我方组织或我们双方共同组织室内燃气管线工程的施工招标。

发包方：室内燃气管线这部分内容是放进总包范围里，还是拿出来单独分包以及采用什么形式招标由我方决定。室外工程和主体工程要同步竣工，而室内燃气管线施工存在太多不确定性因素，会拖累室外工程的整体施工进度，进而拖延主体工程按时竣工和交付使用。设定暂估价，仍需要进行二次招标，节奏不好控制，很可能一样会延误工期。

燃气管线室内部分和燃气管线室外部分本来就是两套图纸，分界清晰，施工节点也很清楚，分开招标既不会互相干扰，又不会影响主体工程竣工交用，我方认为是很合理的方式。而且餐饮这一块是运营单位负责管理的，你们在主体施工时预留接口，由运营单位完成剩下的工作是一贯做法。

承包方：从实际操作层面看，这么做确实没有给施工进度、竣工验收以及后期使用带来不利影响，但从法理角度看，这种行为是不合适的。

发包方：这是从何说起，你们承包施工了室外燃气管线工程，说实话，现场组织管理确实不错，工程质量也较好，可不能因为没让你们施工室内部分，就心理不平衡。我方运营部也有一套管理制度，以往涉及餐饮项目的大大小小工程都是由运营部负责管理的。据反映，运营部对这家室内燃气管线工程施工单位比较满意。

承包方：我方感谢贵方对我们的信任，工程实施中，贵方技术人员给予了我们很大帮助。不过，我们就事论事，把室外燃气管线部分和室内燃气管线部分分开招标和签订合同是违反法律规定的。《中华人民共和国合同法》规定：发包人不得将应当由一个承包人完成的建设工程肢解成若干部分发包给几个承包人。"

发包方：没那么严重吧！是不是能界定为"应当由一个承包人完成的建设工程"还有待商榷。承包方也可以"将自己承包的部分工作交由第三人完成"。我方根据工程进度需要，调整招标和合同范围既顺理成章，也合情合理。再者说，运营单位如何进行招标和签订施工合同和我们筹建部也没什么关系。

承包方：我方在"将自己承包的部分工作交由第三人完成"之前，是要"经发包人同意"的，我方也不允许"将承包的全部建设工程肢解以后以分包的名义分别转包给第三人"。贵方从工程进度考虑，调整招标和合同范围，我方无权干涉，但我方认为，室外燃气管线最终要与室内燃气管线连接，否则就不是一个完整的工程。作为一个完整的燃气管线工程，不能由一个承包人完成吗？贵方刚才提到运营单位进行室内燃气管线工程招标和签订施工合同的行为与筹建部无关，我方也存在异议，筹建部和运营部同属于一个法人领导下的两个部门，当然就是一个发包人。

双方之间的理论并没有争出一个结果。一切已成定局，改变既无可能也无意义，但事情的经过仍引人深思。

评析与启示

除《中华人民共和国合同法》对发包人不得任意肢解工程的约定外，《中华人民共和国招标投标法》第四条规定："任何单位和个人不得将依法必须进行招标的项目化整为零或者以其他任何方式规避招标。"

《中华人民共和国建筑法》第二十四条规定："提倡对建筑工程实行总承包，禁止将建筑工程肢解分包。建筑工程的发包单位可以将建筑工程的勘察、设计、施工、设备采购一并发包给一个工程总承包单位，也可以将建筑工程的勘察、设计、施工、设备采购的一项或者多项发包给一个工程总承包单位；但是，不得将应当由一个承包单位完成的建筑工程肢解成若干部分发包给几个承包单位。"

本案情况是工程实施过程中经常遇见的，在进行某项专业分包工程招标时，往往因为图纸不完整，或为照顾同一个单位某个部门的关系，更有可能是从保证工程进度角度出发，发包人将这部分工程内容单独拿出来另行招标，或将这部分工程内容转给某个部门进行招标和签订合同，这些行为都有意无意地将原本是一个整项招标的项目拆解成若干个招标的项目，实际造成了以减少每个项目投资额来规避招标或肢解分包的后果，违反了法律、法规的有关规定。此案提醒发包方工程管理人员一定要引以为戒，在招标阶段和合同签订过程应力求避免这些环节出现失误而触犯法律。

14

工程实施中的质量责任与工程验收后的保修责任

案例简述

2006 年 6 月，某水利电力学院与某建筑公司签订了新建水工实验楼施工承包合同。建筑面积 4500m^2，合同工期约 325 日历天。

工程实施过程进展顺利，并按照施工计划稳步推进，2007 年 4 月，工程全面进入竣工验收前的准备阶段，一天，设计方、监理方和发包方到施工现场进行工程质量联合检查，各方分别提出了工程中存在的质量问题，要求施工承包方限期把各方提出的质量问题整改完成后再进行一次验收检查。两周后，承包方向监理方报告，称已将所有质量问题整改完成，请示验收。但各方再次检查时，发包方和监理方发现上次检查的有些问题并没有整改彻底，同时在检查过程中又提出了一些新的质量问题，要求承包方继续整改。承包方虽口头答应，内心却已产生抵触，没到一周就再次提出已整改完毕，请发包方、监理方和设计方验收，但第三次联合检查结果表明，以前的问题仍有很多未解决。发包方指出承包方对整改不认真对待、敷衍了事，故对施工负责人进行了严厉批评，并说明如果整改不到位将不能进行验收。承包方认为发包方是故意刁难，提出要先进行工程验收，再统一整改修复。为此，发包方明确表示，如果承包方拒绝修复质量缺陷，影响工程验收，将不再支付剩余工程进度款。承包方则回应，如果发包方以不具备验收条件为由不进行工程验收，拒付工程进度款，承包方将拒绝撤离部分施工设备和交付相关工程验收资料。双方僵持一直持续了 45 天。因为学院教务部已在新建水工试验楼里安排好了新学期学生试验计划。2007 年 8 月 15 日，迫于开学压力，发包方只好在没有办理工程验收手续的情况下，将试验设备、仪器、桌椅搬进新建水工试验楼，为新学期学生试验做好准备。2007 年 10 月，承包方以建设单位拒付工程进度款为由向工程所在地的人民法院提起诉讼。要求发包方支付余额工程进度款及迟付利息。

焦点回放

法院受理过程中，双方当事人各自进行了陈述。

承包方：我方已按照合同规定的范围和工期完成了新建水工试验楼工程的施工承包任务，对于发包方、监理方、设计方三次检查中提出的现场质量问题，我方已按照质量检验标准和验收规范要求进行了整改。现在遗留的一些问题属于工程质量通病，我方提出待工程竣工验收后再统一进行整改修复，完全是出于让工程尽早投入使用方面的考虑。发包方却因一些对工程验收无关紧要的质量通病迟迟不办理验收手续，并以此为由，拒绝支付我方工程进度款。

发包方：承包方声称“已按照合同规定的范围和工期完成了新建水工实验楼的施工承包任务”，同时又承认我方、监理方和设计方在三次联合检查中提出的现场质量问题确实存在。那么请问，工程上的质量通病是不是属于质量问题？如果是，承包方是不是应该按照合同对工程质量要求的标准履行合同义务？工程质量达不到要求，我方有权拒绝验收。

承包方：根据相关法规规定，工程竣工验收合格后，方可交付使用，现在发包方擅自提前使用，产生的一切问题和质量责任应由发包方承担。被告在我方无过错情况下停止支付工程款，是毫无道理的，也是没有依据的。

发包方：工程验收前，因承包方原因导致工程质量达不到合同约定的，承包方有义务返工、完善直至达到合同要求的质量标准。但在我方、监理方、设计方几次提出的工程质量问题以后，原告始终没有整改完善到位，因此也不具备验收条件，致使我方始终不能进行最后的工程验收。为不影响开学后学生教学实验计划的顺利进行，我方不得已提前进驻。相反，承包方利用实验楼必须开学使用的现实情况，在未通过竣工验收的情况下，仍强行要求我方签认验收单，以证明原告已按照合同质量标准和要求完成了工程施工承包任务。这种行为又依据的哪条规定？这个事实是不是已经足够说明了问题？

经法院诉调第三方调解，结果为：

（1）原告应当按照与被告方签订的合同约定，在施工和自检过程中，完善工程质量缺陷，达到合同质量标准，原告没有履行完善工程质量缺陷义务，导致工程不能竣工验收，应当承担相应责任。

（2）原告未按照合同约定进行工程竣工验收，导致被告不能及时支付工程进度款，不存在被告延迟支付工程进度款的问题。

（3）双方办理工程竣工验收相关手续后，被告按照合同约定期限支付原告余下工程进度款。

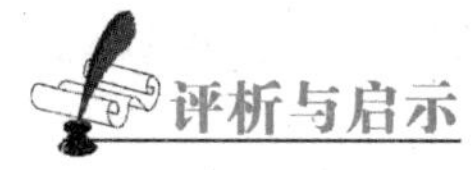

评析与启示

这是一个关于工程是否具备验收条件争议的案例。本案承包方最终未获得自己希望的结果，是因为承包方没有搞清楚自己在工程验收环节应承担的质量责任，混淆了工程实施阶段质量责任和工程验收交用后保修责任的概念。

建设工程的最终目的是为了使用，而能够使用的前提是工程质量达到合格并通过各项验收。《中华人民共和国合同法》第二百七十九条规定：“建设工程竣工后，发包人应当根据施工图纸及说明书、国家颁布的施工验收规范和质量检验标准及时进行验收。验收合格的，发包人应当按照约定支付价款，并接收该建设工程。建设工程竣工验收合格后，方可交付使用；未验收或者验收不合格的，不得交付使用。”该条款清楚说明，工程质量只有达到了设计图纸、合同约定、施工质量检验和验收规范要求的标准才具备验收条件，才能进行验收。所以，工程施工过程中产生的质量缺陷应该在工程验收前进行完善，而不能放到工程验收以后的保修期里去做。

本案承包方没有正确理解工程具备验收条件的含义，错误地把工程施工和工程保修两个阶段应承担的责任相提并论，才促使自己面对发包方在工程验收前反复要求整改质量问题时产生抵触情绪甚至认为发包方有意刁难，导致矛盾升级。承包方敷衍了事，不积极主动采取措施修补质量缺陷，已经让自己有错在先，处于被动。而当承包方在法庭上承认工程确实存在质量通病时，就已经决定了诉讼结果。

本案发包方在双方争议过程采取的行为也有不当之处。

建设工程施工合同示范文本在“竣工验收程序”中规定：

“(5) 工程未经验收或验收不合格，发包人擅自使用的，应在转移占有工程后7天内向承包人颁发工程接收证书；发包人无正当理由逾期不颁发工程接收证书的，自转移占有后第15天起视为已颁发工程接收证书。”

工程未经竣工验收，发包人擅自使用的，以转移占有工程之日为实际竣工日期。

《中华人民共和国合同法》规定：“建设工程竣工经验收合格后，方可交付使用；未经验收或者验收不合格的，不得交付使用。”

建设工程施工合同示范文本对“缺陷责任期”规定：“因发包人原因导致工程无法按合同约定期限进行竣工验收的，缺陷责任期自承包人提交竣工验收申请报告之日起开始计算；发包人未经竣工验收擅自使用工程的，缺陷责任期自工程转移占有之日起开始计算”。

可见，发包方在未经工程验收合格“不得已”提前使用的做法实为不明智之举。双方遇到矛盾，都应该尽量朝着化解矛盾解决问题的方向努力，而不是让问题升级，激化矛盾，这样既解决不了问题，也容易导致情绪冲动而做出一些不理智的行动，给双方带来不利后果。

15 竣工后工程设备运行出现问题，推迟设备验收延长保修期违规

案例简述

某会展中心新建某会议中心工程，建筑面积22000m^2，空调设计全部采用集中空调系统，3台冷水机组由发包方负责采购，经过招标采购，一家合资品牌冷水机组生产商中标。2005年4月10日，发包方和供货商签订了设备采购供货合同。

合同约定："签订合同7日内，支付合同总价20%的预付款，设备到货验收合格后，支付合同总价的50%，设备调试验收合格签认后，支付到合同总价的95%，保修期满办理相关手续后7日内支付剩余5%的合同尾款。保修期为设备调试验收合格之日起2个制冷季。"

工程于2006年6月竣工交用，设备生产商找到发包方签收设备调试验收单，当时正值夏季来临，冷水机组已投入运转，发包方和物业管理部门正准备把这段时间作为设备的调试验收期，借此机会检验一下机组的性能。便把这个决定告诉了设备生产商，生产商表示同意。两个月后，1台机组开始频繁报警，设备生产商售后服务人员到现场检查，发现是冷水机组膨胀阀出现了问题，售后服务人员第一时间把这个情况报告给工厂，工厂马上联系调货，并派最熟练的技术维修人员在一周之内进行了更换。机组恢复运转。之后的一个月，另两台机组又相继出现控制器方面的问题，不过分别都在一周内予以解决。2006年9月底，制冷季结束，设备生产商再次找到发包方办理设备调试验收手续。发包方看到3台机组在3个月内出现了3~4次故障，对机组性能和质量稳定性心存担忧，不同意现在签署设备调试验收合格的意见，认为应延长机组调试时间，等到第二年制冷季，对3台冷水机组再做一次全面运转调试。设备生产商看到发包方非常坚决，无奈同意等到明年再看结果。2007年7月，机组开机运行，三个月的时间，机组运转基本平稳，没有出现过大的问题，发包方和设备生产商都松了一口气。制冷季一结束，设备生产商就拿着设备调试验收单办理调试验收手续，这次很顺利，发包方很快进行了签认。设备生产商顺利拿到了第三笔调试验收款。2008

年整个夏季，3 台冷水机组运行一切正常。到 10 月中旬，当设备生产商向发包方申请支付 5% 的合同尾款时，却遭到了拒绝。

焦点回放

设备生产商：工程于 2006 年 6 月竣工交付使用，我方设备于当年夏季投入运转，根据双方合同约定保修期为设备调试验收合格后 2 个制冷季。我方设备至今已运转了 3 个制冷季，早已超过合同约定的保修期限。设备运行中，我方全力配合，这点大家有目共睹。贵方至今不按照合同约定向我方支付 5% 的合同尾款是没有道理的。

发包方：我方是严格按照合同约定执行的，请仔细再看看保修期的规定，“保修期为设备调试验收合格之日起 2 个制冷季”。冷水机组是已经运转了 3 个制冷季，但是，我们双方签认的设备调试验收时间是 2007 年 10 月，如果从“设备调试验收合格后”算起，机组运行才过了一个制冷季。

设备生产商：我方于 2006 年制冷季结束时就已经完成了合同工作，虽然中间出现了一些问题，但都属于调试期间的正常现象，设备调试就是一个发现问题再解决问题的磨合过程，而且最后也全部解决了，这足以说明设备调试验收已经合格。这个制冷季应该是设备调试期和保修期的穿插阶段。

发包方：你们虽然在 2006 年 9 月完成了合同工作，但设备出现多次问题，我方本着对工程负责的态度，不能同意就此仓促验收，你们也是同意的。双方没有签署设备调试验收单，保修期就没有开始。你们认为这个制冷季是设备调试期和保修期穿插阶段的观点，我方并不认同。

设备生产商：按照你们的说法，2006 年的制冷季结束，不能开始计算保修期，但 2007 年的制冷季，机组运行没有出现什么问题，从这个制冷季算起，到今年的制冷季结束，也跨过了 2 个制冷季，按照保修期 2 个制冷季的合同约定，也该支付尾款了。

发包方：我们是在 2007 年 10 月 10 号签认的设备调试验收单，合同约定，保修期为设备调试验收合格之日起 2 个制冷季，从去年 10 月 10 日到今年 10 月 10 日，才过去了一个制冷季，你们还要继续履行一个制冷季的保修义务。非常遗憾，按照合同规定，现在还不能支付保修期满后的 5% 的合同尾款。

设备生产商：你们的意思是保修期为 4 个制冷季？这让我方承受的资金压力太大了，我们恐怕无法接受这个结果。现在有点明白了。原来你们一直不签认设备调试验收单是想有意延长保修期。但是工程竣工验收证书可以说明工程是何时交付使用的，设备已经运转了几个制冷季，不能完全以设备调试验收单的时间确定保修期。《建设工程质量管理条例》规定的“建设工程保修期”是“自竣工验收合格之日起计算”的。供冷系统最低保修期限为“2 个供冷期”。按此规定，冷水机组早在2006年供冷期结束之日，就应该起算保修期了。我方当时向贵方提出设备调试验收申请，是贵方要求将验收时间延长，我方本着双方友好合作原则也遵照执行了，但不能我方一再让步，你们就可以无限延长保修期。这种有意为之的做法，我方是不能接受的。

双方几次协商无果，同意先将争议材料提交到争议评审组进行协调。

争议评审组通过对双方提交的申请报告、证明资料和争议细节的核实调查，进行了独立、公正的评审，得出最后评审意见：

（1）双方签认的设备调试验收单日期为2007年10月10号，按照双方签订的设备采购供货合同的约定，保修期为设备调试验收合格之日起2个制冷季。冷水机组保修期起算日为2007年10月10日。

（2）根据国务院第279号令《建设工程质量管理条例》对建设工程保修期起算日和最低保修期限的规定，某会议中心工程于2006年6月×日竣工验收合格，依据《建设工程质量管理条例》规定，冷水机组保修期应从竣工之日起计算，但因工程竣工时，设备尚没有进行调试验收，因此，2006年的第一个供冷期应作为设备调试期，双方资料显示，经调试，冷水机组运转已达到正常，应认定冷水机组设备调试验收合格事实。

（3）双方应本着友好协商，利益和风险共担原则妥善处理本争议事项。综合实际情况和各方意见，本争议评审组认为，以2006年供冷期结束日为设备保修期起算日，至2008年10月10日止为2个供冷期，保修期满后，按照合同约定，发包方支付冷水机组生产商5%设备尾款。

评析与启示

建设工程施工合同示范文本通用合同条款第15条规定：缺陷责任期自实际竣工日期起计算，合同当事人应在专用合同条款约定缺陷责任期的具体期限，但该期限最长不超过24个月。单位工程先于全部工程进行验收，经验收合格并交付使用的，该单位工程缺陷责任期自单位工程验收合格之日起算。”

国务院第279号令《建设工程质量管理条例》关于建设工程保修期限条款规定：

在正常使用条件下，建设工程的最低保修期限为：

（1）基础设施工程、房屋建筑的地基基础工程和主体结构工程，为设计文件规定的该工程的合理使用年限。

（2）屋面防水工程、有防水要求的卫生间、房间和外墙面的防渗漏，为5年。

（3）供热与供冷系统，为2个采暖期、供冷期。

（4）电气管线、给排水管道、设备安装和装修工程，为2年。

其他项目的保修期限由发包方与承包方约定。建设工程的保修期，自竣工验收合格之日起计算。

从本案件反映的问题看，发包方坚持2006年夏季供冷期作为冷水机组设备调试期是对工程负责任的表现。但在解决了设备出现的几次问题，调试达到基本正常之后，不办理设备调试验收单，其目的无非是要延长设备保修期，来节省设备维修费用。该做法虽然维护了发包方利益，但却损失了设备生产商利益。发包方以为设备保修期可以完全脱离工程竣工时间进行计算，则是对《建设工程质量管理条例》规定的工程保修期的错误理解。建设工程施工合同范本约定了先于全部工程进行验收的单位工程，经验收合格并交付使用的，缺陷责任期自单位工程验收合格之日起算，但并没有全部工程竣工验收之后，可以再另行计算某项单位工程保修期的规定，工程设备保修期也应参照这个原则执行，发包方建设管理人员对此应特别注意。

反过来看，发包方如果在与设备生产商订立合同时，在建设工程“最低保修期限”的基础上，提出适当延长保修期（例如保修期为3个供冷期）的要求，被设备生产商接受并补充在合同条款里，发包方采取本案情况的处理方式则是正当行为。

本案提醒从事工程建设的管理人员，合同条款对开工时间、竣工时间、各种资料送达和确认时间、价款支付时间和期限、保修期起止时间等关键性时间点和时效期一定要约定清楚、合理、准确，同时要熟悉和正确理解法规和有关管理条例对这些关键内容的具体规定。还要特别注意建设工程相关法律规定的时间点，如追究责任的有效期、提起诉讼的时效期等，才能在发生合同纠纷和法律诉讼时为行使自身的合法权利提供合同和法律的保障。

16 采购的设备为何出现了不同的质保期

案例简述

发包方：某科技园开发办

代理商：某设备销售公司

某科技园办公楼于2010年投入使用，2011年7月10日，科技园物业管理部接到报告，位于办公楼地下二层的两台溴化锂机组出现故障，一台机组控制柜显示屏出现乱码、黑屏，另一台机组变频器启动柜不能启动。接到报告后，物业管理部立即联系机组设备代理商，让其尽快通知厂家派售后维修人员到现场维修。代理商接到通知后，却于当天下午给物业管理部发来了一份书面回函，内容如下：

某科技园物业管理部：

我司于2009年8月10日与贵方签订了某科技园办公楼两台溴化锂机组及配套控制系统的供货合同，全部设备于2009年11月28日出厂，并于2010年5月1日调试验收合格，交付使用。在我司与溴化锂机组生产厂家签订的设备代理销售合同中对质保期的约定如下：溴化锂机组及配套控制系统整体设备质保期为设备出厂之日起18个月，或者设备调试验收合格之日起12个月，以哪个时间先到为准。根据我方与设备生产厂家签订的合同规定，贵方于今日通知设备控制系统出现故障的时间，已经超过了合同质保期。我司本着一切为用户着想，加强与贵方长期友好合作的宗旨，在第一时间与设备生产厂家取得了联系，并敦促厂家尽快解决，争取两日内派售后人员前来维修。维修产生的费用由贵方承担。为保证设备售后服务的连续性，我们可与贵方签订一份售后维修保养合同，此次维修费可以从维修保养合同款项中冲抵，设备生产厂家也将依据维修保养合同对设备进行售后服务。

代理商在回函后分别附上了与科技园发包方签订的供货合同、与溴化锂机组生产厂家签订的代理销售合同以及设备售后维修保养合同范本。

物业管理部收到回函后感觉纳闷，从科技园开发办那里得知，这两台溴化锂机组及配套系统的质保期为自设备调试验收合格之日起两个制冷季，这次故障的时间，是在设备投入使用刚刚一年零两个月的时候，代理商却声称设备超过了合同质保期。当时正是暑期，办公楼承接了多期经济政策研讨班，空调不能停。物业管理部请求代理商与设备厂家沟通协调，先派人维修，费用再议。但代理商回复，厂家坚持要么先明确这笔维修费用谁来支付，要么签订售后维修保养合同，然后才同意进行维修。物业管理部无奈之下，只好去找科技园开发办出面解决。

科技园开发办看到代理商发来的回函后，也感觉奇怪。这两台溴化锂机组及配套控制系统的采购合同，是开发办与设备代理商签订的，与设备生产厂家没有合同关系。代理商所附的与设备生产厂家之间的代理销售合同与本工程质保期有什么关系呢？代理商这么做想说明什么呢？要想解决这个问题，必须先要搞清这两个合同之间的责任关系。

开发办找出与代理商签订的溴化锂机组及配套控制系统采购合同，合同中关于设备质保期的条款是这样约定的："合同乙方应提供质保期服务，质保期为设备调试验收合格后，交付使用之日起两个制冷季。质保期内，乙方免费提供对设备的维修保养，内容包括：定期对设备维护保养，24 小时售后应急服务，接到设备故障通知，两小时内到现场。修复故障时间不超过 72 小时"。

科技园开发办马上约来设备代理商，就合同质保期的问题进行协商。

焦点回放

开发办：设备出现了故障，我们各方很焦急。你们能第一时间联系到设备生产厂家，并与之多次协调，符合合同约定的 24 小时售后应急响应要求，学校对此表示感谢。不过，针对我们之间的合同中规定的质保期，和贵司与设备生产厂家签订的合同中规定的质保期，因为合同的责任主体不一样，两个合同也不存在直接的隶属关系，我方理解不应混为一谈。

设备代理商：首先，感谢开发办对我们的支持和信任，也理解出现这样的问题给贵方带来的麻烦和不良影响。你们说得对，这两个合同责任主体既不一样也没有直接关系，不过，这两个合同都是为这两台溴化锂机组及配套控制系统的采购、供货而订立的，标的物是一样的。我们理应按照与贵方订立的合同履行义务。可是，我们只是代理商，设备供货和设备售后服务要依靠设备生产厂家提供，我们和设备生产厂家之间关于设备质保期的合同约定，在给物业管理部的回函里已经说明了，贵方想必已经看到了。我们作为合同责任人，也要遵守这份合同的约定。你们可以联系厂家，核对回函内容的真假。

开发办：我们理解你们的难处。今天约你们来，不是要讨论你们和设备生产厂家之间的合同内容，以及合同内容的真伪，是要讨论我们之间的合同约定应该怎样履行，现在履行到什么程度的问题。

设备代理商：我们按照合同约定进行了设备调试验收，取得了合格确认后交付使用。一年来，定期对设备进行维护保养。昨天，物业管理部通知我们，设备出现了故障，我们马上在24小时之内与设备生产厂家取得了联系，要求他们立即派人解决。我们从头至尾都在认真履行与贵方签订的合同约定。设备生产厂家提出维修费用的问题和签订设备售后维修保养合同的要求，称不解决这个问题就不派人来维修，我们也没办法。

开发办：刚才说了，对设备调试验收投入使用这一年来，你们付出的努力和表现出的诚意表示感谢。现在不提这些，还是说说我们之间合同约定的质保期该如何履行的问题吧。根据合同规定，质保期为设备调试验收合格后，交付使用之日起两个制冷季。该设备于2010年5月1日调试验收合格并交付使用。也就是说，合同约定的质保期应到2011年制冷季结束。故障发生时间是2011年7月10日，仍在质保期内，你们还应继续提供免费售后维修保养服务。

设备代理商：我们只代理销售设备生产厂家的设备，设备的售后维修保养是由厂家负责的。

开发办：具体谁来提供设备的售后维修保养服务，怎么服务，我们不感兴趣，我们关心的是，我方只与你们签订了合同，我们之间有合同关系，设备的售后维修保养服务也只能由你们负责。这就是刚才提到的合同质保期内，你们要履行对设备售后维修保养义务的问题。至于是你们来做，还是你们让厂家来做，那就要看你们和设备生产厂家之间的合同是怎么约定的。不应该我们来过问。

设备代理商：我们与设备生产厂家签订的合同中，约定由设备生产厂家负责设备的一切售后服务。生产厂家当然要履行合同了。可是，两个合同规定的质保期不一样，合同执行不下去。

开发办：你们是通过合法的招投标手续确立的中标人，我们之间订立的合同也是依照双方自愿原则依法确定的，你们的投标文件对质保期的时间也是这么承诺的。合同规定就是法律规定，合同条款里明明对质保期做出了规定，你们作为合同的一方，怎么能不按照合同规定履行自己的义务呢？你们与设备生产厂家约定的合同质保期时间与我们之间约定的时间不一样，对此，我们也不好妄加评论。不过，你们既然与设备生产厂家签订了合同，除非发生了合同约定的不能继续履行的特殊情况，否则，也应当按照合同要求的各项规定执行。所发生的费用，该谁承担就由谁来承担。

整个过程已经很清楚，由于你们与设备生产厂家订立的合同把质保期的时间缩短了一、两个月，造成两个合同在这一时间点上的出入。设备生产厂家认为，设备在质保期以后出现了问题，进行维修要收费也是依据合同所为。这个费用该怎么出，谁来出应该比较清楚了吧！如果一直拖延时间不维修，造成更大损失，按照合同法规定，还要承担因延迟履行合同而产生损失的责任。

设备代理商：当初也是为表现我们对这个项目的最大诚意，在投标时，我们把质保期时间往后延长了一、两个月，以为不会发生什么意外情况，结果意外情况还是发生了。我们马上和设备生产厂家沟通解决。

经过设备代理商与设备生产厂家协商，设备生产厂家很快派售后维修人员来到现场，对控制柜显示屏和变频器进行了维修和更换，相关费用由设备代理商承担。至此，设备代理商与设备生产厂家之间关于设备质保期的争议得以解决。

评析与启示

本案中，发包方与设备代理商签订了设备采购供货合同，设备代理商与设备生产厂家签订了设备代理销售合同。设备生产厂家授权代理商代表其行使和处理投标、签订合同、设备供货、调试验收交付使用至质保期结束过程中的一切事务。作为合同约定的供货人，设备代理商必须履行两个合同约定的义务，这是毋庸置疑的。设备代理商为争取到科技园项目，在进行投标时，把设备质保期的截止时间向后延长了，属于单方面自作主张。既然是投标策略，设备代理商就应当做好这个策略带给自己不利情况的准备，就要承担由此产生的责任。如质保期内出现的设备故障维修费。

发包方在本案中的处理方式是聪明的。设备代理商一心想借设备生产厂家提出的先承担维修费用或签订设备售后维修保养合同之后才能进行维修的要求，让发包方与设备生产厂家直接进行交涉，从而弱化或规避自己的责任。但发包方抓住只与设备代理商有合同关系这一关键点，避而不谈设备生产厂家。协商时，发包方提出对设备代理商与设备生产厂家订立的合同中有关质保期不一致的问题不好妄加评论，对设备代理商与设备生产厂家由谁来具体履行售后维修保养义务不应该过问，坚决不去追究设备代理商与设备生产厂家之间的合同关系有无对错，对故障处理有无影响等问题。避免了陷进与自己无关，对解决问题无益的纠缠中。

本案设备代理商与设备生产厂家签订的是代理销售合同，根据《中华人民共和国民法通则》规定：委托授权不明的，被代理人应当向第三人承担民事责任，代理人负连带责任。如果设备代理商继续拖延或拒不承担设备故障维修责任，发包方仍可以要求被代理人—设备生产厂家承担设备维修责任和由此带来的经济损失。因为，被代理人承担的是最终合同责任。

第三章

工程建设变更索赔管理常见问题案例评析

1

现场拆除安装管道，价款调整不增反减

案例简述

发包方：某事业局建管部

承包方：A 建筑公司

某事业局会议中心工程由 A 建筑公司负责承建。在招标文件中规定空调箱为发包方采购设备。承包方负责空调箱安装及系统调试验收。双方签订施工合同后，工程开工，一年后，主体结构完成，进入机电专业安装阶段。

安装进行到三个月，已完成了通风空调设备一半安装量。某天，承包方拿来一份工程变更洽商单和一张调整价款的预算单，请监理工程师签认。工程变更洽商内容写道："位于六层休息厅的吊顶式空调箱，因体积较大，无法在梁下安装，现将空调箱移出梁外，向 B 轴方向移位 2m，拆除原连接管道并安装到位。"

监理工程师看到这份洽商和预算单后，心中产生疑问：为什么还没安装空调箱，却先安装了连接管道？之后才发现梁下安装不了？监理工程师查阅了空调箱采购供货和签署变更洽商过程的资料之后，没有同意承包方关于这份变更洽商调整价款的要求。承包方却坚持己见，双方展开了争论。

焦点回放

承包方：空调箱体积太大，按原设计，无法在梁下安装，我方与设计单位进行了沟通，设计方同意将其挪出梁外，往 B 轴方向移位 2m，刚好可以放在梁窝里，原来按梁下方式安装的连接管道都要相应移位，发生了工程量变化，依据合同条款约定，工程量变化产生的价款变更是可以调整的。施工合同中通用条款规定：承包人对已完成的工程进行计量，向监理人提交进度付款申请单、已完成工程量报表和有关计量资料。专用条款对单价合同的价款调整也有约定：工程量按调整期内完成的相应工程量计算。现在我方提供了相应工程量计量单和价款调整预算单，资料齐全，不明白还有什么问题。

监理方：你们在施工中根据现场情况，对原设计不合适的地方提出修改建

议，是一个有经验的承包商所为，值得肯定。而合同条款对价款调整的原则也规定得很清楚。我比较了原设计图纸和这份变更洽商，空调箱从梁下向B轴移位2m，连接的管道长度比原设计长度不仅没有增加，反而减少了1m。按照合同对工程量据实调整的约定，连接管道变更后的工程量应该调减，而你们却要求调增。

承包方：我方在现场按照原设计位置早已把连接空调箱的管道安装到位，空调箱位置调整后，我们需要把多余的管道、已安装的阀门等所有配件全部拆除，再按照调整后的位置重新装上，这部分拆改量考虑进去以后，实际工程量自然增加了。

监理方：表面看，这份洽商增加了安装的工作量。不过，仔细分析一下就能看出，之所以产生这个变更，你们是有责任的。

承包方：我们为设备安装更合理提出的建议，设计单位也很认可，怎么反而是我方承担责任？

监理方：设计图纸对空调设备的订货说明是这样描述的：图中所标注设备订货后须与设计人员协商，按设备实际型号、规格、尺寸进行深化设计。施工方应按照设备实际规格尺寸，核对现场空间。

承包方：没错，正是我方向设计单位提供空调箱样本和资料，同时提出了现场空间的局限性，设计人员才同意了我们的建议，签署了这份变更洽商单。

监理方：你们什么时候去找的设计人员？

承包方：一周前，洽商单是设计人员三天前签署的。

监理方：空调箱在三个月前订货，两个月前到货，货到现场后，是我方和发包方一起验收的。如果订货后就把空调箱有关技术资料交给设计人员，设计人员就会发现问题，变更洽商也不会等到这个时候才定，也就不会发生后面拆除管道的事情了。即便是设备到了现场以后，再把资料交给设计人员，变更洽商也能在两个月前定下来，你们无论是在三个月前还是两个月前把设备技术资料交给设计人员都会避免现在出现的问题。

承包方：货到现场后，我方技术人员联系过设计单位，恰巧碰上设计人员出差，要等一星期以后才能回来，后来忙于施工，技术人员忘记了这个事情。这是我们的疏忽，可就算我方耽搁了送资料，拖延了办理变更，也不能说明我方就应承担本次拆改的责任，我方按图施工并没有错。

监理方：设计图纸对设备施工配合有一条说明：设备安装前，施工方应按照设备实际规格尺寸，核对现场空间。这条说明意思很清楚，你们在安装设备前，是否按照设备实际规格尺寸核对了现场空间？

承包方：正是因为核对了，才发现梁下的安装空间根本不够。

监理方：按此推理，在设备安装前还不知道安装空间是否足够的情况下，为什么要先施工连接管道呢?

承包方：这样可以避免现场施工人员待工。不然，等安装完设备再连接管道，至少要等近2个月。

监理方：你们为加快施工进度提前安装，出发点是好的，但设计人员在设计图纸中特别强调了“设备安装前，施工方应按照设备实际规格尺寸，核对现场空间”这一点，就一定考虑到了设备安装时可能会出现与设计图纸有出入的问题。如果你们想尽早安装管道，也应该按图纸要求在复核设备和现场空间尺寸无误后再施工，这不只是一个有经验的承包商，更是一个有责任的承包商恰当的做法。

承包方：我们的工作确实有欠缺，但是，现场发生了变更，增加了工程量，我们提出调整价款的要求是符合合同规定的。

监理方：变更后，连接的管道长度比原设计长度缩短了，工程量也会比投标时的工程量减少，实际上应该扣减1m长度的工程量，说到拆除管道和重新安装，是你方没有按照图纸要求，在安装设备和连接管道前复核现场空间尺寸仓促施工造成的返工，发生的工程量不属于“变更洽商增加的工程量”，所以，我方不同意关于这部分工程量价款的调整要求。

评析与启示

本案对现场发生变更的处理结果并不是我们通常看到的模式，承包方在变更洽商中提到“因体积较大，无法在梁下安装，现将空调箱移出梁外，至B轴方向移位2m，拆除原连接管道并安装到位”。从描述看，承包方为安装空调箱，需要在原设计位置将设备向B轴移位2m，致使原来已施工完成的连接管道、阀门等配件被拆除，空调箱安装后，再将连接管道、阀门等配件重新安装，这一拆一装产生了现场工程量的变更，所以应该调整工程价款。但监理方既没有简单依据文字表面含义来推论，也不是按照增加工程量就会增加工程价款的习惯性思维做决定，而是通过了解整个事件的来龙去脉，仔细对照了设计图纸对设备订货和施工配合的要求及说明，分析判断出产生这份变更的起因及过程，从而得出了正确的处理结论。监理工程师对设计图纸内容了解全面，理解透彻并能充分运用，展现出良好的专业管理水平，值得从事工程监理的专业人员学习。如果承包方注意到了施工图设计说明中对设备订货和施工配合的要求这一细节并认真对待，就可以避免拆除和重接管道这类重复性施工，也就不会发生增减工程量的问题了。但是，一旦发生现场变更，就要弄清楚变更全过程情况，谨慎思考和处理，因为，出现变更可能会增加工程量，也可能会减少工程量，还可能不发生工程量变化。如何处理则要视现场情况和设计图纸而定。这需要工程监理人员运用综合知识，本着对工程负责的态度，深入现场，加强管理，才能做到心中有数，也才能对发生的变更做出正确的分析和处理，而不是凭感觉和想当然下结论。设备供货合同签订后需完善的管理工作如图 3-1 所示。

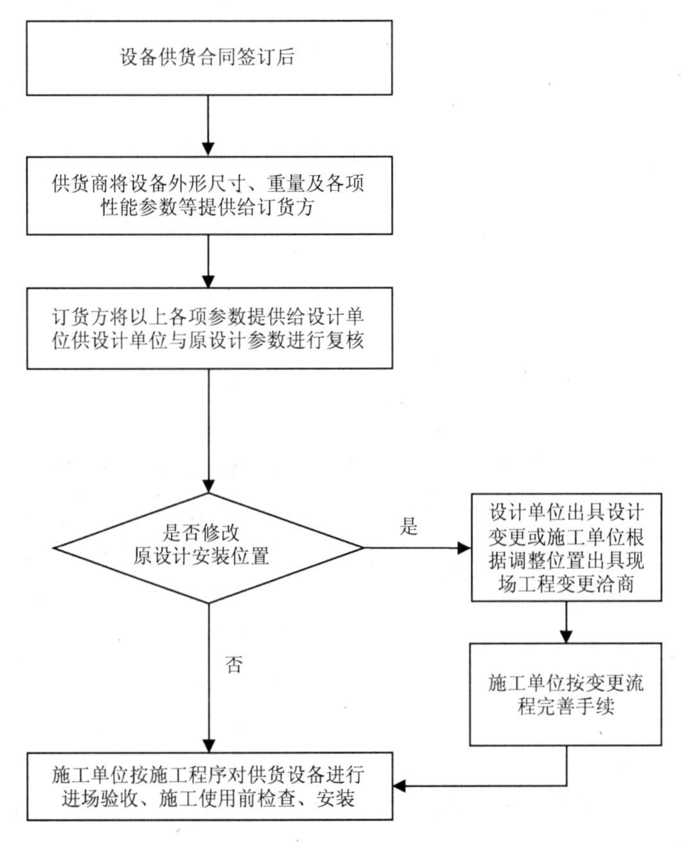

图 3-1　设备供货合同签订后需完善的管理工作

在施工过程中，承包方与发包方对价款调整的问题都比较敏感。双方在这个问题上唇枪舌剑不可避免。承包方为自身利益想方设法找理由调增工程量，代表发包方行使监督管理权的监理方更要熟悉合同、精通业务，才能维护发包方利益，尽量少受损失。

2

投标期间踏勘场地，莫忘留意周边设施

案例简述

发包方：某高校基建办

承包方：C 工程局

C 工程局通过某高校教学楼工程施工招标资格审查成为合格投标申请人，投标期间，C 工程局参加了发包方组织的现场踏勘。踏勘后，发包方对投标人提出的疑问均做了详细回答。投标人在招标文件规定的投标截止时间内递交了投标文件，经评审委员会综合评审，C 工程局以技术方案针对性强，投标价格合理顺利中标，成为该教学楼工程施工总承包商。双方依法签订了施工总承包合同，C 工程局组织人员机械进入施工现场。

C 工程局在现场踏勘时，对场地现状进行过仔细勘察，绘制的施工平面图与实际情况比较吻合，一进入现场，很快按照平面图布置进行了施工围挡和临舍的搭建，将临水、临电接入场地内。可在基坑开挖前的施工控制网测量放线时发现，校园围墙外 1m 左右的架空高压线及线塔距离基坑开挖边界的实际距离不到 5m，不满足电力设施保护相关条例对安全距离的要求，需要对架空高压线及线塔等设施采取防护措施之后才能施工。C 工程局现场踏勘时，虽然看到了位于建筑物南侧的架空高压线，但认为架空高压线在校园围墙之外，与本工程无关，就未实际进行测量，也未在施工组织设计和施工方案中考虑。如果按照电力设施保护相关条例的要求对架空高压线及线塔采取防护措施不仅成本较高，还会拖延基坑开挖的时间。C 工程局组织项目部对此研究了一番，向发包方提交了一份费用调整报告：“我方进入施工场地进行施工控制网测量放线时发现，校园围墙外原有一排架空高压线及一座高压线塔，经测量，距离基坑开挖边界小于 5m，不满足电力设施保护相关条例对安全距离的要求。为保证基坑开挖的施工方案安全可行、顺利实施，需要对架空高压线及线塔等设施进行防护，搭设防护架所增加的人工、材料、机械及措施费详见附件。”

发包方会同意承包方提出的调整费用的要求吗？

焦点回放

发包方：你们编制的施工组织设计和施工方案应该是在全面了解招标文件和图纸要求后，根据施工经验制订的，投标报价也应据此得出，投标文件是合同的组成部分，我们双方是在这个基础上签订的施工承包合同。你们对自己编制的施工组织设计和施工方案是否全面、可行、安全、有效应该负有责任。我们认为，你们按照电力设施保护相关条例的规定对场外架空高压线及线塔等设施采取防护措施，是为保证施工顺利进行负责任的做法，也是应当采取的必要措施。

承包方：我们正是因为对工程负责，对自己制订的施工方案负责，不影响下一阶段的基坑开挖，才对现场进行了仔细测量定位，对影响施工方案实施的不利因素提前采取措施。如果不管不顾，按照投标时的方案施工，不仅过程中会产生诸多不安全因素，还会因违反国家有关管理条例的规定造成很多麻烦，到时再补救，必然会影响工程进度，甚至会拖延工期。现在，我们预先看到了这些不利因素，希望通过采取措施避免影响工程施工的情况出现，这些不利的外部条件和因素并没有在招标工程量清单中体现，我们要采取的这些措施是额外增加的。

发包方：你们能够对现场进一步仔细勘察，发现场地外影响施工的架空高压线，并主动提出要采取防护措施，一方面说明你们对电力行业相关管理条例的规定很熟悉，对这类情况的处理有经验，另一方面说明让你们作为工程承包商，我们的选择是正确的。不过这些毕竟是你们合同内容里的工作，是你们应该承担的责任，总不能以你们的合同范围和工作内容作为费用补偿的依据吧。

承包方：我方有责任实施和完成合同范围以内的工作，可是架空高压线及线塔等设施在学校围墙以外，采取防护措施不是合同范围里的内容，这个责任不应该由我方承担，我方提出对其采取防护措施是出于现场施工安全考虑，属于合同以外的工作，提出补偿是合理要求。

发包方：我们看看招标文件对投标人投标报价中措施项目费应包含的内容：投标人应充分、全面理解招标文件和图纸的全部内容，翔实了解工程场地及其周围环境，务求对施工场地及影响范围全面掌握。依据本工程特点，拟定施工组织设计。投标人的投标报价是基于投标人通过踏勘施工现场以充分了解工地的位置、周边情况、道路、施工空间及任何其他影响投标报价的各种因素所发生的费用。因忽视或误解工地情况而导致的各种费用增加全部视为包括在投标报价中。投标人对上述措施项目清单的内容进行细化、补充和增减，并已考虑全部风险，故费用不做调整。

再看合同另一款约定：承包人应采取适当措施保护现场内外环境、现有设施及公共利益，防止产生干扰和损害。在施工中，不得影响邻近建筑物、构造物及设施的安全和正常使用。

按照招标文件规定，你们的投标报价已经通过现场踏勘将施工场地及影响范围内的各种因素以及要采取的措施项目费包含在内了。根据合同约定，措施项目费已考虑全部风险，不再调整。

你们在投标阶段进行现场踏勘时疏忽了校园围墙外架空高压线对施工的影响，没有在报价中考虑相关措施费。值得欣慰的是，你们在施工前意识到了这个问题，并提出要采取措施进行补救，避免基坑开挖施工时可能造成的不安全影响，这个补救措施提得很及时，值得肯定。但根据合同约定，这项工作应属于承包方合同范围里的内容，不管这项措施费是否已包含在投标报价中，都不能再做调整。

承包方：你们的依据也有道理，不过，这项防护措施与临时设施、夜间施工、冬雨期施工等常规施工内容所采取的措施不一样，专业要求高、存在一定危险性。我方仍希望发包方考虑到这项措施的特殊性，给予适当的补偿。

最终，发包方没有同意承包方提出的费用补偿申请。

评析与启示

本案发包方最终没有同意补偿承包方提出的对架空高压线及线塔等设施进行防护增加的措施费，其决定是符合招标文件和双方订立的合同约定的。因为投标人在投标期间，已对施工现场进行了踏勘，理应“翔实了解工程场地及其周围环境”，并应全面掌握“施工场地及影响范围”。投标报价是基于现场踏勘充分了解了场地及周边情况等各种影响报价因素所包含的费用，相关措施费均应包含在报价中。双方签订的施工合同中也有不再调整措施费的约定。校园围墙外1m左右的架空高压线及线塔等设施应属于施工场地周围环境内设施，自然也是施工场地影响范围内的因素，承包方在踏勘现场时，少了实地测量这一关键步骤，看到架空高压线及线塔等设施是在施工场地围墙外时，就可能已经把它刨除在施工影响范围以外了，而没有把施工场地周边情况与工程施工方案结合起来去做分析和技术论证。不重视现场踏勘是我国许多施工企业在投标时存在的问题，走马观花、一带而过、流于形式，往往发现不了施工场地周边环境对施工的影响。制订施工组织设计和施工方案千篇一律，只求大而全，面面俱到，投标书也用的是放之四海而皆准的标书范本，没有认真思考和研究针对投标工程的相应措施和对策，投标报价时出现遗漏也就不足为奇了。

这个案例告诉我们，企业经营既要重视实力建设，更要重视细节管理。从事工程建设的施工企业对投标过程中的每一个环节都不能忽视，对每一个细节都要认真把握，因为这些细节与投标报价和项目实施过程中投入的费用密切相关，如果不重视它们，就会让企业遭受经济损失。

3

兼顾双方利益，赢得索赔主动

案例简述

发包方：某开发集团

承包方：某建筑三公司

某开发集团通过公开招标和评审确定某建筑三公司为某发展大厦施工承包方。该工程建筑面积25000m^2，合同工期390天，工程于2002年4月开工，于2002年10月，开始主体结构施工。施工期间，开发集团管理层指示，为增加国际交流活动，将地下一层局部车库改为学术交流网络中心，首层局部改为银行和快餐厅。承包方自接到发包方通知后，就做好了施工调整的准备。等待设计变更期间，承包方曾提醒发包方："改变建筑使用功能会造成结构改动，请设计院相关专业尽快出具设计变更通知单，如果拖到了主体结构完工再进行修改，会造成现场过大拆改。"一周后，设计院出具了设计变更。但在会签时，发包方责令暂缓，原因是开发集团使用方对是否将地下一层局部车库改为学术交流网络中心意见不统一，有人认为，应该把已经投入使用的计算机中心进行改造，适当调整建筑分隔和网络布线，配置一定的网络设备，做好系统集成就能达到功能要求。有人则认为，某发展大厦建成后，几大科技公司都会入驻，各种学术交流活动、国际性会议将会非常频繁和集中，在当今互联网时代，网络将成为支持上述学术活动的重要平台，总不能这边要开网络视频会了，还要拿着设备跑到另一个建筑物里去操作。而且对新建工程进行空间分隔、管线施工、网络设备安装，比改造旧建筑物要简单容易得多。

经过使用方多次论证，2002年12月10日。开发集团管理层最终决定，维持地下一层局部车库改为学术交流网络中心的意见，请装饰公司对学术交流网络中心进行装修设计。

因为功能改变较大，原消防报警、消防喷淋，通风及防排烟风管、照明、动力配电、安防系统设计都需要重新调整和修改。

几个月后，主体结构按计划完工。结构施工期间，由于本次设计变更带来的施工影响如下：

（1）首层局部改为快餐厅，需改动和增加部分给排水管道，排风排烟道，楼板重新凿洞。首层局部改为银行，新增安防系统。该系统需要具有专业资质的分包队伍施工。

（2）取消和增加部分隔墙，废弃原有预埋管道。

（3）原已采购订货的配电箱、灯具，需要按照修改后的规格型号办理合同变更。

（4）地下一层局部车库改为学术交流网络中心，增加一间网络机房，需增加气体消防系统、机房空调设备，敷设静电地板。

（5）改动原消防设计，需要重新上报消防建设审批主管部门审批。

承包方据此向发包方提出索赔申请。

致某开发集团：

工程自开工以来得到各方支持，进展顺利，目前已按计划完成主体施工，并通过结构验收。因贵方改变地下一层、首层部分建筑使用功能，需对原设计进行变更修改，我方原计划施工材料数量、已订货材料设备、待采购材料设备、劳务分包队伍、专业施工计划等均需重新调整；修改后的消防设计有待消防建审主管部门审批。目前，现场施工完成的部分工作已经作废，基于上述情况，我方请求发包方补偿由此给我方造成的经济损失，并批准工期顺延。按照施工合同通用条款规定：在履行合同过程中，由于发包人下列原因造成工期延误的，承包人有权要求发包人延长工期和（或）增加费用，并支付合理利润。

（1）增加合同工作内容。

（2）改变合同中任何一项工作的质量要求或其他特性。

（3）提供图纸延误。

设计方根据贵方改变地下一层和首层部分功能的要求办理了设计变更。但因贵方对地下一层局部车库是否改为学术交流网路中心反复讨论，始终无法确定，致使设计变更修改通知单提供的时间一再推迟。导致我方修改工作、时间安排、实施顺序不断调整，由此造成的损失和增加的费用应由发包方承担。具体费用和工期影响，我方将依据工程进展情况，择日报送。

某建筑三公司
2002 年 × × 月 × × 日

发包方经过研究，认为承包方所提要求合理，同意按照合同约定，对其申请补偿的费用在工程结算时统一进行调整。

本案承包方为获得索赔采取的做法比较讲究策略，容易让人接受。工程在进行结构施工时，当承包方接到发包方改变部分建筑使用功能的通知时，就已经预料到将来一定会发生设计变更。虽然不清楚具体变更情况，但迟早要办理变更手续则是必然趋势。但承包方并没有采取有意扩大变更影响来增加费用的方式，坐等设计变更通知单的到来，而是主动提醒发包方尽快办理变更手续，以免造成过大拆改，表现出配合的善意和坦诚。承包方这种做法不仅增强了与发包方彼此之间的合作关系，便于以后的工作协调，更为设计变更以后提出的索赔申请顺利获得发包方批准创造了有利条件。同时，承包方也考虑到了变更带来消防系统重新审批和各专业施工衔接如何处理的问题，所具有的全局观念和服务意识也让发包方对其增强了信任感。

承包方按预定计划完成主体结构施工，突出了自身现场组织管理水平，为自己提出索赔申请提供了有力支撑。另外，承包方能够抓住变更过程中的关键细节为我所用、巧用时机，在变更内容没有全部实施完成时提出索赔申请，列举变更给施工带来的影响和造成修改的内容，指明合同依据，事先提示发包方将要发生的费用和延长工期的情况。与现在很多不敢索赔、不会索赔的承包方相比，显然略胜一筹。

任何一个工程在实施过程中都不可避免地会发生设计变更，当变更将要出现时，能否积极与发包人沟通配合，分析变更可能引起的施工修改，提示变更将对工期带来的风险，把握好变更与施工安排的节奏，以合作的态度争取索赔主动，让变更为自己带来利益，体现了一个承包人眼界和水平的高低。

一个优秀的施工企业不在于拥有多少先进的机械设备，而在于拥有多少高素质的管理人才，企业的竞争其实就是人才的竞争。

承包方对发包方改变建筑功能或布局产生变更的沟通环节如图 3-2 所示。

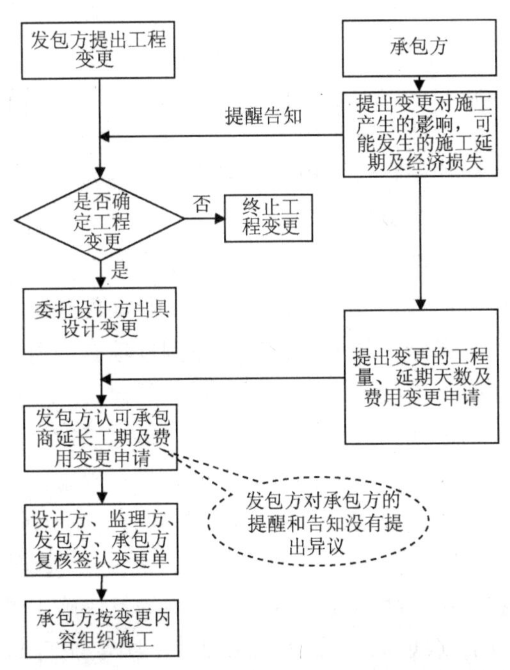

图 3-2　承包方对发包方改变建筑功能或布局产生变更的沟通环节

4

技术先行优化设计方案，主动变更实现项目收益

案例简述

发包方：某经济开发公司

承包方：某工程公司

承包方负责承建某经济开发区地下锅炉房工程，合同工期为410天。工程于某年5月中旬开工。受当年10年不遇的几场大雨影响，基坑开挖施工进度严重滞后。进入9月中旬以后，承包方调整部署，增派了劳动力和施工机械，争取抢回拖延的施工进度。工程于11月底完成结构验收，此时比原定施工计划拖延15天。在验收后的一次监理会上，承包方提出，按原计划，现在应该进行烟道施工，但目前已进入冬季，今年又赶上寒冬，天气预报显示这几天的最高温度只有3℃。现在进行烟道基础土方开挖，将会有两个多月碰上冻土施工，现场情况不好把握，施工质量和施工进度难以保证。次年二月五号是春节，一月底民工就会陆续准备回家过年，能不能招到足够的劳动力施工都成问题。项目部经过反复研究认为，烟道施工宜放在次年春节以后。春节后一上班，民工将陆续返城，项目部就可以着手组织劳动力部署烟道施工，如果计划周密、组织得当，集中精力一个半月完工没什么问题。烟道施工顺序的调整也不会影响室内装修、专业安装和其他分项工程施工。监理方、发包方认为承包方是从保证施工质量着眼点出发而进行的施工调整，理由充分、计划合理，考虑到这项施工可与室内各项施工平行进行，不会影响整体施工进度，便同意了承包方的建议。

来年春节过后，烟道施工如期进行，并于三月底接近尾声。此时，承包方又一次向监理方和发包方提出了建议：将原设计的混凝土烟囱改为钢制烟囱。

承包方提出，烟道施工顺利，若没有特殊原因，按计划三月底就可以完工。之后就可以开始进行烟囱施工了。不过原设计的混凝土烟囱做法，工序太复杂，施工难度也太大，施工安全性不高，将会成为制约整体施工进度的关键环节。如果改成一次加工成型钢制烟囱，安装难度将大大减小，施工周期也会大大缩短。

事出突然，发包方担心，如此颠覆性的改动会引起价格调整变化太大，一时

也拿不定主意，决定请设计方来共同商量一下。

焦点回放

发包方：施工单位建议把混凝土烟囱改为钢制烟囱。当初把烟囱设计为混凝土结构是出于什么方面的考虑？

设计方：现在常规烟囱设计通常都采用混凝土材料，施工做法成熟，最主要的一点是造价低。

承包方：虽然施工做法成熟，结构材料市场普遍采用，但是施工复杂，难度太大，对工人施工水平要求很高，四个烟囱的施工周期甚至超过主体结构的施工周期，这一项施工就有可能拖了工程整体进度的后腿。

设计方：无非就是绑扎钢筋、支模板、浇筑混凝土。只不过烟囱过烟要承受高温，所以要在内壁浇注一层耐热、耐酸内衬料，如果要想美观，外壁可以考虑挂装饰板。这些重量结构计算都已经考虑了。

承包方：绑扎钢筋、支模板、浇筑混凝土是和主体结构施工没什么两样，可是用在烟囱施工上就复杂麻烦得多。为避免筒身中心漂移、筒体扭转、压痕、筒壁混凝土局部拉裂，施工要采用一种滑模提升装置，每次浇筑30cm，用液压千斤顶将滑模向上滑升三个行程，检查混凝土合适度和滑模系统工作情况，一切正常后，进行筒壁修正、保养、分层绑扎钢筋、埋设避雷接地线、标高定位、埋件。如此工序循环往复直至筒身浇筑完成。每次循环开始前，都要提升模板，混凝土的振捣也很不好操作。内衬隔热材料的浇注就更麻烦，需要等混凝土表面干燥以后，再找来吊脚手进行涂刷，还要搭设堆料平台。就算不讲施工难度，就现在四个烟囱之间的距离，安装搭设滑模装置和堆料平台的空间根本不够，到目前为止，我们还没有找到可以搭设的地方。另外，筒外壁还要挂三种板：即隔热板、防潮板、装饰板。这些都需要专业施工队伍才能完成。我们咨询了几个分包商，他们看了现场以后，都认为施工难度太大，全部做下来，至少需要四个月，比预期的两个月多一倍。

设计方：现场空间确实增加了施工难度。

发包方：混凝土烟囱预算价格是多少？

设计方：差不多40多万元。

承包方：如果按照刚才所说的施工方案操作的话，人力、机械和材料成本将增加近一倍。而工期延长了可能还不止两个月。

监理方：如果换成钢制烟囱，施工会容易很多吗？

承包方：我们咨询了国内几个烟囱生产厂家。生产周期大概需要三周。安装时，只需要两台起重机，分别把烟囱两头吊起，调整好起吊角度，慢慢把烟囱立直，与水平烟管竖向管口对接，用螺栓固定就全部完成了。前后时间用不到一天。

监理方：那些隔热和保温材料怎么安装？

承包方：工厂在加工钢制烟囱时，就会按设计要求，把隔热材料在烟囱内壁涂刷好，将烟囱外壁的保温材料和金属装饰板一次加工完成。当然，装饰板不能是建筑材料了，可以采用各种颜色的金属装饰板。

发包方：造价会增加多少？设计方什么意见？

设计方：加上水平烟管的费用，总造价约增加一倍。不过，成品钢制烟囱的安装周期确实比混凝土材质的施工周期节省了三分之二。整体重量也大大减轻。金属装饰板可以配合建筑外立面颜色进行比选，整体效果也不错。

发包方和监理方仔细测算了一下，如果按照混凝土烟囱四个多月的施工周期计算，再加上调试验收的时间，工期肯定要拖延。经济开发区的建设是省重点项目，开发区的部分企业因生产要求，需要提前供热。工期拖延会影响这些企业的正常生产。这个责任谁也承担不起。

发包方经过慎重考虑，批准了承包方的提议。最终，钢制烟囱从采购供货到安装完成只用了一个多月的时间，外观和装饰效果也得到发包方一致认可。承包方通过此项变更节省了施工成本，加快了施工周期，获得了可观的收益。

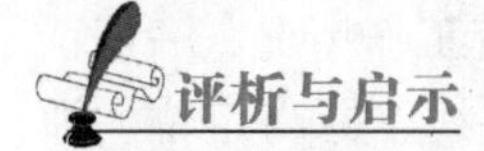

这是承包方通过寻找设计缺陷，顺应发包方心理从而成功获得费用补偿的典型案例。从本案可以看出，承包方在工程一开始，就对设计图纸、合同条款、现场条件进行了认真研究，通过研究分析出本工程最大的难点是烟囱施工。如果按照原设计的混凝土烟囱材质施工，难度大、成本高、工期紧，既定的施工计划无法实现，承包方在投标时没有充分考虑到烟囱施工的困难，工程量清单计算漏项多，预算费用严重不足。这些因素迫使承包方对图纸、现场、工程量清单反复进行核算，进而找到通过优化施工方案实现减亏增效的合理途径。寻找原设计存在的缺陷，提出变更方案，通过技术部门对各种因素全面分析，并结合项目经济效益分析对变更方案进行研究、论证，比选出最佳方案。

确定方案后，承包方采取多种途径、多种方式积极与发包方、监理方和设计方沟通，提供参考的数据，在不违反合同条款的情况下，努力说服发包方、设计方，按其意图变更设计。

承包方最终能够成功获得补偿，一是针对变更和索赔做到主动策划，主动分析，正确选择了有效控制施工成本，实现项目盈利的突破口；二是得益于承包方技术部门较高的专业技术水平，对工程进展准确地把握，还有灵活有效的心理沟通。承包方对发包方主打工期牌，最终让发包方出于对施工进度的考虑，同意了承包方改变设计方案和施工方案的提议，既达到了盈利目的，又获得发包方的肯定，实现了名利双收。

本案中，承包方主动提出将烟道施工推迟到第二年春节以后，是不是为以后变更烟囱材质、改变施工方案所做的准备和铺垫？我们在此不做评论。毕竟，能让工程按期竣工投入使用，让工程质量、整体效果令各方满意是项目建设方的最大目标，为此目标而采取的种种手段只要在合理的原则范围内是可以被理解和接受的。

善于沟通、友好相处，与工程参建各方建立起相互信任的关系，并通过这种信任关系互惠互利是工程建设管理者应具备的能力之一。

5

未作现场工程量增减核认，调整费用缺少依据难认可

案例简述

发包方：某机关后勤处

承包方：某建设工程公司

某建设工程公司承建的某机关办公楼工程顺利竣工，按照合同要求，承包方应在取得工程竣工证书后的14天内，将结算资料报送给监理单位。承包方预算人员是刚来两年的新手，虽然参与了施工过程，但毕竟是第一次做工程结算，对工程中发生变更洽商、工程量认量需要办理的手续并不熟悉，编制结算书时，难免丢三落四。承包方主管人转念一想，这么多资料，少个一张半张的，审查人未必都能分辨得清楚，结果也许对自己有利。工程竣工10天后，承包方向监理单位提交了结算资料。

其中一份分部（分项）工程量清单与计价表引起了监理造价人员的注意，详见表3-1。

表3-1　分部（分项）工程量清单与计价表

工程名称：某办公楼—装饰工程

项目编码	项目名称	项目特征描述	计量单位	工程量	金额/元		
					综合单价	合价	其中暂估价
920102001001	块料、石材面层楼地面拆除		m^2	693.96	8.69	6030.51	
020102002003	铺地砖楼面(水泵房)08BJ1-1楼12B	1. 5~10mm厚铺地砖，DTG擦缝 2. 5mm厚DTA砂浆黏结层 3. 50mm厚DS干拌砂浆找平层 4. 钢筋混凝土楼板	m^2	693.96	250.96	174156.20	

（续）

项目编码	项目名称	项目特征描述	计量单位	工程量	金额/元		
					综合单价	合价	其中暂估价
020207001002	穿孔铝板吸声墙面（水泵房）08BJ1-1 内墙 28C（钢筋混凝土墙）	1. 铝装饰压条 2. 穿孔铝板 3. 玻璃丝布绷紧粘牢于轻钢龙骨表面 4. 50mm 厚玻璃丝棉毡固定于轻钢龙骨间空腔处 5. 50mm × 50mmC 型轻钢龙骨与墙体用胀管螺钉固定，双向中距 500mm 6. 1.5mm 厚聚合物水泥基防水涂料 7. 8mm 厚 DP—HR 打底压实抹平	m^2	2027.85	554.38	1124199.48	
020207001004	空间吸声板	1. 空间吸声板共 7 种类型，共 155 块 2. 骨架采用 2mm 厚钢板冷弯，护面板采用 1mm 厚铝板，铝板穿孔率 > 22%，护面层 0.142mm 厚平纹无碱玻璃布上、下各一层，吸声面采用离心玻璃棉，吸声板背面铝板网封牢，4 根圆 10 螺栓钓竿吊挂	m^2	440.34	531.79	234168.41	

在这张清单计价表前附有一张设计单位出具的设计变更单，内容是："根据建设单位意见，将原设计的水泵间混凝土地面改为地砖铺设，为降低设备噪声，水泵间墙面采用穿孔铝板吸声墙面，楼板下吊挂空间吸声板。空间吸声板尺寸见图××。"

监理造价人员找到承包方预算人员。

监理造价人员：这个设计变更的含义你们是否清楚？

承包方预算人员：我是搞造价的，技术上的事我不太懂，不过，这个工程我全程参与了，也见到过各个专业签发的设计变更通知单，这份变更是修改原设计水泵间地面材料和增加墙面及楼板吸声处理的内容。

监理造价人员：大致内容是这样，咱们先看第一项修改内容"将原设计的水泵间混凝土地面改为地砖铺设"。

承包方预算人员：我理解就是去掉混凝土地面，铺设瓷砖地面。我在结算资料里已经将这部分增加的工程量和费用计入在分部（分项）工程量清单计价表里了，你们可以审查。

监理造价人员：请看这份设计变更签署的时间——2010 年 8 月 13 日。从你们的施工计划和现场监理工程师那里了解到的情况可以看出，2010 年 8 月 13 日，工程还在主体结构施工阶段。也就是说，这份设计变更在装饰工程开始之前就已经办好了。当时地面就是铺砖前的基层面，清单计价表里怎么会有块料及混凝土面层的拆除量呢？

承包方预算人员：我对技术和施工不太懂，我认为设计变更提到的“将原设计的水泵间混凝土地面改为地砖铺设”，就是要拆除原地面，然后再铺砖，没想到这和施工时间和施工顺序有关系，这样看工程量计算确实有问题。

监理造价人员：再看第二项修改内容：内墙面采用穿孔铝板吸声墙面，楼板下吊挂空间吸声板。（“空间吸声板尺寸见图××”）

承包方预算人员：这一项没有多余的拆除工作量。

监理造价人员：是没有多余的拆除工作量，可是，墙面穿孔铝板和楼板下吸声板的工程量是如何计算的？

承包方预算人员：按图纸算的，这不应该有错。

监理造价人员：我们查一下施工图，以图纸为准。

监理造价人员摊开图纸，翻到吸声板这张图，图中设计了每块吊挂空间吸声板的平面尺寸、规格和数量，一目了然。墙面穿孔铝板标注了统一规格：1.2m×0.6m，但是没有标明数量。

监理造价人员：墙面穿孔铝板的数量怎么计算出来的？

承包方预算人员：按照每面墙的立面尺寸算出来的。

监理造价人员：每块穿孔铝板之间、铝板与顶板、铝板与地面之间都要留出安装空隙，不可能顶天立地，而且应该刨除窗户所占的面积，实际数量会比按每面墙立面尺寸算出来得少。

承包方预算人员：这可计算不出来，总不能一块一块去数吧。要不然，你们就在原来的数量基础上折减吧。

监理造价人员：项目开工后的第一次监理会上，发包方审计人员发给我方和承包方一份工程施工阶段及竣工结算全过程跟踪审计实施细则。其中规定，对图纸不能明确的工程量要按照现场实际发生的工程量进行核认。你们提供的穿孔铝板工程量因没有四方签认的工程量确认单，所以不能认可。

后经承包方一再争取，监理工程师和审计单位造价人员以及发包方工程师到现场对穿孔铝板工程量进行了补认，但因为设备和管道过多，多处墙面被遮挡，很多穿孔铝板已经无法准确认量。承包方无奈之下，只得根据监理造价人员的意见和补办的现场工程量确认单，重新修改了分部（分项）工程量清单与计价表，详见表 3-2。

表 3-2　分部（分项）工程量清单与计价表

工程名称：某办公楼—装饰工程

项目编码	项目名称	项目特征描述	计量单位	工程量	金额/元		
					综合单价	合价	其中暂估价
020102002003	铺地砖楼面(水泵房)08BJ1-1 楼 12B	1. 5～10mm 厚铺地砖,DTG 擦缝 2. 5mm 厚 DTA 砂浆黏结层 3. 50mm 厚 DS 干拌砂浆找平层 4. 钢筋混凝土楼板	m^2	693. 96	250. 96	174156. 20	
020207001002	穿孔铝板牺牲墙面(水泵房)08BJ1-1 内墙 28C(钢筋混凝土墙)	1. 铝装饰压条 2. 穿孔铝板 3. 玻璃丝布绷紧粘牢于轻钢龙骨表面 4. 50mm 厚玻璃丝棉毡固定于轻钢龙骨间空腔处 5. 50mm × 50mmC 型轻钢龙骨与墙体用胀管螺钉固定,双向中距 500mm 6. 1.5mm 厚聚合物水泥基防水涂料 7. 8mm 厚 DP—HR 打底压实抹平	m^2	1622. 28	554. 38	899359. 59	
020207001004	空间吸声板	1. 空间吸声板共 7 种类型,共 155 块 2. 骨架采用 2mm 厚钢板冷弯,护面板采用 1mm 厚铝板,铝板穿孔率 > 22%,护面层 0. 142mm 厚平纹无碱玻璃布上、下各一层,吸声面采用离心玻璃棉,吸声板背面铝板网封牢 4 根圆 10 螺栓钓竿吊挂	m^2	440. 34	531. 79	234168. 41	

评析与启示

本案承包方造价人员是一位刚刚参加工作两年的新职员，对工程施工过程中发生的图纸内容变化、变更签证办理程序、资料汇总原则等缺少足够的了解，导致编制的结算资料该有的没有、该减得没减。

工程建设中，工程量调整是变更的主要内容之一，能否被认可，最重要的依据一是图纸，二是现场认量。图纸中可以准确计算出工程量的应以图纸为准，但出现像本案在施工过程中对原设计进行了变更，修改区域无准确尺寸时，如果在这些区域出现了工程量增减变化，就要以监理方、发包方核认的现场实际发生工程量为准。而承包方恰恰漏掉了这一关键环节。虽经努力补救了一些，但因错过了认量的最佳时机，现场条件受到极大限制，最终使核认工程量与实际施工工程量产生较大出入，承包方自己一手造成的损失也只得自食其果。

承包方造价人员不懂施工，对设计变更通知单签认时间和现场实际施工进度的关系没有概念，在没有深入现场获得一手资料的情况下，又把设计变更发出时还没有进行的施工作业张冠李戴，就在自己错误的理解和推断中完成了设计变更结算资料的编制。而承包方工程管理人员想借造价人员业务不熟浑水摸鱼，从中得利，却没想到被监理造价人员的火眼金睛识破。

监理造价人员通过设计变更签认时间和承包方施工计划判断出当时施工现场地面仍是基层面，从而推断出承包方结算资料中块料及混凝土面层拆除量实际不存在的结论，监理造价人员精通的专业知识和对现场情况的熟悉程度是承包方所不及的。

此案告诫工程管理人员，要以事实为根据，以精通的业务为基础，合理、合法而不是靠投机取巧获取自己的利益。

设计变更引起的工程量增减确认流程如图 3-3 所示。

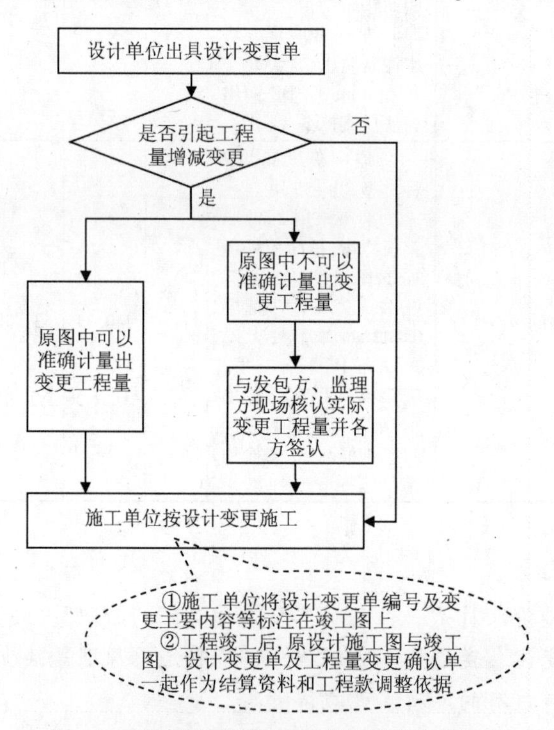

图 3-3　设计变更引起的工程量增减确认流程

6

答疑补充的清单漏项为何在工程结算时被取消

案例简述

发包方：某餐饮公司

承包方：某市政工程公司

某餐饮公司筹资新建一座美食城，因室外燃气切改线至室内燃气计量间的燃气管道安装工程专业性强，餐饮公司决定通过招标确定分包队伍。共有七家投标单位领取了招标文件。三天后，有四家投标单位提交了质疑文件。某市政工程公司在质疑文件里提出，根据图纸所示，招标人编制的工程量清单里有五项燃气计量设备未计入，分别是 4 台气体涡轮流量计、4 台温压流量修正仪、4 台过滤器、4 台流量计保护箱和 2 台采集器。招标人委托的招标代理公司经核对确认是统计漏项，之后在答疑文件里补充了 18 台设备的清单子目和工程量，发给了所有投标单位。20 天后开标、评标，经专家评审委员会对技术标和经济标综合评审，某市政工程公司成为排名第一的中标候选人。中标结果公示期结束后，发包方与某市政工程公司签订了施工合同。

某市政工程公司很快组建了项目管理机构，制定好施工计划，做好了一切准备工作进场开始施工。施工中，某市政工程公司加强现场质量、安全、进度管理，有效控制施工关键环节，主动避开中午和夜间施工，减少施工扰民，工程实施有条不紊，施工进展顺利，没有发生质量安全问题，该公司得到了建设单位各方好评。

某一天，工程所在地区燃气公司例行检查工地，检查结束后的总结会上，燃气公司检查人首先肯定了某市政工程公司现场文明施工管理到位，室外燃气管道切改线操作规范，施工质量符合燃气施工验收规范的要求，最后指出，室外施工已接近尾声，在进入室内燃气计量间施工之前，施工承包方首先要约请燃气公司计量员对现有燃气用气量抄表记录，上报燃气公司；然后派人去燃气公司登记备案，完成这两项工作后，才能到燃气总站领取流量计等五项燃气计量设备。并一再提醒某市政工程公司抓紧时间去办理，以免被使用同型号计量设备的工程领用，影响本工程安装。某市政工程公司表示一星期之内办妥。

说者无心，听者有意，参会的发包方代表听了燃气公司检查人的一番话，头脑里闪过了一个念头。会后，发包方代表马上让合同人员找出招标文件、工程量清单、某市政工程公司投标文件、施工合同进行核对。某市政工程公司投标文件对招标范围、技术要求的描述与招标文件一致，但某市政工程公司投标工程量清单与招标工程量清单有出入，投标工程量清单比招标工程量清单多了流量计等五项燃气计量设备，再找到各投标人质疑文件和招标人答疑文件，得知多出来的五项燃气计量设备是某市政工程公司在投标期间质疑时提出的招标工程量清单漏项，招标人答疑回复同意增补的设备。那么，燃气公司检查人一再强调的让某市政工程公司尽快去领取流量计等五项燃气计量设备又是什么意思呢？

发包方代表决定把事情弄清楚。

发包方问承包方：我对比了你们的投标文件和我方的招标文件及答疑文件，发现气体涡轮流量计、温压流量修正仪、过滤器、流量计保护箱和采集器这五项燃气计量设备是你们在投标质疑时提出的。

承包方：我是负责现场施工的，投标过程的情况，我不太清楚，容我了解下。

承包方代表向负责投标的具体经办人员了解后找到发包方代表。

承包方：我了解过了，是这样，负责做清单的造价人员对图时发现，施工图设备材料表里虽然没有统计这五项燃气计量设备，但在平面图和系统图里都表示出来了，可能是招标代理公司没把图纸看清楚，工程量清单里漏掉了这五项设备的统计，后来贵方在答疑文件里补充进去了。

发包方：看了你们的投标文件，里面关于燃气施工、改造的工程业绩不少，施工经验应该是比较丰富的，你们在本工程施工中的表现大家有目共睹。你们也一定对燃气公司的有关管理规定和施工过程中要办理的手续比较清楚吧。

承包方：这点您说对了，我公司做燃气方面的施工和改造工程也快十年了。搞这个行业必须对燃气公司相关的管理规定和程序清清楚楚，不然寸步难行。

发包方：昨天燃气公司在检查以后的总结会上提醒你们要抓紧办理两件事，我不是学这个专业的，对检查人提出的这两件事不太明白，想请你们给解释解释。

承包方：燃气公司提出要办理的第一件事好理解，在改线前，先要拆表，再切断现有管线，在拆表前要把到目前使用的所有用气量抄表、上报、缴费、登记后，才能进行管线切改施工。要办理的第二件事是要求对新安装的燃气管道更换计量及配套装置，即更换新的气体涡轮流量计、温压流量修正仪、过滤器、流量计保护箱和采集器。

发包方：到燃气总站领取流量计等五项燃气计量设备是什么意思？

承包方：领取前，要把五项燃气计量设备的型号规格报到燃气公司登记。燃气公司根据登记的型号规格备齐设备后通知我们领取。

发包方：是购买还是免费领取？

承包方：这五项设备由燃气公司统一免费配送。

发包方：既然是燃气公司统一免费配送，为什么在你们的投标清单计价表里还会报出这五项设备的价格？施工期间既然已经知道这五项设备由燃气公司免费负责配送，为什么不向我方讲明投标报价中重复计取了这笔费用？

承包方代表面露尴尬，一阵沉默。

承包方：做投标工程量清单的经办人都是造价人员，对施工、现场，燃气公司的管理规定不清楚，投标一结束，他们的工作也暂告一段落，之后就又着手编制另一个工程的投标文件。我们是负责施工的，主要责任就是按照合同和图纸的要求，精心组织施工，保证工程质量，按期竣工验收，为建设方交出一个满意的工程，对投标过程中发生的情况确实没太关注，投标和施工两个阶段没衔接好，这是我们工作的失误。

发包方：你刚才说的情况，我们表示理解。不多说了，明天着手办理一个核减工程量的变更洽商单。

第二天，承包方按照发包方的意见，办理了工程变更洽商单，内容为：根据燃气公司的规定，某美食城工程燃气计量间的 4 台气体涡轮流量计、4 台温压流量修正仪、4 台过滤器、4 台流量计保护箱和 2 台采集器由燃气公司统一配送，原投标报价中的 18 台设备及有关费用在结算时扣减。

工程竣工后，发包方审计单位在工程结算审计时对 18 台燃气计量设备扣减了约合 35 万元的工程费。

评析与启示

本案承包方将 18 台燃气计量设备费用重复计取，是投标时有意而为之，还是对燃气施工管理规定不清楚，我们无从猜测。即便承包方施工管理人员不应该只顾埋头施工，不管投标过程发生情况，但其造价人员也应该对投标文件、合同前后文件了如指掌，不然，就无法保证竣工结算的依据全面真实且完整准确，也很难达到预期的工程结算目标。

本案发包方代表通过一个“领用”细节，发现了承包方投标报价中重复计取费用的蛛丝马迹，进而对这个细节紧抓不放，对照招标文件、投标文件、施工合同进行分析核对，直至发现投标工程量清单中的问题，之后，在与承包方的交涉中，对问题层层展开，逐步接近问题核心，寥寥数语让承包方在不知不觉中把矛头指向了自己，不得不说，发包方缜密清晰的思维，良好的专业素养、丰富的工程管理经验和强烈的工作责任心令人佩服。

也许会有人说，如果承包方在投标时没有提出关于招标人工程量清单中漏掉五项燃气计量设备的质疑要求，就不会发生以后的事情了。这种侥幸心理并不能回避招标代理公司在编制工程量清单时，没有认真审图以致发生统计漏项存在的工作疏忽。即使侥幸这次疏忽没给发包方造成损失，下一次疏忽未必就能幸免。因为对待工作粗心马虎，缺少责任心会表现在方方面面，不可避免地会造成这样或那样的失误。通过本案也提醒设计人员，如果能对图纸认真核算，把五项燃气计量设备统计到设备明细表里，同时在备注里说明此五项设备由燃气公司提供，那么，招标代理公司造价人员就可能会避免计算工程量清单时的遗漏，也会对这五项燃气计量设备及有关费用不计入投标报价做出明确说明。

7

新增材料自组单价，各方签认才是凭证

案例简述

发包方：某新校区开发办

承包方：某安装公司

某安装公司经过投标评审，成为某校区热力管道改造工程承包商。拿到中标通知书后，与发包方签订了工期六个月的施工合同，合同中对新增清单项目的单价确定原则为：

如果增加的工程项目，在工程量清单中没有相应的项目可以直接适用，其单价由承包人重新组价，由监理工程师、发包人按照规定，商定或确定清单项目单价，并应遵循以下的规定：

（1）如果在本合同内有相类似的项目，则应采用该类似项目的单价。

（2）在（1）项不适用情况下，监理工程师、发包人应与承包人协商新的单价，并遵循以下原则：

a）新增价格的任何细项和工序的价格计算应严格按照投标过程中承包人报价的费率、材料单价、机械单价以及人工工日单价等所有报价原则进行计算。

b）在遵循上述条款的前提下，根据《建设工程工程量清单计价规范》（GB 50500—2013）编制清单项目和计算工程量，执行《某市建设工程 2012 预算定额》《某市房屋修缮工程 2012 预算定额》及相关配套文件，人工、材料按市场行情进行组价，重新组价时消耗量应依据定额确定，人工、材料单价应依据投标时相同或近似的单价，若无该类单价，则依据投标期《某工程造价信息》公布的相关价格（此价格为最高限价）执行，并严格按投标过程中承包人报价的费率计算。

六个月以后，工程如期竣工验收。因工程不复杂，中途变更不多，承包方为了尽快拿到工程 95% 的结算款，在工程竣工的同时，向监理单位提交了竣工结算报告和竣工结算资料，监理工程师按照合同要求在 14 天内完成了审核，并将审核结果及承包方所有竣工结算资料转给发包人。发包人审计单位在对承包方的

结算资料审查过程中，对一张热量积分仪费用清单计价表提出了异议，详见表3-3。

表3-3　分部（分项）工程量清单与计价表

工程名称：某校区热力管道改造工程

项目编码	项目名称	项目特征描述	计量单位	工程量	金额/元		
					综合单价	合价	其中暂估价
031204007009	一体化室内温度变送器	1. 规格：两线制，输出：4～20mA 2. 型号：TE—6300 3. 备注：室外安装	台	8	1505.12	12040.96	
010306001001	显示仪表（热量积分仪）		台	10	6000	600000	
030208002010	控制电缆	1. 型号：ZR—KVV—3×1.0 2. 敷设方式：沿线管、线槽敷设槽	m	340	8.92	3032.80	

审计人员：我对照了设计施工图和竣工图，热量积分仪在原来的施工图上并没有设计，在竣工图上显示，于××年××月××日办理了一份工程变更洽商，洽商内容如下：在保留原设计××系统热量计算功能基础上，为更准确复核设备热效率，检测设备热量消耗值，在采暖供水管道上加装热量积分仪，共计10台，安装位置应易于观测记录和维修。

承包方：发包方根据多年的运行经验认为，加装了热量积分仪，能掌握每年设备实际运行出力，比较每年设备热效率变化，可了解设备运行情况。

审计人员：从利于设备维护管理角度讲，增加热量积分仪很适用，不过对于原来图纸中没有的新增设备该如何计价，你们是否了解合同的约定？

承包方：我们仔细研究过合同，热量积分仪属于新增设备，根据合同约定并经核实，原工程量清单中没有相应的项目可以直接适用，也没有类似的项目可以套用。所以，我们需要重新组价。你们看到的清单综合单价分析表里的费率、材料单价、机械单价以及人工工日单价等所有报价都是严格按照投标报价原则进行的计算，是按《某市建设工程2012预算定额》执行的。

审计人员：这个价格与监理方和发包方商定过吗？

承包方：和监理方和发包方负责结算的造价人员都商量过，他们说，到结算时把这些资料装进去，让监理工程师和你们审核。

审计人员：据我所知，发包方还有一套针对工程量清单错项、缺项和漏项材料设备的订货采购报审程序，主要内容为：按照合同规定，应由发包方审核价格的工程量清单中的错项、漏项、缺项材料设备，如承包方在订货前未按规定向发包方报审，发包方对该项材料设备将不予结算。你刚才说和监理方、发包方商量过，那么，商量后的意见在哪里？

承包方：我们只问了发包方负责结算的造价人员，这个报审程序，我方不太清楚。

审计人员：没有监理方和发包方的意见，如何证明你们报来的价格是合理的？是满足合同约定的？这只是你们单方面确定的价格，我方不予确认。

承包方：我们可能会存在对合同理解不深刻，把握不准确，对发包方有关规定了解不全面，沟通也不够的问题。但现场确实安装了10台热量积分仪，你们可以现场查证，而且工程变更洽商单不会有错。

经协商，审计人员同意承包方按照发包方清单错项、缺项和漏项材料设备价格的审核规定，将10台热量积分仪的价格重新报监理方和发包方核认，经双方核认的每台热量积分仪价格为2800元。审计单位依据审核后的价格并按照承包方投标报价时采用的人工、机械和费率原则重新进行了审定，最终核减工程费3万多元。

评析与启示

这个案例说明的是一个关于忽视价格审批程序管理细节的问题，从事造价工作的人员应该知道，施工过程中发生了招标工程量清单没有的工程项目，其单价需要由承包人重新组价，但必须要遵循一定原则进行。根据本案所述，发包方在与承包方签订的合同中规定了相应原则：有类似项目，则应按照该类似项目单价采用；没有类似项目，费率及人、机、料单价等按照投标报价原则，参照建筑和安装工程相关定额进行组价。但是承包方的单价是要经过“监理方和发包方商定或确定”的。由此暴露了承包方两个方面的管理细节问题。

1）只知其一不知其二。

承包方合同预算人员对合同中关于新增价格组成原则没有认真研究和理解，只知新增项目在清单没有类似项目可参照的情况下可以自行组价，却不知组价后，需经监理方和发包方双方认可后才能盖棺定论。

2）重组价，轻流程。

发包方根据合同对新增清单项目单价的确定原则制订了工程量清单错项、缺项和漏项材料设备的订货采购报审流程，同时在合同中规定：“如果增加的工程项目，在工程量清单中没有相应的项目可以直接适用，其单价由承包人重新组价，由监理工程师和发包人按照规定，商定或确定清单项目单价”，其含义为：对工程量清单新增材料设备的单价，承包方可以在遵循相关规定的前提下重新进行组价，但需由监理工程师和发包人最终商定或确定清单项目单价。虽然承包方按照合同原则进行了组价，但却没有向监理方和发包方报审认价，漏掉了应由监理工程师和发包人最终商定或确定清单项目单价这项管理细节，也就缺少了认价工作流程中一个重要环节，才导致承包方热量积分仪的价格组成因缺少依据而被发包方审计人员提出质疑和拒绝。

我们仔细分析就可以理解发包方审计人员的做法，如果没有第三方监督、约束及审核，承包方就可以对工程中发生的新增材料设备任意定价，造价控制将形同虚设成为一纸空文。本案最后经发包方和监理方重新审核认价，每台热量积分仪价格比原来承包方所报价格减少约53%，节省了3万多元的事实就足以说明问题。

由此可见，严格按照程序办事、一丝不苟狠抓细节在造价控制管理中至关重要。

招标工程量清单漏项或变更引起的新增材料认价流程如图3-4所示。

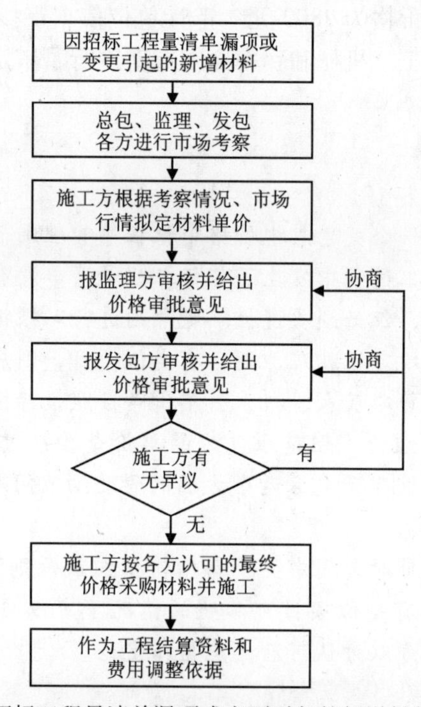

图3-4　招标工程量清单漏项或变更引起的新增材料认价流程

8

技术薄弱接错管，工期索赔反被罚

案例简述

发包方：某会馆工程

承包方：某建设公司

某建设公司与发包方签订了某会馆工程施工承包合同。该工程建筑面积27000m²。开工日期为2009年5月15日，竣工日期为2010年6月20日。合同工期400日历天，合同价约9000万元人民币。

工程实施过程并不顺利，先是基坑土方开挖时，碰到不明管线和遗留的老建筑物基础，移改线和破除基础导致土方开挖施工进度比预期计划拖延10天。主体结构工程施工阶段，发包方改变原设计二、三层使用功能，造成部分建筑隔墙修改，通风空调、上下水、强电、消防管预埋洞、预留管调整，导致结构验收延后12天。装饰工程施工中，发包方领导提出将会议室改为中式简约装修风格，原各专业末端布置和弱电布线部分拆改，导致施工延误5天。

后经承包方加大投入，工程基本按照预定计划全面进入系统调试。不过在空调系统调试期间，却发生了意想不到的事情。当空调系统满水运行时，出现了有的房间温度高、有的房间温度低，主管路回水管温度比供水管温度高的现象。承包方排查系统和各个房间后发现了问题原因，原来，位于地下一层的两条空调供、回水主干管接反了。承包方重新接管后，排除了故障，系统运转和各房间温度恢复正常，但系统调试因此受到影响，未能按原定计划完成，造成工期延误20天。

为此，承包方向发包方提出以下索赔：

1）基坑施工阶段，因为发包方所提供的地下管网及地下设施等资料不准确，致使我方基坑开挖时移改地下管线和破除遗留基础，导致工期延误10天，因延误造成我方额外增加水电费、管理人员工资、人工费为5.9万元。

2）结构工程施工阶段，因发包方提出对二、三层使用功能进行修改，致使我方原已施工完毕的部分建筑隔墙、通风空调、上下水、强电、消防等专业预埋洞、预留管作废，调整施工导致工期延误 12 天，因延误造成我方额外增加水电费、管理人员工资、人工费为 4. 5 万元。

3）装饰工程施工阶段，因发包方修改会议室装修风格，致使原各专业末端布置和弱电布线部分拆改。导致工期延误 5 天。因延误造成我方额外增加水电费、管理人员工资、人工费为 2 万元。

按照通用合同条款约定："非承包人原因造成的工期延误，发包人应按照合同约定对承包人提出的追加付款和（或）延长工期的要求进行审核和确认"。以上工期延误均系发包方原因所致，造成我方额外增加水电费、管理人员工资、人工费共计 12. 4 万元，请发包方审核批准。

以上索赔要求均获得发包方认可。

工程于 2010 年 7 月 10 日竣工。工程结算时，发包方向承包方提出：由于承包人原因造成系统调试不能按期完成，导致工期延误 20 天，按照专用合同条款约定："因承包人原因造成工程不能按期竣工，每延误一天，向发包人支付合同价款 0. 2‰的违约金，但违约金不能超过合同价款的 3%"。总计扣除承包方违约金 35. 92 万元。

承包方向发包方提出交涉。

承包方：工期延误了，双方都有责任，从我方提交给贵方的资料里能看到，施工中几次进度拖延，都是因为发包方提供资料不准确、改变使用功能和装修风格所致，并非我方原因。我方为尽量减少损失，加大人员投入，加强各项施工管理和组织协调，都是为工程能按期竣工采取的措施，所以，没有提出延长工期的要求，实际上，几个阶段施工进度拖延的时间累计起来已经超过了竣工延误的时间。

发包方：我方对你们付出的努力表示肯定。我方认为，你们没有向监理方和发包方提出延长合同工期的申请，是因为你们有把握通过加强现场管理、合理安排人员投入、科学组织施工等手段可以保证工程按期完工。但遗憾的是，你们通过这些手段抢回来的时间，却在安装阶段，因为没有合理安排好各专业施工顺序而造成现场组织混乱，导致空调供回水主干管接反，系统出现故障，影响了系统正常调试，并最终导致竣工延误。根据合同规定：承包人原因造成的工期延误，均由承包人承担相关责任。如果说前几次施工进度拖延是发包方原因所致，造成的损失由我方承担的话。那么在安装阶段，因你们施工错误使系统出现故障，系统调试无法正常进行，导致竣工延误，则完全是承包方原因造成，理应由你们承担相应责任，扣除违约金符合合同约定。

承包方：管道接反了是我方的失误，我方理应承担相应责任。但因发包方原因造成的阶段工期延误，我方有理由提出主张，我方将尽快补充有关申请延长工期的相关资料，

发包方：按照合同条款规定：非承包人造成的工期延误包括“无法合理预见的现场自然条件或环境”“不可抗力”“发包人原因造成的延误、干扰或阻碍”等情形，由此造成的工期延误应当延长合同工期。“承包人应当在此类事件发生后的 28 天内以书面形式通知监理人，并提交详情报告，否则，监理人可不必就延长合同工期事宜做出任何决定”。你们现在提出延期，早已经超过合同规定的时效了。

最后，承包方只好认罚。

评析与启示

合同就是法律依据，也是法律保障，承包方在发包方提供资料不准确、改变使用功能和装修风格导致三次施工进度拖延时，虽提出了增加水电费、管理人员工资、人工费等费用补偿，但却没有按照合同对工期违约的条款提出延长工期的要求。说明承包方对施工索赔各方面的整体意识把握不够。三次施工进度拖延时间总和为 27 天，如果此项延长工期要求被批准，将比承包方接反空调供、回水主干管造成系统调试拖延并最终导致工期延误 20 天的时间还要多 7 天，承包方可免除工期违约金的扣罚。

承包方按照施工计划施工，期间发生几次因发包方原因造成的进度拖延，对工程按期竣工产生不利影响，其为什么不尽早与发包方沟通协商延长工期呢？也许是承包方太注重双方“关系”，不想给发包方留下斤斤计较的印象，所以没有仔细推敲合同中对自己不利的条款，承包方管理人员欠缺风险意识，想起索赔时又超过了有效时间，从而丧失了可以进行索赔的时机。当发包方在工程结算期间要求承包方支付因自身原因造成工期延误的违约金时，才如梦方醒。合同工期与实际工期关系图如图 3-5 所示。

注重双方“关系”导致的一个工作失误，使本来对自己有利的处境走向了相反的一面。但反过来讲，如果承包方在安装阶段，能够像前期施工一样加强现场管理，组织得当，调用技术力量强的专业队伍进行安装，就不会将地下一层空调供、回水主干管接反，而系统调试和竣工验收将会按预定计划顺利完成，也就不会出现因工期违约被扣罚违约金的事情了。看来，加强专业技术管理和现场组织管理与提高索赔技巧是相辅相成、缺一不可的。

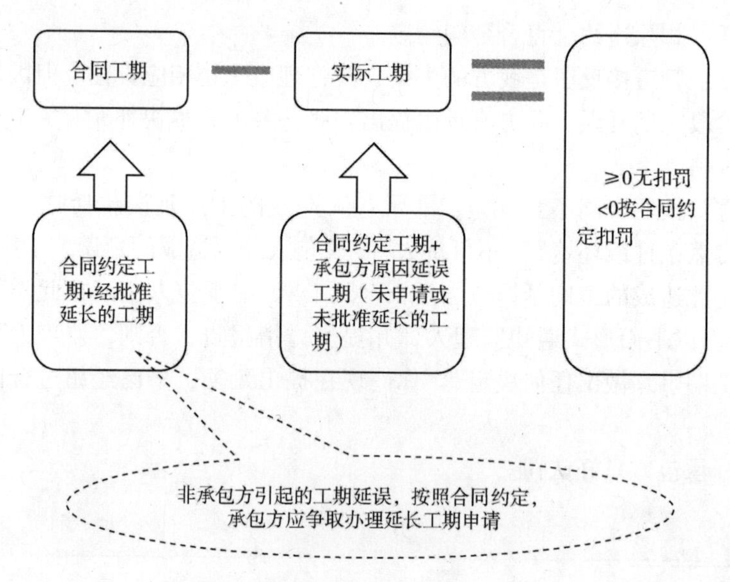

图 3-5　合同工期与实际工期关系图

9

验收部门提出修改，发生费用各自承担

案例简述

发包方：某商业总公司

承包方：某工程承包公司

某商业总公司开发建设一座建筑面积为42000m^{2}的大型购物商场，商场地上四层，地下一层。该公司通过招标程序确定了项目施工承包单位。双方签订了施工承包合同，工程实施进展顺利。并按预定施工计划开始了各个专项验收。当质量技术监督检验部门对自动扶梯进行验收时提出，每层扶梯顶端凹槽位置存在安全隐患，必须沿凹槽三面增设1.2m高挡墙。按设计每层两部扶梯计算，一共需要增设8处挡墙。发包方指示承包方按照验收部门意见进行整改，承包方按照要求在10天后完成整改，验收部门第二次验收时又提出挡墙与扶梯间缝隙太大，不满足安全规定，要求进一步整改，承包方在5天后完成整改施工，验收最后通过。但因此导致工程竣工验收推迟15天。为此，工程结算时，双方对应该由谁来承担工期延误的责任产生了争议，并各自提出自己的主张。

焦点回放

承包方：我方施工中，贵方给予了很多支持和理解，双方配合比较顺利。自动扶梯专项验收时，质量技术监督检验部门提出对扶梯凹槽位置进行整改，整改造成工期延误，并非我方原因引起，责任也不在我方，而我方为此项整改投入的人力、机械、材料以及管理人员工资等费用，贵方应给予补偿。

发包方：为尽快完成整改达到验收要求，施工方投入了不少人力、机械、材料，我方表示感谢。但是增设扶梯挡墙的要求，是验收部门提出的，不是我方提出的，最终导致工期延误，也非我方原因造成。这种结果属于无法预料的情形范围，不过，既然是无法预料的情况，根据通用合同条款规定：“事前无法合理预见，并且按照合同约定不应当由承包人代其承担责任的第三方造成的延误……”属“非承包人原因造成的工期延误，应当延长合同工期”。“承包人应当在此类

事件发生后的28天内以书面形式通知监理方，并提交详情报告，否则，监理方可不必就延长合同工期事宜做出任何决定…”。你们没有在28天内向监理方提交延长合同工期的书面申请和详情报告，我方可视为，施工方认为这些整改不会引起竣工延误，因此没有提出延长合同工期的申请。但最终造成事实上的工期延误，怎么说责任不在你方呢?

承包方：非我方原因造成工期延误，我方可以按照合同约定申请延长合同工期。但并不能说，因为没有申请延期，所有的工期延误就都是我方的责任，谁造成的原因，谁来承担责任。刚才已经说过了，延误非我方原因引起。如果贵方也说没有责任，难道去找政府追究责任？再说，验收部门检查出问题，说明贵方对主管部门制订的相关政策、条例和办法不清楚，起码是收集资料不全、更新不够。怎么能说一点责任没有?

发包方：如此说，作为建设主体的施工方对验收要求更应该了如指掌，为什么对此要求一点不知呢?

承包方：验收规范里并没有扶梯顶端凹槽位置必须设置挡墙的具体规定。这应该是因为近几年电梯安全事故频发，监督部门提高了验收标准导致的结果，而且每个工程情况不一样，具体措施也不尽相同。很多工程扶梯顶端并没有凹槽。

发包方：针对这个工程扶梯设置的具体情况和平面布置，设计单位应该把挡墙设计到位，这个细节没有考虑到，设计方也是有责任的。

承包方：设计方有责任，贵方可以根据相应合同条款追究其责任，我方和设计方没有合同关系，设计方有没有问题，该怎么处理，我方无权过问和干涉，政府行为导致的工期延误也好，第三方造成的工期延误也罢，我方只与贵方存在合同关系，出现了工期延误，我方遭受了损失，理应得到补偿。

发包方：承包方发生了损失，提出补偿，我方遭受的损失，又该怎么补偿?

承包方：贵方的损失是不是应该补偿，该怎样补偿，由谁补偿，是我们双方合同以外的问题，我方同样无权干涉。

双方就此问题没有达成一致意见，向争议评审组申请调解，调解结果为，发包方应补办增设扶梯凹槽挡墙的变更洽商，新增材料按合同对新增清单项目的约定计算单价，工程量按实际完成的工程量计算，以上两项费用由发包方在工程结算审核后支付。余下人工、管理等支出费用由承包方承担。

评析与启示

本案讲述的是政府验收部门提出修改，造成工期延误，该如何承担责任的问题。许多工程经常遇到设计图纸审核部门、工程验收部门，甚至工程投入使用后，定期检验部门对规范理解和掌握尺度不同带来的困惑，本案工程在设计阶段就确定了自动扶梯方案，包括平面布置、外形尺寸，并只有在通过了设计施工图强审（外审），才可能进行工程招标。但在工程验收环节，质量技术监督检验部门对扶梯进行验收时提出了在每层扶梯顶端凹槽位置增设挡墙的要求。这类因政府验收行为导致竣工受到影响，根据通用合同条款规定，可归结为第三人造成的违约；具体约定是："在履行合同过程中，一方当事人因第三人的原因造成违约的，应当向对方当事人承担违约责任"。因此，判定发包方支付因增设挡墙引起工程量变更而产生的主要费用符合合同约定。但鉴于增设挡墙行为非发包方主观原因造成，也不是因图纸设计有误或承包方擅自修改设计引起，在最终裁定上也考虑了"事前无法合理预见"的因素，承包方对此也表示了理解和接受。本案反映了几方在工程管理上的一些疏漏：

(1) 设计施工图虽然通过了强审（外审），但设计方对扶梯顶端凹槽位置不设置挡墙会存在安全隐患这一细节欠缺考虑。

(2) 虽然施工验收规范里没有对扶梯顶端凹槽必须设置挡墙有具体规定。但作为有经验的施工承包商，特别是承包方通过招标确定的扶梯供货和安装分包商，应该对近几年不断增多的扶梯安全事故和提高扶梯相关验收标准有所了解，对本工程扶梯顶端凹槽位置可能存在的安全隐患有所预见，并应主动提醒发包方和设计方进行改进，而不是只满足于照图施工。

(3) 发包方作为建设管理方，也应主动收集整理国家质量技术监督主管部门定期发布、修订和更新的相关法规、条例、办法，及时了解政策变化，对设计不到位、不合理、影响使用功能、有安全隐患的地方做到心中有数。

本案在工期延误的处理上，承包方没有抓住时机提出索赔要求，是个遗憾，通用合同条款规定，在"事前无法合理预见，并且按照合同约定不应当由承包人代其承担责任的第三方造成的延误…"属"非承包人原因造成的工期延误，应当延长合同工期"。如果承包方利用这个机会，向发包方提出非承包方原因造成工期违约的诉求和延长合同工期的要求，并在"此类事件发生后的28天内以书面形式通知监理方，提交详情报告"，承包方在日后提出因工期延长遭受损失和增加投入的索赔要求被发包方认可就会顺利得多，而不会因为没有在规定时间内向监理方提出延长合同工期的书面申请而被视为"监理方可不必就延长合同工期事宜做出任何决定"。

10

搞错开工时间，延误工期反索赔

案例简述

发包方：某职业学校

承包方：某工程公司

某职业学校筹建××培训楼二期工程，经过投标评审，某工程公司顺利成为该工程施工承包商，并与发包方签订了施工承包合同，合同价格为9300万元。合同约定：计划开工日期：2008年6月15日（实际开工日期以监理工程师发出的开工令为准），计划竣工日期：2009年7月25日。合同签订后，承包方进入现场，开始平整场地、测量放线、搭建暂设等施工前的准备工作，两周后准备工作就绪。

××培训楼二期工程东侧是正在建设中的××培训楼一期工程，由某建设局二公司承包建设。两期工程地下室是连通的，一、二期工程以设计沉降缝为分界线。当时，一期工程正在土方开挖施工阶段。但因解决场地拆迁补偿费的问题，开工时间比合同计划时间拖延了50天。土方开挖时，又遇到大量上层滞水，拆改管线，给截水施工带来了很大困难。经过改进施工方案，增加施工机械等措施，施工才得以继续进行。当具备二期工程开工条件时，已经比合同计划的开工时间晚了四个月。

监理工程师下达了开工令，××培训楼二期工程终于开始实施。施工期间，多次发生承包方主要管理人员更换、不到位、进场材料抽检不合格、未按施工计划时间为分包队伍提供施工场地等问题，致使分包队伍不能正常施工等现场管理混乱无序的情况。经发包方、监理方多次协调、督促，上述情况才有所改进。

工程最终于2010年10月20日竣工，比404天的合同工期滞后了331天。

承包方在结算报告中提出以下费用索赔：

（1）培训楼一期工程因施工场地拆迁、前期土方开挖和截水工程施工（非我方施工范围）进度拖延造成我方施工现场不具备开工条件，导致我方无法按合同计划开工日期开工，直至2008年10月15日，工程才具备开工条件。开工延期 120 天，造成我方额外增加临时设施费、水电费、管理费、钢筋涨价等共计 105 万元。

（2）因延期开工导致工期延误，造成我方额外增加临时设施费、人工费、水电费、管理费共计 215 万元。

发包方表示不能同意承包方的索赔要求，同时向承包方提出，因承包人原因导致工期延误，根据合同约定，应扣罚承包方违约金 363 万元。双方在讨论会上进行争辩，互不相让。

焦点回放

承包方：一期工程施工拖延造成我方不能按期开工，我方不会承担因此造成工期延误的责任。

发包方：一期工程施工拖期，原因大家都清楚。但我方不认可施工方提出的开工延期一说。

承包方：正式开工时间是 2008 年 10 月 15 日，比合同约定的 2008 年 6 月 15 日开工日期晚了整整四个月、120 天。这在我方发给发包方的报告资料里都有详细阐述。监理会议纪要也有记录。

发包方：这些我方都看到了，不过，这些资料里缺少了一份重要文件，就是监理工程师下达的开工令。

承包方派人取来开工令复印件。内容为：我方（指承包方）根据合同约定，建设单位已取得施工许可各项手续，我方已经完成了开工前的各项准备工作，计划于 2008 年 10 月 15 日开工，请审批。已完成报审的条件有：（略）。监理工程师批复的意见为：所报工程动工资料齐全、有效，具备动工条件。落款时间为 2008 年 10 月 15 日。

承包方：开工令上的时间很清楚，同意 2008 年 10 月 15 日开工。与我方提供的资料所述的开工时间一致。

发包方：请仔细看一下合同约定：计划开工日期为 2008 年 6 月 15 日（实际开工日期以监理工程师发出的开工令为准），本工程实际开工日期是 2008 年 10 月 15 日，并不存在延期开工一说。

承包方：合同原计划开工日期是 2008 年 6 月 15 日，开工令批准的时间是 2008 年 10 月 15 日，怎么不是延期了四个月开工？

发包方：合同不是开工令，合同计划开工日期也不能代替开工令批复的时间。如果监理工程师下达了开工令，而现场因种种原因不能按时开工，延期开工成立。不过，施工方在等待开工的四个月里，额外增加的临时设施、水电、管理及钢筋涨价等费用，我方本着实事求是的原则，在结算中给予适当考虑。

我方还需要更正的一点是，开工顺延四个月，并不能说明工期拖延也顺理成章，施工方在施工中，管理措施不到位、主要管理人员频繁更换，工程后期甚至出现两、三个月现场没有总工程师的状态，材料样品不满足合同和设计要求，土建、强电等暂估价材料设备迟迟不能按预定计划进场施工安装，不按时为分包队伍腾出施工现场，导致分包队伍不能正常施工。暖通专业人员技术薄弱、投入不足，管线安装进度严重滞后，制约装修顶棚不能封板，造成装修施工工期延误。施工中暴露的这些问题都是因承包方现场管理不善而引起，这才是造成工期延误的主要原因，这在各期监理会议纪要和监理月报中均有阐述，因此，延期开工导致工期延误说法不成立，这期间额外支出的有关费用应由承包方承担。按照合同约定，由于承包方原因造成工程逾期竣工，应向我方支付合同结算价款0.2‰的违约金，并不超过合同价款3%。目前，承包方合计洽商变更、工程量增加等各项费用结算款为12100万元，违约款总计363万元。

承包方：贵方结论我方难以接受，我方将申请仲裁。

仲裁争议评审组经过对双方提交的资料、争议问题和各自主张进行审查，认为发包方提供的依据充分，证据翔实，主张合理，而承包方提供的资料则明显前后时间对不上，缺少合理充分的证据支持。本着双方友好合作的原则，经调解，发包方和承包方均放弃了索赔要求。

评析与启示

从本案发展的过程看出，发包方对合同约定及合同双方责任关系的理解，以及反索赔的意识远高于承包方。应该说，发包方以无可争辩的事实最终让承包方放弃索赔，靠的是充分的准备、细致的工作、翔实的资料支持。

发包方事先查阅了施工过程中的所有监理月报、监理会议纪要和相关资料，将延迟开工原因、合同对实际开工日期的约定，以及承包方在施工中种种制约施工进度的影响因素，通过分析，将前因后果完整的联系起来，从而找到承包方现场组织不利，技术力量薄弱、管理措施不到位等造成工期延误的充分依据，在反驳承包方索赔要求时，让承包方的辩解无缝可钻。

本案承包方为索赔所做的准备工作却明显不足，承包方对合同条款缺乏深入透彻的分析，对合同约定的计划开工时间和实际开工时间的理解既不全面也不准确，同时缺少认真细致的调查取证工作，虽然承包方对施工过程中关于开工的几个时间点记录得比较详细，但是这些时间点对应的每个索赔要求则缺乏足够、合理和有说服力的证据支持，就如同没有牢固塔身支撑的塔尖终究不稳一样。一本流水账，哪怕记录得再详细，但因为没有合理的对应关系，不足以作为支持索赔要求的充分证据而让人无法信服，承包方失去主动也是必然的了。另外，承包方自身管理素质、技术水平不过硬，施工中组织混乱，主要管理人员不到位，进场材料不合格，不为分包队伍提供施工场地等诸多问题，造成工期拖延达一年之久，这也是让自己在索赔中处于不利局面，并最终导致索赔失败的主要原因。

通常情况下，发包方拟定的每项合同条款都是经过深思熟虑、精心研究的。如果承包方仅凭表面概念和习惯经验理解，察觉不到合同条款每个细节的全部含义，遇到纠纷时被动应对则在所难免。本案承包方在签订合同时并没有注意或意识到合同对计划开工日期约定的“实际开工日期以监理工程师发出的开工令为准”隐含的意义，发包方利用这个含义避免了承担延期开工四个月损失的结果，为自己争取了利益，而承包方却因为这条约定让关于延期开工导致工期延误的索赔申请无效而损失了利益。

此案提醒承包方与其缴纳高额利益损失费，不如因势利导，加大员工培训投入，多培养一些精通合同管理的人才，提高风险防范意识，提前预见到风险发生后对自己的不利影响以及应采取的应对措施，从而通过利弊分析，在签订合同时，提出对自己有利的主张。

11

利用变更时点，抓住索赔环节

案例简述

发包方：某中学基建办

承包方：某华安建筑有限公司

某华安建筑有限公司承接了某中学学生公寓工程，建筑面积12000m^2，承包方与发包方签订了施工合同进场后，在第一次监理会上，发包方代表提出，虽然设计中实行了专业会签制，为每个专业管线安装预留出了空间和高度，但难免因考虑不周，会出现“互相打架”的情况。要求承包方在进入专业安装阶段前，按照施工图各专业管线设计的平面位置和标高再进行一次综合排布，绘制一张管线综合平面图和标高竖向图，请设计方、监理方、发包方进行确认，承包方各专业将参考此图施工，以尽量减少无法安装或安装后又二次拆改的现象出现。并一再强调管道综合图必须经各方签认后才能实施。

工程结构验收后，安装劳务队伍陆续进场，开始安装前的准备。承包方按照发包方的意见整理出一张专业管线综合图，请设计方更正确认，不巧，设计人员出国考察，一个月以后才能回来。承包方找到监理方，被告知先让设计人员复核签认无误后，再拿来签认。承包方又找到发包方，发包方要求，必须在设计方、监理方都签认以后，才能找发包方核签。

一个月以后，承包方拿着设计人员已经签认的管线综合图，来找监理方，结果碰上监理工程师出差，等到两周后监理工程师回来签好字，又赶上发包方代表去外地学习。截止四方签认完成，已过去近两个月。

承包方根据管线综合图和现场安装情况向发包方提出变更洽商和费用补偿申请：

（1）地下二层送风管已施工完毕，根据管线综合图，原设计图纸中的循环冷却水管、空调水管平面位置影响其安装，故改变原来位置，绕过两管后，沿原设计走向敷设，需拆除风管9m，增加弯管1个，直管5m。

（2）原地下一层排水管紧贴上面的排风管已经安装完毕，根据管线综合图所示，排水管距离地面太近，所以将排风管、排水管整体上抬 15cm，需拆除风管 40m，排水管 40m，需重新安装。

（3）地下三层空调水管与消防水管打架，为避让消防水管，需拆除空调水管 15m，上抬 20cm，重新安装。

（4）地下一层电缆桥架已按设计图纸施工完毕，根据管线综合图发现，原设计中，安装在桥架下面的排烟管敷设后，将满足不了距地 2.4m 的顶棚高度要求，现将电缆桥架整体上移 15cm，需拆除全部电缆桥架 40m，重新安装。

（5）从地下三层冷水机房出来的 4 根管径 *DN*150 的空调水管为了躲避排风管，需向 H 轴移位并绕行安装，共增加 3 个同径弯头，2 个同径三通，直管 10m。

（略）

以上需增加的材料费、人工费、机械设施费、管理费合计 20 万元。

发包方拒绝了承包方提出的费用补偿要求。双方的争执不可避免了。

焦点回放

发包方：在第一次监理会上，我方就提出，在各专业安装前，先进行专业管线综合，绘制管线综合图，待四方确认后再实施。

承包方：我方正是按照发包方的要求绘制了管线综合图，进行了四方签认。这些变更洽商就是根据这张管线综合图办理的。

发包方：既然已经绘制了管线综合图，也做了签认，为什么不根据管线综合图进行施工安装？

承包方：这些拆改工作就是根据管线综合图进行的。

发包方：我们并没有讨论这些拆改是不是按照管线综合图进行的，我们需要讨论的是，为什么承包方在没有管线综合图参考下就开始施工安装？请查一下第一次监理会议纪要，这个问题都有记录。你们没有按照监理会的决定，按照先做图后施工的先后次序进行安装，导致大量的拆改和重复安装工作，这是由于你们现场管理协调不利造成的，责任理应由承包方承担，而不是向我方申请费用补偿。

承包方：即使我方等拿到管线综合图后再进行施工安装，出现矛盾的地方，也仍然要调整原来的设计标高和平面位置，与投标报价时的清单工程量相比，也会产生较大的变化量，根据合同价款调整原则：工程量按照施工期内完成的实际工程量计算的规定，这部分增加的工程量应该按实补偿的。

发包方：你说的没错，增加的工程量我方会按照合同要求在结算中一并考虑，但减少的工程量也要据实核减。例如，这些上抬上移的管道，还有第 5 项空调水管向 H 轴移位，比原设计管道长度缩短的工程量，就要核减。但是，如果按照管线综合图施工，能避免现场大量拆改和重复安装。

承包方：这点我方表示同意，该增的增、该减的减。我们再回到拆除量这个问题上来，我方在两个月前就已经绘制好了管线综合图，设计人员出国一个月回来以后才签认，然后是监理工程师出差两个星期，发包方去外地学习，等四方全部签完，已经过去了快两个月。现场安装队伍总不能窝工等待吧？另外，我方比照原施工图进行过核对，设计交叉“打架”的地方还是占少数。即使现场在没有管线综合图参照的情况下提前施工，遇到部分“打架”的地方拆除重装也比等两个月以后拿到管线综合图再开始安装，施工进度要快得多，这样既不产生窝工，也不会影响工程整体进度和工期，不然窝工费和一旦造成工期延误产生的损失费也是一笔不小的费用。

发包方点头称是，同时也看到了设计方、监理方及自身的问题，同意了承包方关于现场拆除工程量相关费用补偿的申请。

评析与启示

本案中的承包方应该是索赔方面的高手。一方面积极响应发包方提出的管线综合要求，整理绘制，不厌其烦的找设计方、监理方、发包方复核签认，一方面时刻关注现场的进展情况，而不是盲目服从发包方的要求。当发现签字方因出国、出差、学习而无法联系上时，并没有坐等施工停滞，或者坐享窝工等补偿费用的到来，而是为保证工程按期竣工，及时调整思路，按照原定计划开始施工，做好工程施工交接，为日后根据管线综合图进行工程变更及申请相关费用补偿积极准备，既为企业争取利益，也兼顾发包方对工期和造价的考虑，毕竟，这是发包方最关心的两个问题。承包方在与发包方的争执中表示，如果等两个月拿到管线综合图以后再行施工，施工进度会大受影响，甚至会影响项目整体进度和工期，窝工费和可能造成的工期延误损失费将是比拆除补偿费用更为可观的一笔费用。既说明提前施工是出于保证工期考虑，也暗示发包方，补偿区区拆除费远比补偿窝工费、工期延误损失费划算的多。消除了发包方对承担补偿责任的担心，实为高明之举。而自身突出的现场管理协调能力也为最终获得补偿创造了前提条件。反观设计方、监理方和发包方，在签认管线综合图过程中，则显得有些漫不经心，在执行工作程序的环节上显得有些僵化，设计人员如果在出差前先向承包方、发包方了解现场还有无急需要办理的事情，并为办理这些事项预留出足够的时间，就能避免设计变更在设计环节滞后一个月的情况出现。当承包方找到监理方和发包方进行签认时，如果监理方和发包方能够先进行复核，再和设计单位取得联系，通过各种途径将管线综合图以邮件、照片或其他形式发送给设计人员，请其进行修改和确认，同时要求承包方按照汇总意见形成管线综合图，先进行施工，待设计人员回国后补办签认手续，就能减少现场一些无谓的拆改和由此产生的变更。可惜，现实不能建立在如果和假设上，否则，工程建设中就不会发生那么多的遗憾了。

12

未及时办理设计变更提出费用补偿遭拒绝

案例简述

发包方：某校理学院

承包方：某建设集团公司

某建设集团公司承包施工某校理学院理工大楼工程，并于2010年5月5日与发包方签订了施工合同，2010年5月20日项目开工，2011年3月工程进入专业设备安装阶段，此时，学院提出，因理工类试验特殊要求，实验室周围环境噪声振动必须达到国家规范标准。而在原设计图中，并没有对设备机房采取吸声减振降噪措施的设计内容。2011年3月15日，发包方根据学院要求，通知设计单位尽快补充和完善吸声减振降噪设计修改内容，同时在监理会上要求承包方定期联系设计单位，一旦设计修改完成，立刻取回设计变更通知单进行签认，组织采购订货，尽快施工安装。

之后几周的监理会上，监理方和发包方几次询问承包方与设计单位联系的情况，承包方安装负责人均回答说设计变更正在办理中。在2011年4月15日监理会上，发包方再次追问设计变更办理情况，安装负责人说，设计人员出差，一周后可取回。2011年4月22日，承包方取回设计变更通知单，并经监理方、发包方签认以后开始组织吸声减振降噪材料的采购。承包方与材料供应商签订的供货周期为两周，2011年5月10日，减振降噪材料进场，设备机房专业安装工程才开始施工，比预定计划晚了一个月零十天。

工程比合同计划竣工日期晚一个月竣工，而承包方却向发包方递交了一份申请费用补偿的索赔报告：

2010年3月15日，发包方提出增加设备机房吸声减振降噪措施，并要求设计单位对原设计进行修改，直至2011年4月22日，设计院才最终确定吸声减振降噪做法，出具设计变更通知单，2011年5月10日开始施工。造成我方机房专业施工实际开始时间比计划时间滞后40天。导致我方人力、材料、机械设备待工，由此造成的窝工损失费共计××万元，请发包方批准。

发包方感觉问题蹊跷，便先按下不表，没有直接与承包方进行交涉，而是与设计单位取得联系，对设计变更过程的前后情况进行了解，发包方不问不知道，一问吃一惊。

原来，设计单位在2011年3月15日接到发包方要求的关于对机房吸声减振降噪设计进行修改的通知后，马上向具体设计人员进行了部署，设计人员在3月底就完成了设计修改，拟好了设计变更通知单，并联系了施工单位安装分包经理，让其来设计院取走设计变更通知单。但不知道为什么，施工单位一直没人来取，到4月中旬设计人员出差回来，才取走设计变更通知单。在3月底至设计人员出差离开期间，设计人员手头正忙于另一个项目的施工图设计，就没再联系施工单位。

发包人知道了事情的来龙去脉，通知承包方就其提出的机房专业施工拖延造成费用损失提出的补偿申请前来商议。

焦点回放

发包方：你们的申请报告中提到，机房专业安装于2011年5月10日开始施工，比原计划晚了40天，原因是设计变更通知单拖延所致，请说说具体情况。

承包方：这个过程在监理会上曾多次提到，纪要上肯定也有记录。发包方在2011年3月15日就已经通知设计单位进行吸声减振降噪的设计修改，可是，直到4月22日，我方才拿到设计变更通知单，导致我方开始施工的时间拖延。

发包方：监理会上我方和监理方多次向你们询问与设计单位的联系情况，你们的安装负责人几次回答都说在办理中，你们第一次与最后一次与设计单位联系的时间是哪天？

承包方：第一次是在3月15日监理会后第三天，设计人员还在修改中，最后一次是在4月21日，设计人员已经修改完成，我方第二天取回了设计变更通知单。

发包方：中间是否联系过？

承包方：4月14日联系过，设计人员出差了。

发包方：除了这三次，期间再没有联系过？

承包方：工地上几个专业分包同时施工，要处理和协调的事情太多，我这阵主要盯现场，忙不过来的时候，会让专业安装分包经理去联系。

发包方：分包经理联系的结果怎样？

承包方：汇报的情况和我刚才反映的情况一样。

发包方：我方已向设计人员了解过了，事情的经过是这样的……（发包方介绍了从设计单位了解到的情况）。不能只听汇报，自己不去过问，不然就派一个得力的、负责任的员工去办，否则会误事的。

承包方：这个分包经理真是误事啊！我们的工作也有失误，今后还要加强对分包的管理和各级员工的岗位培训，避免类似的情况再发生。

发包方：那么，对于这份费用补偿申请报告的处理应该很清楚了，是由于你们自身问题造成额外费用增加的，故责任自担。根据合同约定："由于承包人原因造成工程不能按期完成阶段目标和按期竣工时，误期超过2个月的，承包人应向发包人支付合同结算价款0.2‰的违约金"。本工程竣工时间比合同约定的时间滞后一个月，我方会遵循合同原则正确执行的。但还有一点要说明，吸声减振降噪施工作业主要集中在空调机房内，相对封闭，并不影响机房外其他各专业施工，这项施工也不在施工计划关键线路上，如果确实发生了工期延误，这部分施工作业也不是造成延误的主要原因。不过这不是本次讨论的话题了。

承包方：感谢贵方理解，我方会处理好这个问题。

评析与启示

机房安装施工进度拖期一个多月，与项目工期延误时间基本一致，承包方担心发包方会追究其责任，采取先发制人的方式，首先提出索赔要求，为自己争取主动，同时也有试探发包方态度之意，应该说是策略之举，只是，承包方既没有弄清事情发生过程的来龙去脉，也没有准确充分的依据，在没有十足把握的情况下，贸然提出自己的索赔申请，反而让自己陷入被动。纵观事件整个过程，发包方处理问题的方式可圈可点。在接到承包方索赔申请报告时，并没有急于和承包方理论，而是与设计单位取得联系，了解前因后果，收集资料，仔细回顾和审查设计变更过程中的每一个细节，找到了机房吸声减振降噪专业施工延误的真正原因是承包方没有及时与设计人员沟通，按时取回设计变更通知单所致，从而掌握了谈判主动。发包方在拿到了与承包方谈判的足够筹码后，才拉开对话的序幕，而此刻，发包方已胸有成竹。在与承包方的交涉中，虽然明确指出了造成损失的责任在于承包方自己，但同时也把合同对工期违约的含义和前提条件向承包方做了进一步阐述，虽未做明确指示也未做具体决定，却在一定程度上，消除了对方的疑虑。发包方在坚持原则的前提下，刚柔并济，处理方法灵活变通，值得发包方人员借鉴。

13 撤销的合同内容没做减项变更，原封不动装进结算资料一眼看穿

案例简述

发包方：某公园管理办公室

承包方：某工程六公司

某工程六公司承建某公园小市政工程，合同承包范围包括室外道路、给水、热力、排水、电力及通信工程。合同价格为280万元，采用固定单价合同形式。结算价为合同价加费用增减账。公园景观绿化工程由一家专业园林绿化公司承包施工。市政工程承包方在施工期间，景观绿化方案在绿化树种及景观效果等方面曾发生过多次修改。后经反复研究才确定采用“低矮灌木树种，满铺草坪地面，沥青路面人行道路”的修改方案。为了让景观效果协调统一，公园管理办公室决定，景观环境中的树种、草坪、道路、地灯均由园林绿化公司负责施工。4个月后，市政工程竣工。工程施工承包方按照合同要求，汇总了各项变更洽商及工程量清单差异等结算资料和结算报告，交监理方和发包方进行审核。

发包方造价人员在审核承包方的结算资料和结算报告时发现了三项不该计入的内容，详见表3-4。

表3-4　分部（分项）工程量清单与计价表

工程名称：某工程一室外工程

项目编码	项目名称	项目特征描述	计量单位	工程量	金额/元		
					综合单价	合价	其中暂估价
道路工程							
010101002001	挖土方	1. 土壤类别：综合土 2. 挖土平均厚度：满足设计及相关规范要求 3. 弃土运距：踏勘现场后自行考虑	m^3	125.75	39.34	4947	

（续）

项目编码	项目名称	项目特征描述	计量单位	工程量	金额/元		
					综合单价	合价	其中暂估价
010306001001	步行道	1. 基础处理:9%石灰土处理，厚25cm 2. 垫层材料种类及厚度:C15混凝土垫层，厚15cm 3. 面层种类及厚度:步道渗水砖(6mm×10mm×20mm) 4. 砂浆强度等级及配合比:1:3水泥砂浆卧底厚3cm	m^2	380.14	202.11	76830.1	
010306002001	路缘石	1. 材质:花岗岩路缘石 2. 规格:12mm×30mm×59.5mm 3. 砂浆强度等级及配合比:1:3水泥砂浆卧底厚2cm	m	360.2	117.11	42183.02	
	分部小计					123960.12	

发包方找来市政工程施工承包方造价人员。

焦点回放

发包方造价人员：你们提交的竣工结算工程量清单里关于室外道路这项内容，我在景观绿化施工单位提交的资料里看到了几乎一模一样的一份。

承包方造价人员：不可能吧！我方投标工程量清单里有这项内容，与你们签订的市政工程合同范围里也包含这部分内容。我方是按照设计图纸施工的，结算资料也是严格按照投标时的分部（分项）清单项目内容和格式整理的。

发包方造价人员：难道你们双方都按照同样的内容各自铺了一遍？

承包方造价人员：那倒不会。他们会不会搞错了，明明是我方合同范围里的工作内容，怎么会冒出了第二家施工？

发包方造价人员：我在你们来之前，去现场走了一圈，特别仔细观察了已经施工完成的人行道路，并没有感觉到异样，说明路面只铺了一层而非两层。而且，我也向景观绿化施工单位了解过，他们也像你们所说，确实是按照设计图纸施工的，不过，在你们的资料里有一项不同，你们描述的步道砖路面，在景观绿化施工单位结算资料里描述的却是沥青路面。

承包方造价人员：施工图设计的就是步道砖路面，我们可以核对图纸。

发包方造价人员：你们在编制结算资料和结算报告时有没有和现场负责施工

的专业人员沟通过？

承包方造价人员：沟通是肯定的，例如对变更洽商的内容就要进行了解和核实，因为每一张变更单都要对应一份清单计价表和工程量综合单价表，没有发生过变更洽商的，就按照投标时的工程量清单内容附上即可。室外道路在施工过程中没办理过变更，你们现在看到的就是我方投标报价时的清单。

发包方造价人员：没有办理过变更洽商单就代表没有发生过变更吗？这两者未必相同。据我了解，在讨论景观绿化方案时，对绿化树种、人行道路面材料就进行过多次讨论，从景观绿化施工单位提供的资料和图纸看，人行道采用沥青路面的描述与现状吻合，而你们在清单中提供的步道砖人行道路面与实际情况不符，这点已经很说明问题了，你们最好向现场施工负责人了解一下。

承包方造价人员马上与施工负责人取得了联系，证实了发包方的推测。

承包方造价人员：室外道路这项内容确实不是我方施工的，发包方组织的景观绿化方案讨论会，我方没有参加，发包方代表在讨论会后的一次监理会上把会议精神、调整方案及施工内容进行了介绍。可能是因为室外道路整项施工内容都划给了景观绿化施工单位负责，与我方施工无关，所以现场施工人员就没那么积极了。通常情况下遇到的都是增项变更，很少碰到减项变更。当时工程正进入收尾阶段，现场需要协调的工作太多，施工管理人员也忘记完善变更手续。我在整理结算资料时，没看到有关室外道路工程的变更洽商单，认为实际施工内容与投标时的内容没有变化，所以把这项内容全部装进去了。这是我方工作的失误。

双方意见达成一致，发包方将承包方结算资料中有关铺设步行道、路缘石和挖土方等相关室外道路工程的内容进行了整项扣减，同时要求承包方补办一份“将合同范围中的室外道路工程施工内容整项扣除，由景观绿化施工单位负责实施”的工程变更洽商单存档备查。

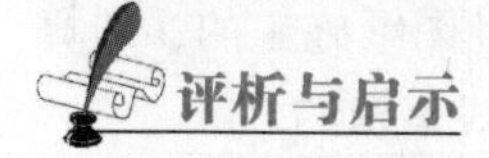

建设工程管理面对的是多角色、多工种、多方面的复杂环境，能否恰当应对工程中出现的每一个问题，则需要积累相当的专业知识和实践经验。但如果重视并认真落实建设工程管理中的每个细节就可能减少失误的产生，也会让项目实施更加顺利。

本案反映了承发包双方在施工管理中的几点疏漏：

发包方项目管理人员在知道了景观绿化方案修改和施工范围调整后，为什么没有及时提醒并催办承包方办理室外道路工程减项变更？而仅限于在监理会上通报和告知。

承包方在监理会上得知原合同范围内的室外道路工程施工内容转给景观绿化施工单位实施，为什么没有交代现场施工管理人员去补办取消室外道路工程整项施工内容的变更洽商?

承包方难道没有想到调整这项合同内容会影响工程结算结果?

承包方在编制工程结算资料时，现场施工负责人为什么没有对所有监理会议纪要进行核对?造价人员为什么没有要求现场施工负责人对工程实施的全部情况进行说明?也没有去现场进行实地考察?

可能还有另一种可能:

承包方知道合同工作内容有了调整，但在只对增项内容进行变更的普遍意识影响下，承包方合同和技术管理人员对办理减项变更缺少概念，而且，对办理让自己利益受损失的变更态度不积极。

承包方认为自己不需要主动办理和自己施工内容无关的变更手续，抱有结算时再说的侥幸心理。

不论上述可能出现的哪种情况，都说明了发包方和承包方在本工程变更洽商签证和现场技术资料管理上存在漏洞，在执行建设工程各项管理程序时不够严谨。值得一提的是本案发包方造价人员，在审核承包方结算资料时所表现出来的专业素质和工作态度。发包方造价人员在审核过程中不放松对过任何疑点的追查，通过对比承包方和景观绿化施工单位提供的资料，发现其中存在矛盾的地方，经过现场实地观察，进一步印证自己的判断。发包方造价人员虽然不是负责专业技术管理的人员，但能够通过细致的观察，分析和判断出事情的本质，在与承包方的交流中，运用幽默的语言，由浅入深、由表及里，一步步引导对方得出结论，细微之处见分晓。在轻松的气氛中统一了认识，化解了矛盾。

作为工程经济管理者应认识到只有不断深入学习，提高专业素质，增强责任心，才能担负起管理好项目资金、控制好工程造价的重任。

14 善意提出修改，相互诚信双赢

案例简述

发包方：某协会管理中心

承包方：某建设集团

某协会综合办公楼工程建筑面积为24000m^2，地下两层，地上10层，功能分区为：首层至五层为大开间一站式服务办公区，六层至十层为领导及工作人员办公室。工程承包方为一家特级施工企业。工程自五月开工以来，一切进展顺利，第二年六月进入机电安装阶段，通风空调专业施工也同步进行。承包方安装公司技术经理在核对暖通施工图时发现空调水系统的设计存在问题，于是，该技术经理向发包方工程师进行了汇报，希望发包方工程师联系设计单位一起协商是否对现有设计系统进行修改，并拿来一份草拟的工程变更洽商单，内容有本系统存在的问题、修改的方案、以及需要拆改的管道工程量和新增材料规格，拆改和增加的费用约2万元。发包方工程师听了承包方的汇报，心中犯起了嘀咕，心想这会不会又是承包方进行索赔的一种方式？因而对承包方办理此变更的目的表示出怀疑。带着这种想法，发包方工程师决定试探一下对方虚实。

焦点回放

发包方：你们主动查图纸、想问题，我方表示感谢。你们提出的这个问题比较专业，我本身是学管理的，对暖通专业不在行，请你先介绍一下。

承包方：本楼空调系统设计为：首层至五层大开间办公区域采用全空气定风量空调系统形式，六层至十层办公室区域采用风机盘管加新风空调系统形式，以温控开关控制运行。我方认为，六层至十层每层空调供回水干管设计有问题，按这个设计运行系统会出现短路。

发包方：不过按一般意义来讲，设计单位各专业设计人员是依据设计规范、我方使用需求书和设计合同进行设计的。本工程空调系统并不特殊，类似工程设计单位做过很多，前几年××工程，同样的功能和系统，也是这家设计单位设计的。使用后，并没有反映系统出现过什么问题。

承包方：××工程的每层空调供回水干管是怎样安装的？原施工图又是怎样设计的？施工中有没有发生过设计变更或工程变更洽商？

发包方：原施工图具体怎样设计，施工中发生过什么情况，我们不是很清楚。

承包方：设计人员遵循设计规范，按照发包方使用需求及合同要求进行设计没错，不过设计图纸中出现与实际不符、细节考虑不周、漏项错项的问题几乎在每个工程中都有发生。

发包方：这个项目设计的空调系统为什么会出现系统短路？

承包方：原图在六至十层空调水系统设计中，将每层空调供、回水干管末端管道连通后设置了一个共用的自动排气阀，设计目的是考虑每层供、回水系统都通过排气阀进行高点排气。但按照"水往低处流"的原理，供水一定会找阻力最小的路径走，实际运行时，必然会有部分供水不流过风机盘管而直接进入回水管，从而造成供、回水短路，影响正常使用。因此，我方建议将供、回水干管在末端完全分开，各自独立设置自动排气阀。需要排气时，通过各自的排气阀进行排气。如果一定要把供、回水干管在末端连通，也要在供、回水干管之间设置一个阀门，平时关闭、调试或检修时再打开使用。这是我方的一个建议，你们可以向设计单位咨询了解，看看这样修改是否合理、妥当。

发包方：你们提议对每层进行修改，从六层至十层共五层，增加拆改费、材料费、人工费将近 2 万元，实在太高了，进行图纸会审时，为什么没有提出来这个问题？如果早发现、早修改，起码能免除拆改费和部分人工费。

承包方：前一段施工中，我方配置的技术力量较弱，发包方在监理会上也多次提到。专业安装开始后，我方在上周更换了技术经理，这些问题就是新上任的技术经理审图时发现的。合同条款对承包人的义务约定"承包人按照设计文件进行施工时，如果依据自身专业知识和经验而判断将会产生质量缺陷，则有义务将情况及时向监理方、发包方报告"。系统短路影响使用，我方觉得有必要把这个问题及时反映给发包方，如果发包方觉得费用太高，想维持原设计，我方明天就按图施工，这样也省去了拆改、买材料的麻烦，节省了时间，施工进度也不至于受到影响。

发包方：我现在联系设计单位，听听他们的意见。

发包方工程师会后与设计单位进行了联系，并把承包方的意见和修改方案转告给暖通专业设计人员。设计人员重新复核后，承认原设计确实存在系统短路的问题，同意承包方提出的修改建议，并对方案做了适当调整，将每层空调供、回水干管道在末端分开，在供水干管末端独立设置了自动排气阀，签办了工程变更洽商通知单。

承包方根据此项变更获得了发包方批准的相关费用补偿，本着友好合作的原则，承包方放弃了延长合同工期的要求。

评析与启示

承包方作为工程建设的主要参与者，对施工过程的索赔处理，经常会出现两种情况，一种情况是，依据自身经验，发现了设计图纸疏漏、错误或存在缺陷的地方，及时提出或提醒监理方和发包方，一方面可以让使用功能更趋合理，另一方面也为自己创造了获利机会；另一种情况则是，只求自身利益最大化或只图施工方便，有意制造变更从中获利。能否正确判断出承包方提出的索赔属于哪种情况，除了应具备扎实的专业知识和丰富的实践经验以外，还要具有一个良好包容的心态。

工程建设中的发包方，更为关心的是工期和质量问题，发包方本着少花钱多办事的原则，希望用尽量少的成本，在满足合同质量标准的前提下尽早让工程竣工投入使用。而作为施工企业的承包方，则更关注成本和收益问题，希望通过较小的投入争取到更多的利润，并把这一点作为施工管理的重点。双方相互制约的意识决定了发包方和承包方之间必然存在着一定的利益冲突，但这并不等于说两者就完全是对立的关系。很多实际工程证明，发包方和承包方之间应该是一种伙伴或者团队关系。因为保证项目顺利完成是双方共同利益所求。首先，对发包方而言，工程越早投入使用，就能越早收益；对承包方而言，顺利完成项目不仅可以尽快得到工程结算款，还能积累经验、提高声誉、培养人才，为开拓市场打下基础。因此，为了共同的目标，双方应求同存异，相互支持、相互配合、相互谅解，友好解决纠纷，而不是相互猜疑、互不信任，甚至剑拔弩张，让双方关系陷入僵局，这样既于事无补，也会给工程带来不利影响，最终让项目无法顺利实施。

承包方在施工过程中利用各种时机制造索赔机会，属于正常现象，这当中确实也存在无中生有、弄虚作假编造材料进行索赔的现象，但发包方在鉴别真伪的过程中，要以良好的心态、科学的态度对待承包方提出的每一个索赔问题，特别是有关工程可能存在技术和质量缺陷的索赔问题，更不能凭主观臆断，在不懂专业的情况下，乱下结论。承包方也要认识到获利不能以损人为基础，遵守规则、实事求是、合理索赔才是经营之本。双方如果能在工作中相互信任、友好协商，互利合作，“双赢”就有可能实现。

15

总包与分包之间的合同关系与变更管理关系

案例简述

发包方：某投资公司

总承包方：某工程公司

分包方：某消防工程公司

某投资公司开发的××商厦工程由某工程公司承包施工。双方签订了施工合同，合同对总承包人的义务规定："总承包人对现场各分包的协调管理、服务配合、工程质量、进度、安全等工作负有全面责任"。该项目实施到机电安装阶段，总承包方通过招标确定了某消防工程公司为消防工程施工分包单位。在双方订立的分包合同中约定："分包人必须服从总承包人的现场管理，分包工程的施工质量应满足总承包施工合同的工程质量要求"。

消防分包方按施工图进行各层消火栓管道和消火栓箱施工时，发包方工程师现场检查发现各层安装在靠墙边位置的十几个明装消火栓箱过于突出，很不美观，影响了整体装修效果，提议改为半暗装形式。消防分包方询问进行修改需要办理的手续和费用方面的问题时，发包方工程师向其说明需要施工方先拟写一份工程变更洽商，再请设计方、监理方和发包方相关专业负责人签认。同时表示会事先和设计单位沟通说明。并提出，由于消火栓箱改为半暗装形式，需要剔凿部分墙体，为不影响整体安装进度，消防分包方可以一边进行施工，一边补办洽商。之后，发包方工程师将情况和设计单位进行了解释，设计方经过复核认为变更可行，于是，消防分包方按照发包方要求对消火栓箱进行了重新安装，并拟好了工程变更洽商单，分别请设计方、监理方、发包方负责人进行了签认。但在消防分包方向总承包方申请工程进度款时，总承包方却拒绝了向其支付消火栓箱变更工程款的申请。原因是分包方没有资格单方面办理工程洽商和工程量变更。消防分包方提出工程变更洽商单已经过设计方、监理方和发包方工程师签认，后面还附有一张经审计方签字的工程量变更确认单，完全能够证明实际发生的情况。总承包方则回应，几方的签认是符合程序要求的，但并不能说明凭此工程量变更确认单就可以支付消防分包方变更工程款。消防分包方急忙找到发包方工程师讨要说法，但该工程师说，发包方只与总承包方有合同关系，与分包方没有合同关系，工程变更洽商的签发也是针对总承包方的，变更款也会直接支付给总承包方，至于总承包方如何付款给分包方应遵循总承包方和分包方之间的合同约定，与发包方无关。消防分包方再次找到总承包方理论，为此，双方发生激烈争吵。

焦点回放

分包方：消火栓箱由明装改为半暗装，我们和总承包方安装经理打过招呼，当时也没有人提出所办理的这份工程变更洽商单不能支付变更款的问题，而且，我们询问了发包方工程师，现场修改和发生的工程量需要完善的手续就是办理一份几方签署的技术变更洽商单和现场发生的工程量确认单。现在手续齐全，内容属实，总承包方拒不支付变更款是毫无道理的。

总承包方：消防工程由你们分包施工，发包方在现场提出的修改意见也是针对你们的施工而言，具体方案和实施也是你们与发包方商定的，你们办理工程变更洽商既没有把详细情况向我方汇报，征得我方同意，也没有向我方了解办理变更洽商需要双方完善的手续，更没有把有关资料报送给我方审查。你们单方面办理了工程变更洽商单，我方并不清楚这份变更的来龙去脉，当然不能支付。

分包方：改变消火栓箱安装形式，我方向你们的安装经理介绍过情况，你们应该是知道的，我方在申请工程进度款的报告中也详细说明了过程情况，并提供了有关资料。

总承包方：并不是说申请付款时附上一纸说明和有关资料就可以理所当然地申请到变更款，我们在合同中约定："分包人必须服从总承包人的现场管理，分包工程的施工质量应满足总承包施工合同的工程质量要求"。你们对原设计进行了现场变更，虽然就消防分包工程而言是合理的，但这种改变对其他工种施工的计划、安排有没有影响，会不会打乱施工整体部署，都需要我方综合评估和协调，否则，工程施工总承包合同中要求"总承包人对现场各分包的协调管理、服务配合、工程质量、进度、安全等工作负有全面责任"又如何执行？

分包方：总承包合同和分包合同都有这方面的约定。我方是在总承包领导和管理下的分包施工，在这项变更修改过程中，我方与总承包方沟通情况时，汇报不够详细，在没有了解清楚办理变更需要双方完善哪些手续的情况下急于施工，这是我方的工作失误。不过反过来讲，对有些该做而没做的事情，总承包方是不是也应该事先提醒一下我们。

总承包方：工程变更洽商是你们直接找设计方、监理方、发包方签认的，并未通知我方，除了你们和我方安装经理打过几次招呼以外，其他情况我方并不知晓。怎么提醒你们？现在你们提出变更款申请已超过了28天期限，按合同规定，申请无效。

分包方：我方在细节考虑上确实不够周全，做法欠妥，但这并非我方有意而为，确实是我方对程序不太了解，管理不够完善而造成。不过，现场修改真实存在，我方可以按照总承包方的管理要求，补齐资料，完善手续，全力配合，希望总承包方给予理解和支持。

事后，总承包方从大局着想，让消防分包方重新拟定了一份工程变更洽商单，在施工方一栏中，总承包方和消防分包方均进行了签署。总承包方在消防分包方下一个月的进度款中支付了变更款，并根据变更内容，办理了一份剔凿墙体的土建工程变更洽商单，作为其增加工程量和调整价款的依据。

评析与启示

本案讲述的是关于发包方和总承包方、总承包方和分包方之间合同及管理关系如何处理的问题，本案施工总承包合同规定总承包方全面负责各分包方现场质量、进度、安全管理，即总承包方负有对分包方的管理责任，而总承包方与分包方的合同中也明确了分包方必须服从总承包方管理的规定，分包方的一切施工活动都应在总承包方全面管理下进行，分包方在施工中的每一项变更都有可能对参与工程的其他施工方和分包方产生影响，因此应首先通知总承包方，由总承包方综合考虑各方面的影响，组织协调各施工分包方进行调整。只有存在合同关系的双方，当施工中发生变更时，才会存在费用往来的关系。就本案来说，消防分包方在施工中发生变更产生的费用只能由和自己有合同关系的总承包方来支付。虽然发包方根据现场管理需要可以要求分包方进行变更，但手续上，分包方要经过总承包方同意和签认工程变更洽商单才能获得工程变更款，即使这笔款项是从发包方那里发出来的。正是由于消防分包方没有搞清楚这个逻辑关系，才出现了本案的情况。分包单位办理现场工程变更流程关系图如图3-6所示。

本案发包方在向消防分包方解释办理工程变更洽商程序时，如果能够提醒消防分包方找总承包方完善手续的话，或者如果总承包方安装经理在听到消防分包方的“招呼”时，追加一句“找承包方专业负责人签认”的话，就有可能避免消防分包方申请工程进度款时遇到的麻烦。

通过本案，作为分包方应该吸取的教训是：首先应熟悉和正确理解合同各项条款和合同双方的权利义务，以及合同对施工过程中可能出现的各种情况和工程变更处理方式的约定。当问题出现时，弄清自己该对谁负责，该找谁办手续，谁为自己付款等管理主从和责任关系，就会少付出一些代价。

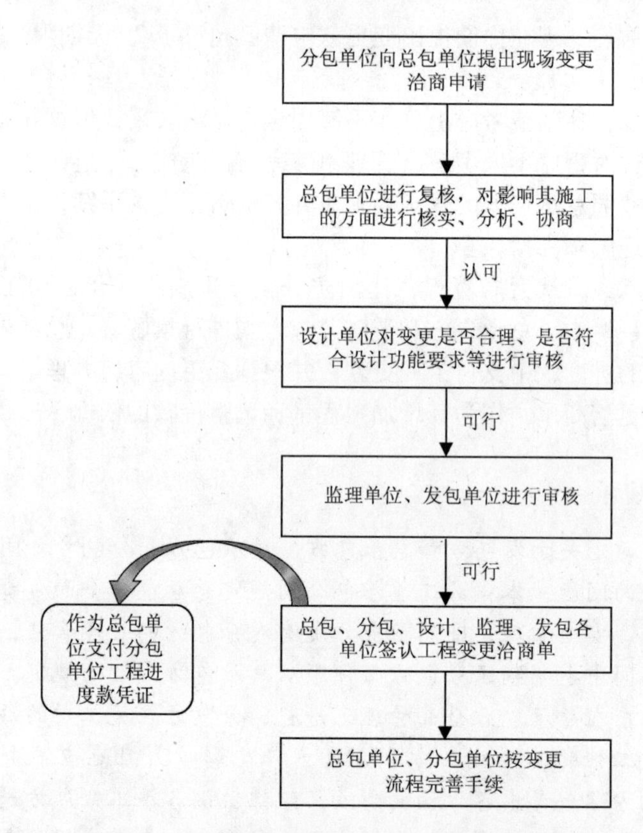

图 3-6　分包单位办理现场工程变更流程关系图

16

合同理解严重偏差，随意“平均”自食其果

案例简述

总承包方：某国际工程承包公司

分包方：某水电集团第一工程公司

某省水电站工程由某国际工程承包公司承担施工。该工程隧道挖掘部分由我国某水电集团第一工程公司分包施工。在总承包方与分包方签订的合同中规定：隧道挖掘中，在设计挖方基线以外 45cm 以内的超挖工程量由总承包方负责，45cm 以外的超挖工程量和由此产生的回填混凝土费用由分包方承担，价格按 320 元/m^3（人民币）收取。

由于工程地质条件比较复杂，工期紧，分包方在施工中对超挖控制管理不严，出现了多处超挖 45cm 以外的情况，当分包方向总承包方提交了超挖 45cm 以外 7980m^3工程量，并要求总承包方签认时，总承包方提出其计算量有误，不予承认。认为按照合同规定计算，实际超挖工程量应为 12634m^3。按照总承包方的计算值，分包方需多支出 148 万余元。双方的纠纷陷入僵局。

焦点回放

分包方：合同关于超挖责任承担约定“……在设计挖方基线以外 45cm 以外的超挖工程量和由此产生的回填混凝土费用由分包方承担……”这个超挖量应该指的是 45cm 以外的超挖量，扣除大于设计基线而小于 45cm 以内超挖量以后剩余的超挖量。即通常意义所说的平均“45cm”的意思。只要全部超挖量在平均 45cm 以内，这部分超挖的工程量就应由总承包方承担。目前，我国已完和在施的水电工程，都是这样理解和解释的。

总承包方：合同解释得很清楚，条款中对超挖界线的划分没有“平均”的概念，不能随意理解和想象，必须严格按照合同执行，按实际发生量计算。以当前材料价格的涨幅，合同中约定的超挖部分回填混凝土按 320 元/m^3（人民币）收费的价格过低，这是我方制订合同条款时的一个失误。

分包方：对于我国从事这类工程的施工企业，这样的理解和解释是惯例，如果贵方是我国公司，这种理解是可以被接受的。

总承包方：这点不否认，也许会有这种可能。但并不能说明这种理解和解释是正确的。

事后，分包方只能按照合同规定，对超挖工程量重新计算，并最终认可了总承包方的计算量，给自己留下了损失140多万元的深刻教训。

评析与启示

究其本案分包方对合同理解出现严重偏差的原因，并不是我国工程管理人员对文字的理解出现了问题，也不是对合同条款的含义解释不清，而是大多数建筑施工企业多年养成的按惯例办事、不认真研究合同每项条款确切含义的管理思维所致。而本案总承包方，虽然是一家国外工程公司，却对合同中每项条款的理解既到位又准确，其严谨的工作态度令人佩服。

按工程含义解释，“超挖”是指超过设计基线以外的挖掘，很多是不必要的，之所以要约定一定范围内的超挖限量，是因为隧道施工受当今挖掘技术手段所限，需要考虑一部分因技术达不到，又非有意而造成的额外挖掘量。出现超挖就需要回填，超挖越多，回填越多，而这些工程量均属于设计图纸要求以外的内容，应越少越好，必然也是总承包方严格控制的工程量。

合同语言采用的是简洁规范性语言，就本案而言，有些人会认为合同条款不够详细具体，甚至模糊，在具体操作和执行上容易引起麻烦和争议。事实上，作为法律用语的合同语言并不会造成实际操作时的麻烦和争议，而是我国施工企业的工程管理人员合同法律意识淡薄，缺少对合同效力的足够重视，与国际先进的建设管理理念存在较大差距。例如国内施工合同对工程范围的描述通常概括为“包括主体结构工程、建筑装饰装修工程、采暖通风与空调工程……等”，这个“等”字具体包括了哪些工程范围和工作内容，就只能凭借想象了。而没有界定清楚、模糊宽泛的合同用语恰恰是引起各类工程纠纷的始作俑者。因此，使用措辞准确、规范严谨、内容清晰的合同用语，不仅是保证工程顺利实施的重要条件，也是每个工程管理人员应该具备的基本素养。众多的工程经验教训告诉我们，这个细节不容忽视。

我国的建筑施工企业要想走出去，与国际大企业同台竞争，就必须学习和掌握国际市场先进的管理理念，摈弃以往延续多年的陈旧观念，注重每一个管理细节并狠抓落实，才能增强自身竞争力，逐步缩小与国际大企业之间的水平差距，在不断的经验积累中，厚积薄发，迎头赶上。

17

现场踏勘失误，合同漏洞成转机

案例简述

业主方：某水电局管理处

承包方：某建设工程公司

某山区水电枢纽站工程由某建设工程公司承包施工，合同价 9150 万元。承包方签订合同一周后，即组织管理及测量人员进场，开始了施工前的准备工作。

承包方测量人员经现场测量发现，设计图纸和发包方提供的资料中显示，水电站所在位置的实际高程和生活区所在位置的实际高程相差了 12m，而图纸和资料所示高程为 248m 的生活区，现状是一座小山头，山顶实际高程为 260m，根据初步估算，要将这片区域平整到 248m 高程，土方开挖量将比原投标土方开挖量多出近 10 万 m^3，增加费用 300 多万元。当时，投标踏勘现场当天，由于通往工程现场的道路不通，所有投标商都没能看到现场的实际情况，只是隔江眺望观察了一番地形地貌，就根据观察的情况进行了投标报价，并在投标书中明确表示"对现场踏勘结果及发包方提供的资料没有异议"。

能否改变还没开工，就先亏损的局面？承包方项目部组织技术、合同、造价等相关人员展开讨论，集思广益，制定对策。

焦点回放

A 人员：投标书中写明了"对现场踏勘结果及发包方提供的资料没有异义"，如果现在向发包方提出高程的问题，最大的可能是碰一鼻子灰。

B 管理人员：要是把生活区所在位置的高程提高 5～6m，就可以少一些土方开挖量，减少些损失。

C 人员：照此说法，如果把生活区所在位置的高程提高 12m，都不需要挖土方了，这个办法不现实。

B 人员：提高生活区所在位置的高程是减少了建筑面积，但如果把单层建筑改为两层建筑还可以节省建筑用地面积呢！

D 人员：山区这样的地质条件，不可能建造多层建筑物。

E 人员：还是应从发包方这方面想想办法。

A 人员：发包方提供的地形图对各地块都标注有高程，设计施工图上也标注了设计高程，我们也进行了现场踏勘，并在投标书中明确表示对图纸、资料和现场情况无异义。我看问题还是出在咱们自己身上，有关人员没能仔细对照图纸和资料，认真踏勘现场，计算出准确的生活区土方量和土方开挖费用。

E 人员：招标文件工程量清单里有没有体现实际高程的生活区土方开挖量和费用?

A 人员：招标文件要求投标人通过踏勘现场，了解并考虑所有对工程实施可能产生影响的环境因素，以措施费的形式计入投标报价中。这个措施费。当然也包括对生活区周边范围产生影响的措施费。

E 人员：招标文件确实是这样要求的。但实际情况是，一个项目场地生活区出现了两个高程，一个是现场高程 260m，一个是施工图设计高程 248m，按照合同约定，发包方应该向承包方提供“三通一平”施工条件，也就是说，发包方应该向我方提供高程 248m 的施工场地才对，这是合同对发包方义务的规定。

项目经理：E 的分析很有启发，我们现在就分头着手做两件事情，一是让造价人员去查看招标工程量清单中是否有将高程 260m 平整到高程 248m 的土方量，二是准备要求发包方提供高程 248m 生活区施工场地的相关资料，如果能争取到这个结果，我们就扭亏为赢了。

A 人员：发包方不会那么轻易答应。

项目经理：我认为有转机的可能，不过，为顺利达到目的，这次要认真研究合同和招标文件，核查招标工程量清单中的每一项，收集资料，做好充分的准备，不能再像踏勘现场一样隔江观望，只知道个大概，一定要深入分析，把握好对我方有利的条件。

会后，承包方造价人员和管理人员分别对合同文件、招标文件、工程量清单重新进行了研究，发现招标工程量清单中没有计算从高程 260m 平整到高程 248m 的土方量。在准备好一切资料后，承包方拟好一份情况说明函和工程变更洽商，在情况说明函中提出发包方未按设计图纸要求提供 248m 高程生活区的施工场地，请求发包方尽快安排，并提出，为提高效率，保证工程顺利实施，建议发包方以工程变更洽商形式委托承包方执行。

发包方收到这份说明后，立即召集承包方有关人员进行协商。

发包方：有关生活区高程的情况说明我方看到了。你们可能对招标文件的理解有误，投标期间，你们踏勘了现场，虽然由于道路不通，没能到达项目所在位置，但通过隔江眺望和事后分析，也能判断出水电站所在位置和生活区所在位置的高程差，而且山顶上也不可能有那么大的面积同时满足建设水电站和建设生活区。再说，这个问题为什么没有在投标答疑阶段提出来？而且我方在招标文件中也明确要求投标人通过踏勘现场，了解并考虑所有对工程实施可能产生影响的环境因素，以措施费的形式计入投标报价中。这类未知的风险，你们应考虑在报价中，但因为你们在踏勘现场时没有认真考察，没能全面翔实了解现场及其周围的各种情况，造成报价遗漏，只能风险自担。

承包方：提供满足施工条件的“三通一平”施工场地是发包方的义务，设计图纸标注的生活区所在位置的高程为248m，而现场是260m，发包方当然要将260m平整到248m后再提供给我方，而不是把现在这个山头交给我们。我方按照招标文件要求对工程措施费进行了报价，但并不包括像平整场地这类应由发包方完成的内容。

发包方：既然招标文件要求投标人应考虑所有影响施工的因素，以措施费形式计入在投标报价中，这12m高差所包含的平整场地和土方开挖费用当然应该包括在里面。

承包方：但是招标文件中并没有说明措施费应包括平整12m高差所要开挖土方的费用，招标工程量清单中也没有计算这部分土方量和相关费用。既没有说明，也没有清单量，这意味着该部分工作非我方工作内容，而平整场地属于“三通一平”的内容，应由发包方负责。

发包方：我方没有在招标工程量清单中体现，是因为招标阶段无法准确测定高差值和山体土方量，这项工作只能依靠专业测量仪器和专业测量人员才能完成，这只能通过踏勘现场或进场施工才有可能实施。因此，我方在招标文件中特别提出了投标人应考虑一切影响因素及由此产生的措施费要求，就是要提醒投标人必须认真踏勘现场，最大限度考虑一切可能存在的风险，计入报价中，而你们却忽略了这一点，这是你们的工作失误。

承包方：我们在投标阶段的工作确实存在失误，但是发包方在招标文件中，对这方面要求的意思表达也存在缺陷，虽然你们不能准确计算出平整高差需要开挖的土方量，没能体现在招标工程量清单中，但应该把实际情况在招标文件中清楚明了地进行说明，以提醒投标人特别注意。

发包方：我们双方的工作都有需要改进的地方。

承包方：确实需要改进。但是我方今天提出的要求合情合理，也是符合合同约定的。发包方向承包方提供“三通一平”施工场地也是建设工程法律、法规的规定。而且，如果由我方来实施，增加了招标工程量清单中没有的工程量，也是要办理变更手续的。

发包方：目前当务之急是做好工程开工前的准备工作，不要因小失大。你们找监理方一同确认一下平整土地和土方开挖的实际工程量，办理一份工程变更洽商和工程量现场签证。

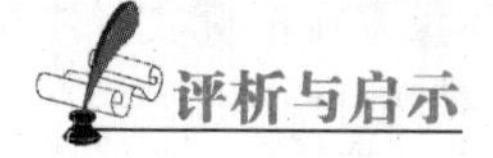

评析与启示

本案承包方在进行现场踏勘时，因为条件所限，没能考察清楚项目场址的地形地貌和现状高程，投标报价时漏掉了平整两个高程之差所需要的土方开挖费用和相应措施费，这在很多承包商看来肯定要亏损的费用，却在本案承包商的努力下，将其成功转嫁到发包方身上，实现了扭亏为盈。而承包商仅仅抓住的正是建设工程法律、法规规定的关于发包方有义务提供满足施工条件的“三通一平”施工场地这一关键点，利用对方的缺陷弥补了自身的疏漏，从而赢得了机会。

反观发包方，虽然可能早已发现了场地现状，也意识到现场存在的两个高程会带来土方量的极大不确定性，并在编制招标文件和工程量清单时，想通过承包方踏勘现场，掌握场地周边环境情况，将所有影响因素以措施费形式计入在投标报价中，以此来规避风险，但却没有把风险源和现状实际情况，全面完整地提示给承包方，难免不让人怀疑发包方存在有意回避之嫌。同时，由于发包方不具备专业测量条件而无法准确计算出两个高程之差和开挖的土方量，因此在招标工程量清单中没有统计这部分工程量，这实际上已经为承包方日后追索招标清单量漏项埋下了伏笔。而发包方在制订的招标文件和与承包方签订的施工合同中均没有为自己约定保护性条款，不得不说这一重要细节的遗漏是一个不应该的失误。当然可能还有另一种情况，发包方根本就没注意到设计高程和现状高程的高差，只是按照通常做法，对不确定发生的工程量和风险一律让承包方以某种费用形式自行承担，如果确实如此，这种缺少全面考虑，思维固化的做法很容易让富有经验的承包方抓住漏洞也就不足为奇了。

有一点需要指出，承包方在现场踏勘时没有到达工程所在位置，只通过隔江眺望就认定了现场情况，做投标书时又没有仔细核对设计图纸和发包方提供的地形资料，导致没能发现地形高差和土方量变化，造成土方报价出现较大失误，这一点暴露了承包方做事不认真、工作不细致的管理问题，应引以为戒。

本案承包方抓住发包方的管理漏洞，最终让自己扭亏为盈，从中可以得到一个启示：抓住一个有利的时机和避免一次不应该的失误，就有可能争取到更好的转机，向希望的目标前进一步。

18

投标文件做出施工质量保证，并非理应承担一切质量责任

案例简述

发包方：某工程筹建处

承包方：某第六建筑工程公司

某工程筹建处开发五栋住宅楼工程，在项目施工图设计中，建筑物内隔墙采用的是一种新型材料制作的建筑墙体。工程采用公开招标，共有七家投标人参与竞标，其中，某第六建筑工程公司在投标文件技术标书中介绍，该公司曾有多年施工此类新型材料建筑墙体的经验，如果墙体材料质量过关，经该公司施工后的墙体表面可保证两年内不开裂。最终，某第六建筑工程公司以技术标、经济标综合评分第一而中标。发包方与承包方签订的施工合同规定，施工承包范围包括工程全部内容，并明确隔墙材料厂家由发包方确定。工程在一年后顺利交工，但在工程交付使用第16个月时，物业管理单位接到住户反映隔墙表面出现大面积裂缝的问题。物业管理单位向承包方反馈后，承包方马上组织施工维修人员，拟定技术方案，购买材料，采取措施，很快进行了修复处理。一个星期后，承包方准备了一份修复隔墙表面开裂的费用变更，要求发包方予以补偿。

发包方收到这份变更申请后，并没有同意承包方的要求。双方由此展开争论。

焦点回放

承包方：隔墙材料厂家是发包方确定的，合同是你们和厂家签的。我方照图施工，各个环节都经过了监理方的检查验收，完全符合施工验收规范要求，现在发生的隔墙墙面开裂应该是墙体材料质量问题，不是我方责任。

发包方：考察和评标确定隔墙材料厂家的过程，承包方全程参与了。自始至终都没有提出任何问题和不同意见，而且墙面大部分裂缝都位于墙体接缝处，这更像是施工接缝的质量问题，而不是墙体材料的质量问题。而且，你们在投标文件中说明“曾有多年施工此类新型材料建筑墙体的经验”，并保证“经该公司施

工后的墙体表面两年内不开裂”。现在竣工 16 个月，工程仍在保修期内，出现这样的问题，当然应由你们负责修复和承担发生的费用。

承包方：若保修期内出现问题我方有责任进行修复，但并等于所有费用都应由我方承担，例如隔墙材料，是由发包方选定厂家并与厂家有合同关系的这种情况，如果出现问题，我方可以代为修复，但是费用应由发包方承担。虽然隔墙表面出现的大部分裂缝位于墙体接缝处，但并不能说明一定是施工接缝的质量问题，而不是墙体材料的质量问题。正如我们在投标书中提到的，我方有施工这类隔墙的多年经验，隔墙之间的接缝处理，我方是严格按照技术方案进行施工的，这个方案也是经过隔墙材料厂家、设计方、监理方审核通过的。施工接缝不存在问题，这点我方已做过检测，隔墙材料厂家也认可我方的检测结果。出现裂缝的根本原因是厂家提供的部分隔墙预制板存在质量缺陷，例如应力不足或不均。我方已拿到第三方建筑材料检测机构的检测结果，这是检测报告。发包方应该追究厂家提供有质量问题隔墙材料的责任，补偿我方为修复裂缝支出的费用。

发包方：但是你们在投标书中做出过“施工后的墙体表面可保证两年内不开裂”的保证，我方理解，你们具有施工此类隔墙的经验，在隔墙出现任何问题的情况下，都可以通过你们的经验进行处理，达到施工后的墙体表面两年内不开裂。否则，也不会作出保证了。

承包方：这个理解恐怕有失偏颇。请再仔细回顾一下我方在投标书中说明的这句话：“我公司曾有多年施工此类新型材料建筑墙体的经验，如果墙体材料质量过关，经我公司施工后的墙体表面可保证两年内不开裂”。在墙体原材料质量过关的前提下，我方可以百分之百做到“施工后的墙体表面两年内不开裂”。但是如果墙体原材料质量本身有问题，墙体材料厂家又与我方没有合同关系，不在我方受控范围内，就很难保证这些有质量问题的隔墙表面不开裂，但我方可以保证属于我方义务范围内的隔墙施工质量不出问题。

发包方在仔细研究了招标文件、承包方投标文件、隔墙材料相关资料和检测报告后，最终同意了承包方关于补偿修复墙面裂缝费用的申请。

评析与启示

本案承包方在投标文件技术标书中敢于做出“施工后的墙体表面两年内不开裂”的保证，一方面，说明其确实具有施工该种新型材料建筑墙体的施工经验，另一方面，说明承包方希望通过这个保证能够在投标竞争中占得先机，获得中标机会，承接到这个项目。承包方做出这个承诺保证实为一个冒险之举，但凭着多年的投标和施工经验，在做出保证之时，也为规避风险给自己留好了余地。“如果墙体材料质量过关，经我公司……”，反之理解，即表达了如果墙体材料质量不过关，则有可能无法保证墙体表面两年内不开裂的含义。而本案隔墙材料厂家由发包方确定，对于承包方而言，不可控的因素太多，这句话的含义排除了一旦墙体材料质量出现问题造成墙面开裂，让承包方陷于和隔墙材料厂家纠缠不清遭受损失的境地，也因为这句话，让发包方最后同意了承包方提出的补偿修复墙面裂缝费用的申请。

但承包方在整个事件处理过程中并非不存在问题，虽然隔墙材料厂家是发包方选定的，但考察厂家和确定厂家的过程，承包方都是全程参与，其间却没有提出任何疑义，更关键的是，在施工隔墙时，承包方是否已察觉到墙体材料存在质量问题，或者已露出质量问题端倪，但没有将问题及时反馈给监理方和发包方，或者请第三方检测机构进行检验，导致工程交付使用一年多以后，质量缺陷不断扩大，直至出现大面积裂缝，需要较多人力和费用进行修复，对住户使用也产生较大影响。如果承包方能及早发现苗头，采取措施处理，也许就能避免本案事件最后结果的发生。重视细节能变成竞争优势，但如果不能成为提高工程质量、保证施工工期、控制工程造价和防患于未然的有效手段，就可能变成起反作用的竞争劣势。

如何能在激烈的竞争中取胜，是每个企业每天要面临的重要思考。当追求细节完美成为一种企业精神和工作常态，同时把每个细节力求做到极致，就是一个企业强于对手竞争力之时。一个百分之一的细节优势就可能决定了百分之百的选择结果，并成为竞争中的决定性因素。

19

供货期间市场价格上涨，能否调整遵循合同约定

案例简述

发包方：某科研院筹建办

承包方：某安装公司

某科研院新建留学生公寓生活给水管道设计为不锈钢管材。发包方和承包方通过共同招标确定了管材供货商。按照施工合同约定，采购合同由承包方与供货商之间订立，并由承包方负责安装。第二年1月底，承包方与供货商订立合同。合同中对付款方式是这样约定的：

“供货期为合同订立之日起50日历天，合同订立10日内，支付货款20%的预付款。××年3月5日供货至全部货物的50%，经交验合格，支付全部货款的70%，剩余50%货物在交货期规定日期止全部供齐。待系统调试验收合格后付至全部货款的95%，剩余5%尾款待质保期满履行完相关手续后10日内付清。”

到了××年3月5日，首批不锈钢管材并未进场，发包方向承包方询问缘由，承包方称是由于春节刚过，大批安装工人没有返城，队伍不稳定，管道安装计划只得延后，影响了管材到货时间所致。直至4月10日，第一批不锈钢管材才陆续进场。此时，不锈钢管材价格受国际钢材价格影响持续攀升，已经由签订合同时的26000元/t涨到了40000元/t，涨幅50%以上。

4月26日，承包方拟定了一份调整不锈钢管材价格的申请报告提交给发包方，内容为：

“……因钢材市场价格波动，目前不锈钢管材价格已由签订合同时的26000元/t涨到40000元/t，由于涨幅过大，仍然按照原合同价格供应第二批不锈钢管材，供货商表示难以执行，我方请求发包方批准在合同价基础上统一上浮30%”。

针对承包方提出的调整不锈钢管材价格的申请，发包方进行了交涉。

焦点回放

承包方：钢材价格行情波动是市场行为，我方无法控制，我方也和供货商协商过多次，均被告知，再按照原合同价格供货难以执行，这将严重影响管道安装计划的顺利实施。现在能够让供货商尽快供货的唯一办法就只有提价了，请发包方理解和支持。

发包方：目前，不锈钢管材价格大幅上涨的情况是事实。但是，我方还想进一步了解些情况。你们与供货商签订的供货合同约定了预付款或者定金了吗？到现在为止，是否已按照合同要求进行了支付？

承包方：合同约定了预付款，为全部货款的 20%。已经如数支付给了供货商。

发包方：那说明你们与供货商签订的合同已经生效。既然已经生效，双方就应该严格按照合同执行。第一批不锈钢管材货款是否已付给供货商了？按照什么价格支付的？

承包方：第一批不锈钢管材一到现场，我方就准备好资料，请监理方进行了验收，验收合格之后的第三天，我方就按照合同约定的价格给供货商打款了。如果不及时付款就会影响第二批管材到货，安装就要受到影响。

发包方：你们按照合同约定的期限和价格支付了货款，供货商也按照合同约定送来了第一批管材，合同已经履行完成了 50%。现在中途提出调整价格，要上浮 30%，是否不合常理？

承包方：合同约定的供货期和付款方式都是在双方协商的基础上签订的，执行过程也比较顺利，主要是因为春节过后，安装工人不能及时到位，我方的安装计划只得延后，原合同约定的第一批不锈钢管材进场时间也推迟了将近一个月，这期间钢材市场价格大幅上涨，所以，供货商才向我方提出了上调不锈钢管材价格的要求。根据二月到四月当期造价信息以及市场询价情况，不锈钢管材价格至少涨幅 40% ~50%，我方提出上浮 30% 的请求，已经做出了很大让步。

发包方：你们的供货计划改变是什么时候告诉供货商的？

承包方：二月底。那时供货商已经完成 80% 的不锈钢管材生产。推迟送货造成供货商压库，供货商勉强同意送来第一批不锈钢管材以后，就提出了涨价要求。

发包方：推迟送货会造成压库情况。从你们刚才介绍的情况看，供货商在 2 月份就已经完成 80% 的管材生产，这期间所进货的不锈钢管材原料价格应该是按照合同价格计算的吧？

承包方：是按照合同价格进料的。

发包方：虽然推迟进货造成供货商压库，但充其量只是占用库房的时间长了些。进料和加工生产时的价格并不会变，最多增加了货物存放和成品保护的费用，这个费用不会超过货款的5%，是不是这种情况？

承包方：不会有这么高的保存费。

发包方：你们双方在签订的供货合同中有没有约定可以根据市场行情调整不锈钢管材价格的条款，调整的比例是多少？

承包方：没有约定这样的条款，付款只有四个阶段，即：预付款、第一批到货款、全部到货款，以及质保期满后的5%尾款。

发包方：就是说合同履行期间，有关不锈钢管材价格上涨等市场风险，供货商应自己承担。

承包方：应该这样理解，风险已经包含在货款中。

发包方：既然合同中没有约定调整不锈钢管材价格的相应条款，这个价格是不能调整的。事实上，合同已履行完大部分内容，除非有合同以外的内容发生，否则就应按照合同条款继续履行直至全部完成，而不是现在提出调整价格等改变实质性合同条款的要求。导致供货商压库是由于你们现场施工组织计划和劳动力计划安排不合理造成，有关费用补偿的问题应该由你们和供货商一起来解决。目前看，压库时间并不长，占用和保存的费用也不多，我方认为，这个问题通过友好协商，是不难解决的。

承包方最终默认了发包方拒绝调整不锈钢管材价格的决定。

评析与启示

本案承包方想借不锈钢管材市场价格大幅暴涨的机会向发包方提出调整不锈钢管材合同价的要求，从中获利，却因为合同条款的约定和部分合同内容已履行的事实让申请上浮不锈钢管材价格的依据不能自圆其说，被发包方发现破绽而不攻自破。

破绽一：截止四月底，不锈钢管材价格已从签订合同时的26000元/t涨到40000元/t，涨幅超过50%。而承包方送交给发包方的申请报告中却只提出在合同价基础上上浮30%的要求。难道20%多的差价，承包方自愿放弃或自己承担吗？

破绽二：第一批不锈钢管材于4月10日进场，承包方按合同价支付了供货商货款。此时，不锈钢管材价格已经涨幅超过了50%，如果是供货商提出的涨价要求，那么在第一批不锈钢管材送货前，双方就会发生摩擦，甚至产生供货和付款纠纷，使合同无法继续执行，这种情况下，承包方不可能等到4月20多号才提出调整价格的申请。实际情况是，供货商已按照合同价格进料加工，将全部不锈钢管材生产完成，暂放在仓库内，等待承包方的通知，安排送货。而不像承包方在申请报告中所描述的“由于涨幅过大，仍然按照原合同价格供应第二批不锈钢管材，供货商表示难以执行”。由此可见，承包方所持的供货商难以继续履行合同的理由显然自相矛盾。

破绽三：承包方与供货商签订的供货合同中，没有可以调整不锈钢管材价格的条款和约定，这类合同属于固定总价合同。供货商自己承担材料涨价风险，而供货商在投标时也会把这些风险计算在货物总价中。对于采购供货合同，通常都采用这种形式。因此，当承包方告诉发包方，合同约定的付款方式只有四次付款，再无其他款项时，发包方就已经明白承包方这份调整价格的申请报告站不住脚了。

破绽四：承包方提到给供货商造成货物压库的问题使发包方立刻意识到压库即存货，恰好说明这些存货是供货商按照某种可以接受的价格进料并加工完成后存放在库房里的。而这个可以接受的价格绝不会是承包方在报告中提到的比合同价格高出50%以上的市场涨幅价格，也不会是承包方申请上浮30%的价格，只能是合同价格。那么也就不存在供货商因材料价格上涨导致亏损难以履行合同的情况，供货商只不过是增加了一些存放和保管货物的费用而已。

本案发包方虽然感觉到了承包方申请报告存在违背合同约定的问题，但没有直接指出其中的错误，而是通过了解承包方已经交货和付款的过程，合同有无调整不锈钢管材价格的对应条款，以及造成供货商货物压库的时间等环节，向承包方说明事实真相，让承包方认识到自己的问题和错误，从而接受了发包方不予调整不锈钢管材价格的决定。

20

一次阀门变更与两个定金比例背后的故事

案例简述

发包方：某置业公司

承包方：某机电安装公司

某置业公司新建办公楼项目的机电分包工程由某机电安装公司承包施工。在空调系统施工图中，系统回水干管设计了四个动态流量平衡阀，机电工程承包方按照施工图设计规格、技术参数进行了订货，合同价为40万元。在进行空调系统施工时，设计院提出，根据目前已投入使用的工程反馈情况、运行数据和造价成本对比结果，将原设计回水干管上的四个动态流量平衡阀改为静态流量平衡阀，并已办好了设计变更，而这时距离承包商与供货商订立合同的时间已过去了两周。

承包方收到设计变更两周后，向发包方送交了一份说明函："我方合约部已按动态流量平衡阀与供货商签订了合同，目前已支付供货商40%的预付款16万元。如果改为静态流量平衡阀，原订货物全部作废。因平衡阀型号改变，重新订货需增加费用8万元；供货期延长10天，这期间将造成施工现场停工等待。如原订动态流量平衡阀到货，请发包方决定如何处理。如果现在解除供货合同，我方已支付给供货商的货款将遭受损失。请贵方酌定。"

承包方提出的问题，是发包方的一道难题。如果同意承包方和供货商解除合同，发包方将要承担承包商16万元的预付款损失，如果继续履行合同，不仅到现场的动态流量平衡阀因无法用于本工程而白白浪费，造成40万元的经济损失，而且重新采购静态流量平衡阀，还需要追加8万元货款，里外里损失了几十万元。发包方在向设计院了解了情况以后，联系承包方进行协商。

焦点回放

发包方：你们送来的函件我方已收到了。我们已向设计院进行了解，设计人员比较了近期几个工程使用动态流量平衡阀和静态流量平衡阀的情况，同时考虑造价成本因素，在满足设计要求的前提下，决定把动态流量平衡阀改为静态流量平衡阀也是为甲方节省投资着想。我们也了解过，静态流量平衡阀的价格比动态流量平衡阀的价格低至少 15%。我方同意签认这份设计变更，我们知道现在进行这项变更可能会给承包方造成损失，今天让你们过来，就是想听听你们的意见，一起协商一下，看看能不能找到减少损失的办法。例如，把这些动态流量平衡阀用到其他工程上，还有，是不是可以和供货商商量，把上批预付款退还一部分，反正早晚也是从他们那里订购静态流量平衡阀。

承包方：理论讲，这种规格的动态流量平衡阀是可以用到其他工程上的，但实际操作起来可不那么容易，会有很多问题。要寻找和等待一个空调管道设计规格和这批动态流量平衡阀一样的工程，这个时间不好控制。另外大多数项目部都愿意从供货商那里直接订货，不愿意接收二手货。总之不好办。

发包方：你们说得有道理。我们一同寻找机会，看看有没有适用这批动态流量平衡阀的工程，不过你们马上要采购的静态流量平衡阀也是和这家供货商订货，可否与他们协商，用上批预付款抵用一部分静态流量平衡阀的预付款或货款？如果按静态流量平衡阀价格比动态流量平衡阀价格低 15% 计算，总价降低了 6 万元，如果按合同总价 40% 计算预付款，预付款应该是 13.6 万元，多出来的 2.4 万元退给你们，或者作为提前支付静态流量平衡阀的部分货款，让你们的损失少一些。

承包方：这个办法应该可以。但是，我方与供货商签订了动态流量平衡阀供货合同后，已经预交了定金。合同法规定，单方面原因解除合同的一方不能返还定金。这件事情做起来比较困难。

发包方：定金比例多少？

承包方：货款总价的 30%，给你们的函件里也说明了。

发包方：预付款 40%，加上定金 30%，货到前，你们就已经付给供货商 70% 的货款了，比常规采购供货合同约定的比例高不少！

承包方：贵方为保证质量，选用的这批动态流量平衡阀是进口产品，货款需要直接汇给国外生产商，而且进口产品生产周期长，风险大，按照惯例，签订合同后到供货前，要付给生产商合同总价 90% 的货款。我们双方在最初签订合同时，供货商也是这么要求的，是我们合约部经过几轮谈判才降到这个比例的。

发包方：预付款高一些也正常，不过定金比例确实偏高！定金数额是有法律规定的，不超过主合同额的 20% 吧。

承包方：因为合同要求的供货期短，所以供货商提出要提高定金比例。我带来了一份合同复印件，你们可以看看。

发包方代表仔细看了看这份合同，想起了与承包方合约部工作人员讨论动态流量平衡阀采购供货合同时的一个细节，觉察到了这份合同的异常，便走出房间对具体办事人员交代了几句。

几分钟后，办事人员回来，交给发包方代表一张纸条，发包方代表看了看纸条，又重新翻看了承包方拿来的合同复印件。

发包方：我方办事人员刚才与供货商联系上了，据供货商讲，在你们双方签订的合同中，约定的定金比例是合同总价的 10%，你们按这个比例在 5 天前刚刚付给他们，其余货款还没支付。他们也一直在向你们催款。我们正准备让他们发一份合同传真件对比看看。双方各执一词，怎么回事？难道供货商说了假话？

承包方：我主要负责施工，不太清楚签订合同过程中的具体细节，这么一说，确实有些奇怪，是不是某个环节出了问题，我需要进一步了解下情况。

发包方：可以。定金和货款问题，你们会后再去了解。另外，为不影响施工，维护各方利益，给供货商的货款也要抓紧。报告中提到的重新订货需增加费用 8 万元，我方也有待落实。发生设计变更通常会产生变更费用，但变更的费用可能增加也可能减少。动态流量平衡阀改成静态流量平衡阀，总价减少了 15%，这份设计变更产生的费用变化应是不增反减。但考虑到变更后，重新采购静态流量平衡阀的供货期会延长，造成施工现场停工等待。产生的窝工费会抵掉部分扣减的费用，具体增减多少待工程结算时审定。

此时，发包方已经基本清楚了事情的结果，但考虑到承包方总体配合良好。这件事情只是承包方个别人员的错误行为，未影响大局，对承包方担心的损失也做了合理弥补，所以未作深究。

评析与启示

本案承包方合约部工作人员在与发包方代表谈起签订动态流量平衡阀供货合同时，曾提到为降低资金周转压力，一直在和供货商谈判，压低定金比例，甚至与供货商发生争吵。这一细节让发包方代表记在了脑海里。所以，当发包方看到承包方拿来的合同复印件上标明的定金比例为合同总价 30% 时，觉察到了异常，经与供货商沟通，证实合同复印件作假。

本案发包方提到定金数额不超过主合同额 20%，依据的是《中华人民共和国担保法》第九十一条规定："定金的数额由当事人约定，但不得超过主合同标的的百分之二十。"

本案发包方为不使承包方难堪，没有提到另一个重要细节。实际上，设计变更虽然发生在承包方签订合同之后，但却发生在承包方付给供货商定金之前。承包方与供货商签订合同后，并没有按合同约定的时间支付定金，而是在合同签订三周后才给付。此时，承包方已经收到了设计变更通知单。如果这个时候，承包方先暂缓合约部对供货商的定金付款，将情况了解清楚再做决定，就可能避免发生定金损失。这个细节暴露了承包方缺少应对突发问题的处理经验以及部门之间协同管理的手段不足。

面对竞争激烈的建筑市场，投标企业为能争取中标机会往往都会在投标价格上做出很大让步。但企业生存要盈利是硬道理，所以，中标后的施工企业都会利用各种方式创造盈利机会，索赔就是最常用的，也是被普遍接受的手段。但是，“君子爱财，取之有道”。施工企业不仅要敢于索赔，更要正确索赔。以盈利为目的的索赔必须建立在以事实为依据，以法律为准绳，严格履行合同的基础上进行，而不是靠弄虚作假、编造谎言来获得。否则长此以往，企业威信将受到严重损害，也终将会被市场淘汰。

21

变更未经正式确认，提前订货得不偿失

案例简述

发包方：某学校建设管理办公室

设计方：某设计公司

承包方：某机电安装公司

由某机电安装公司承包施工的某学校教学楼工程进入机电专业安装阶段。此时，发包方通知承包方：为迎接11月5日举办的百年校庆活动，根据学校指示，工程10月中旬要达到竣工要求。承包方接到通知后，非常重视，动员参与项目的全体管理人员要齐心协力，打破常规，加班加点，确保工程10月底竣工，为校庆献礼。

5月中旬的一次监理会上，设计单位提出要调整原设计的三种灯具型号，以设计变更形式发过来。而在此之前，承包方已经把全部灯具列入采购计划。承包方主管人员心想，如果按正常程序等设计单位发来设计变更，至少需要两个星期，这势必会推迟订货，影响安装和系统调试。主管人员商量后一致认为，既然出具设计变更是早晚的事，与其等待，不如让设计人员按照新型号先出具一张修改草单，据此与厂家订货，这样既不用改变订货计划，也不会影响安装进度。经承包方主管人员与设计单位多次沟通协商，最终拿到了修改草单，并依此单与灯具生产厂家签订了合同，厂家很快进行了排产。两星期后，承包方收到了设计单位正式出具的设计变更通知单，经承包方专业人员与修改草单核对发现，有三种灯具型号规格与草单上的型号规格不一致，遂赶紧通知生产厂家调整三种灯具型号，但生产厂家提出全部灯具已经按照合同中的型号规格清单加工生产，如果现在调整三种灯具的型号规格，需要重新下料生产，原已加工的材料全部作废，由此造成的损失应由采购方承担，并要求承包方在一周之内支付新增灯具的供货款。为此，承包方向发包方提交了一份有关费用补偿的洽商申请报告，内容如下：

某学校建设管理办公室：

根据贵方提出的10月中旬工程达到竣工的要求，我方组织人力、物力，采

取一切技术和管理措施进行赶工，以确保竣工目标实现。为此，我方尽最大努力敦促设备材料供应商将本工程设备材料提前安排生产，尽早交货。5月中旬一次监理会上，设计单位提出修改三种灯具型号的要求，会后，经我方专业人员与设计单位多次联系，于监理会第二天，拿到了设计单位修改的灯具型号规格清单。并据此与灯具生产厂家签订了采购供货合同。5月30日，设计单位出具了一份设计变更通知单，其中，有三种灯具型号规格与原修改清单提供的灯具型号规格不一致，我方通知生产厂家进行调整，但却被告知，所有灯具已下料生产，将于6月10号发货到工地，如果现在调整三种灯具型号规格，需要重新下料生产，原已加工的材料全部作废，造成生产损失，要求我方补偿，同时追加新增灯具的供货款。我方认为造成以上额外费用增加的原因是由于竣工提前使我方赶工所致，相关费用补偿应由发包方承担，具体明细见附件，请发包方审核批准。

某机电安装公司

承包方在洽商申请报告后附上了灯具生产厂家的费用明细，并注明已对灯具生产厂家提供的费用清单进行了核实。

发包方收到这份洽商申请报告后，没有同意承包方提出的费用补偿申请。为此，双方发生了争执。

焦点回放

发包方：我们收到了你们提交的洽商申请报告。首先感谢承包方为工程早日竣工，迎接百年校庆所作出的努力，也看到了项目部为保证施工进度所采取的各项积极措施。就我方理解，工程提前竣工会给施工带来很多不便和问题，增加了人力、物力、管理、技术和经济上的投入，这些影响因素，学校都想到了，相关的经济补偿已上会讨论形成一致意见，工程结算时会一并考虑。不过施工过程中发生的变更洽商等具体问题还应遵循合同约定和工程建设管理程序进行处理。这份洽商申请报告提出的费用损失，不是发包方原因造成，不应由发包方承担，按照规定，你们提出的费用补偿申请我方不能批准。

承包方：如果不是因为校庆，工程就不会要求提前竣工，我们也不会为赶工期，着急和厂家订货，让厂家提前排产，结果中途发生灯具型号规格改变的事情，造成厂家生产损失的局面。

发包方：中途改变灯具型号规格是要发生费用的，不过设计单位提出这项变更是出于满足使用功能的角度考虑。而且，提前订货是承包方自己的决定，并不是我方要求。为什么让我方承担这笔费用呢?

承包方：我方根据设计单位提供的型号规格和灯具生产厂家签订合同，提前订货也是为能尽早交货，尽快安装和通电调试。报告里提到的损失费用表面看是提前订货引起的，实际上是由于设计单位对同一种灯具的型号规格在订货前和订货后修改不一致造成的。我们与设计单位不存在合同关系，这笔损失费用也只能找发包方来解决。

发包方：设计单位为什么对同一个问题的修改发出两次变更？我方只签认过一张设计变更通知单啊！

承包方：情况是这样，我方为能尽快订货，监理会后，就和设计单位进行了沟通协商，请他们对要修改的灯具型号规格先出了一张修改草单，并依据这张修改草单和生产厂家签订的供货合同。

发包方：这张修改草单有各方签认吗？

承包方：有设计人员签字。这张修改草单是为订货用的，因为供货合同必须有货物的规格型号清单。

发包方：这么说，这张修改草单不是最终的设计变更通知单。设计单位知道你们准备用这张修改草单去订货吗？或者说，同意让你们按这张修改草单去订货吗？

承包方：订货的事是我方项目部自己的事情，不会征询设计单位的意见。我们也问过设计单位，修改草单上的灯具型号规格是否还会变？设计单位回答说不太可能再变。当时，项目部对没有签订合同的设备材料催着订货，我们手里握有设计修改草单，感觉比较有把握，就提前订货了。谁知道，设计单位在 5 月 30 号出具的设计变更通知单里，对三种灯具的型号规格做了修改。

发包方：那你们认为，哪张变更单更有约束力呢？

承包方：我们知道有四方签认的设计变更通知单具有约束力。我们当时用那张修改草单准备订货时也有些犹豫，但想到设计单位认为不太可能再变，觉得不会有问题，就和厂家签订了合同。没想到不太可能变成了可能，造成现在这么大的损失。

发包方：这不能怪设计单位。设计单位在核算技术参数过程中，可能会因种种因素，推翻以前的设计。虽然发生这种情况的概率不大，但仍有可能发生，设计人员反复修改也是为了让计算结果更有把握。还回到刚才讨论的问题上来，你们既然感觉到不踏实，就应在签订合同前把不确定的问题再与设计单位核实准确，或者在订立合同时对不确定的问题注明在一定期限内后续补充，为自己留出时间，也许就不会发生今天的损失了。即使前两点都没做到，在生产厂家下料排产前，抓紧时间与设计人员进行最后确认，发现有变化，马上通知生产厂家暂停下料生产，日后补偿的费用就只有货款而不会有报废材料的损失费，这样也会让你们在和生产厂家的谈判中占据一些主动。

承包方：这点我方倒没考虑到。不管怎样，我们这么做都是为了工程能早日竣工。

发包方：这点我们理解，我方对你们给予的支持和配合表示感谢，刚才说过，这方面的经济补偿学校会有所考虑。但改变三种灯具型号规格造成厂家生产损失是因为你们考虑不周，仓促订货而导致，应属于风险自担的情况。

承包方对此不再有异议。

评析与启示

设计变更是建设工程中一项重要管理内容。一般情况下，需要办理设计变更的主要原因包括以下几个方面，第一：对设计图纸中的错误进行更正；第二：对设计不到位的地方进行完善；第三：对设计中的缺漏项进行补充。设计变更的作用是通过修改和纠正原设计达到优化工程质量、完善使用功能的目的。

设计变更应当由设计单位出具。正因为如此，设计人员在最终确定签发设计变更前，会对所要变更修改的内容深思熟虑、反复核算，对涉及建筑和使用功能上的修改，还需要与发包方进行协商沟通。这期间，变更修改的内容随时有可能发生变化。只有当设计人员最终确认无误，才会在设计变更通知单上签认，并加盖设计单位公章，正式签发。设计单位发出设计变更通知单后，还需要施工方、监理方、发包方对变更内容进行复核签认，才算正式生效。缺少以上任何一个环节，都不能视为设计变更有效。

从本案中可以看出，承包方对设计变更的重要性估计不足，承包方从工程进度考虑的出发点是好的。但是，在没有十足把握的情况下，仅拿有设计人员签字的一纸修改草单作为订货依据仓促与生产厂家签订合同，实为不妥。合同中，对可能发生改变型号规格的产品，既没有约束厂家的条款，也没有保护自己的条款，实为失误。而在生产厂家排产前，又没让设计单位对修改的灯具型号规格做最后确认，错过了减少费用损失的最后机会。暴露了承包方在技术、合同、现场组织以及程序管理环节上的薄弱。

最后一点，因发包方要求工程提前竣工导致了承包方为加速施工而提前订货等一些仓促进行的工作发生，造成损失而提出费用补偿，在很多工程中都是承包方索赔的有利证据支持。但这并不能说明，所有因提前竣工而仓促进行的工作导致增加的费用都能轻易搭上索赔的便车，并由此获得索赔，甚至获利。

第四章

工程建设实施管理常见问题案例评析

1 一个软接头质量好坏带给工程的影响

案例简述

发包方：某科技大厦建设处

承包方：某机电设备安装有限公司

某科技大厦项目经过两年多的建设，于2005年10月落成。大厦建筑面积44000m^2，建筑高度80m。该项目位于科技创新园区与城市主路交汇处，标志醒目，交通便利。项目发包方计划大厦建成后全部用于招租。工程交付使用半年后，招租单位陆续进驻，大厦各个系统运行也逐步趋于正常。正当大家感觉绷着两年多的神经终于可以放松的时候，正值2006年炎夏的一天，发生了一件意外的事情。

冷水机房冷却系统主管与机组冷却水出水管连接的橡胶软接头发生崩裂，水压达几十米的水柱冲进了机房，灌进了冷水机组，导致机组停机，不能运行。经检查确定冷水机组没受到太大损坏，但必须把灌进机组里的水烘干才能运行，这个维修过程至少要两个星期。更换新的橡胶软接头也需要两到三周订货和安装时间。当时正值7月，天气酷热，空调需求量最大，一个对外出租的办公大厦，如果这个时候空调系统出现几个星期的瘫痪，会招来各方面不满之声，大厦的管理者们承受着巨大的压力。

科技大厦集团领导们对此非常重视，专门成立了由集团领导、业内专家、建设办专业工程师、承包方项目管理人员组成的调查小组，负责事故原因的调查和处理。调查小组入驻现场。通过研究拆下来的和崩裂的橡胶软接头，发现几个现象：

（1）产品标识是用不干胶纸贴上的。

（2）拉伸位移量比正常拉伸量大很多。

（3）球体有大量飞边，一扯就断，边缘变形。

针对这些现象，“是先把问题放下，尽快换个橡胶软接头，让空调系统早点运行起来？还是先弄清原因再考虑更换，避免给系统埋下隐患？”调查小组成员们意见不一，展开了争论。

焦点回放

发包方：这次事故造成的影响面比较大，我们现在最着急要解决的问题是如何恢复空调系统运行，保证大厦制冷，让各单位正常工作。我们也希望通过这次调查，查明原因，消除隐患，保证今后不再发生类似事故。同时，把这次事故作为一个经验教训，促使参建各个单位对各系统进行一次全面检查，今天请大家来，就是要一起讨论该如何解决这次橡胶软接头崩裂的问题。

承包方：我方照图施工，橡胶软接头也都经过进场报验，相关资料监理工程师都进行了审查。系统调试阶段也没出现过异常现象。

专家：你们对这个厂家生产的橡胶软接头了解吗？

承包方：还是比较了解的，在以往的工程中用过。

专家：那你们了解橡胶软接头生产厂出厂的产品怎么做标识吗？

承包方：和其他橡胶接头大同小异，都是类似这种做法吧？（指着拆下来的、崩裂的橡胶软接头），上面有标记和厂名，没什么特殊之处。

专家一边让大家仔细观察拆下来的橡胶软接头一边说：大家仔细看看就能发现，这个橡胶软接头上的标识，是用不干胶纸贴上的，这不是正规生产厂家做法。正确做法应该在硫化这道工序前，先将标识贴在球体上，再送去高温硫化，标识和球体原材料才能牢固结合得像一体一样，正规生产厂都是这样做法。拆下来的这个橡胶接头标识，是用不干胶后贴上去的一张纸，这张纸是可以撕下来的（专家用手撕了这张纸的一角，果然翘起来了）。

承包方：您是说这是假冒伪劣产品？我们不可能使用假冒伪劣产品。

专家：并没说你们安装的这个橡胶软接头是假冒伪劣产品，但这个标识做法不是正规生产厂的做法，另外，从产品质量看，这也与正规生产厂的产品有很大差别。拆下来的这个橡胶软接头边缘有大量飞边，随便揪一小块，拉扯一下，大家看到了，扯不到原来长度的一倍就断了，而且，球体端面边缘变形。还有，橡胶软接头在安装时，拉伸量太大，超出了产品说明书规定的允许位移量。

承包方：这些也只能说明产品质量有缺陷，并不能说明这就是橡胶软接头崩裂的原因。

专家：简单说，橡胶软接头边缘有大量飞边，并且稍加拉扯就断裂，说明生产模具粗糙；接头端面边缘有变形，说明球体里所用钢圈刚度不够或没用钢圈加固，导致端面边缘刚性差，引起边缘变形，管道接口处就会成为最薄弱点；橡胶软接头安装方法不当，安装拉伸量超出允许位移量近一倍，使其一直疲劳工作。如果这几个问题同时出现的话，当工作压力高时，橡胶软接头就有可能从法兰上被拉脱下来，或有可能在管道接口处破裂。即使有幸不破裂，产品使用寿命也会大打折扣。

承包方：同样的产品用在其他工程快两年了，没出现过这种现象。这个工程刚投入使用不到半年就出现这样的事情，解释不通啊！

专家：这个问题问得好，我也有些疑惑，即使产品质量低劣，也不应该刚使用就出现这么严重的损坏，会不会另有隐情？

调查小组又对橡胶软接头所有资料进行了核查，发现承包方使用的这个橡胶软接头，其产品保质期为三年，但供货商提供的资料显示，这种规格的橡胶软接头两年前就生产了，因为一直没碰到合适规格的工程使用，两年来就一直放在仓库里。而且潮湿环境加速了材质老化，在本工程使用时，已经是快过期的产品了。

发包方：经专家一分析，问题的原因就比较清楚了，承包方还有什么异议吗？

承包方：真没想到会是这样的结果，我们接受现实，重新采购质量可靠的产品，按产品说明书的要求安装，尽快让系统运转起来。对这次事故暴露出来的内部管理和技术培训不足的问题，我们会认真改进。

评析与启示

对于一个几万平方米的工程，某个系统或某个部件出现了个别质量问题似乎是司空见惯的事，但如果这些司空见惯的质量问题造成系统瘫痪或者严重损害，就会变成大问题，甚至会是大事故了。在本案中，看似微不足道的一个橡胶软接头损坏却造成整栋大厦制冷系统中断，虽不是严重的安全事故，但如果对大厦今后的经营发展产生持续的不利影响，就不是一件小事情了。承包方使用的产品标识制作不规范、材料变形、产品过期，安装操作随意，暴露出承包方的质量管理意识薄弱，承包方认为这些质量缺陷在以往工程中没出现过问题现在也不会出现问题，说明出承包方风险管理意识淡薄，对质量缺陷带来的隐患存有侥幸心理。本案监理工程师对产品特点不了解，仅凭外观和经验就判断进场材料合格导致检验结果出现较大偏差。可以看出，工程项目管理人员缺乏专业知识，不按规范操作，对材料验收和施工安装过程中出现的问题麻痹大意、心存侥幸才是发生本案事故的真正原因所在。

工程建设中任何一个环节管理不善都可能给工程造成质量隐患，带来经济损失，而不断加强建设管理人员岗位专业技术培训应该是避免或减少这类问题出现的较好途径之一。

工程材料进场施工检查流程及环节如图 4-1 所示。

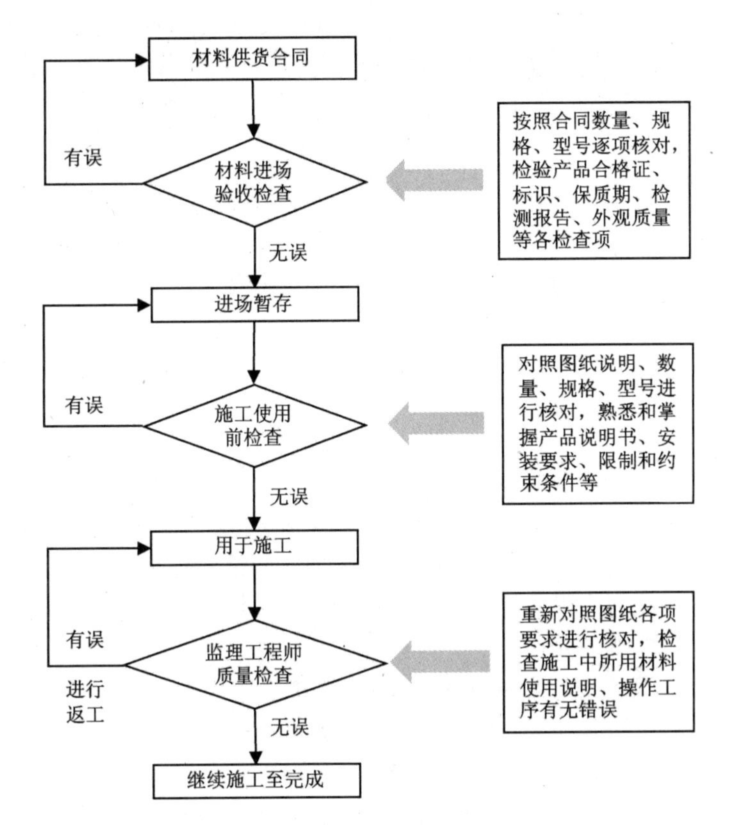

图 4-1　工程材料进场施工检查流程及环节

2

将设备拆成散件场内运输执行环节

案例简述

某校基建办通过公开招标确定了新建教学楼项目的空调新风机组设备供货商，并与之签订了设备采购供货合同。合同约定："合同签订后45天内，供货商负责将全部空调新风机组运抵项目所在工地，卸货到指定地点。供货商对现场垂直运输机械的使用由甲方负责协调，供货商负责设备调试并配合承包商进行系统调试…"。

该教学楼工程承包商为A工程公司。甲方在与承包商签订的合同中，对甲方供货设备进场运输及安装要求做了以下规定："供货商提供空调新风机组货物运输，并负责运至项目所在工地，卸货落地，承包商负责空调新风机组货物垂直运输，负责将设备运至地下二层设备机房并就位。"

合同签订45天后，供货商按合同要求将全部空调新风机组运到工地，这时，承包商才向甲方说明，为给外立面装饰工程和室外工程施工腾出场地，已在3天前把现场吊装孔覆盖了，只能利用外挂货梯运输设备了。当甲方和供货商查看货梯时发现，相对于空调新风机组外形尺寸，货梯空间不是高度太低，就是宽度太窄，根本装不进整台机组。根据现场实际情况，经甲方和A工程公司项目管理人员协商，决定把整台机组拆成几组散件，逐件进行运输。

当甲方对供货商提出拆卸设备的要求时，供货商却向甲方提出了增加设备拆卸费和二次组装费的要求，遭到甲方拒绝。为此，双方就该不该增加这笔费用产生了争论。

焦点回放

供货商：这批设备都是从工厂直接发货过来的，经长途运输好不容易运到工地，现在又要求我们把这些设备拆成散件，等运到机房以后再重新组装。在我们与贵方签订的合同中，没有可以把设备拆成散件交货的规定。像拆除设备、二次搬运、二次组装这些工作，都是合同以外的工作内容，属于额外增加的合同工作量，当然是要收费的。

甲方：合同交货条款是这样约定的："设备交货地点：××工程工地落地平；交货日期：合同签订后45天内。"，这里既没有说明设备是拆成散件交货，也没有说明设备是整机交货。实际上，你们给别的工程送货的设备，也有送到现场后，因现场条件限制，把设备拆成散件再组装的情况。

供货商：那些情况也是特例，一般只拆卸不大的部件，像仪表、连接件等，这些小件拆卸和组装都比较简单。现在要拆卸整台机组，体形较大，虽然整台机组是由各个模块拼装而成的，但拆卸时要由熟练技术工人使用专用工具操作才能完成，拆卸和组装是相当麻烦的一项工作。

甲方：你讲的没错，凡事都会有特例，要不是现场情况特殊，谁也不愿意找麻烦。你刚才提到的一点让我们很欣慰，我们经过考察比较，本着优中选优的原则，招标确定的这个设备品牌，确实比我们了解的其他品牌制造精细，机组各个功能段采用模块拼装，螺扣压接，考虑得很周到，为以后拆卸维修提供了方便。

供货商：我并没有说不能拆卸，我是说拆卸比较麻烦，需要设备厂家派技术工人使用专用工具才能办到，要花费不少人力和时间。如果由一个熟练技术工人来拆卸，算上路途时间，至少也要两三天。

甲方：时间还来得及，如果你们现在就联系工厂，让他们尽快派人，两三天的工夫是可以等的。

我们再回到合同上的问题来吧。合同中，确实没有要求设备是拆成散件交货，还是以整机交货的具体条款，但质量保证条款约定了："供货方所提供的货物应保证是全新的、未使用过的，应保证其货物在经过运输、拆卸、正确安装、合理操作及维护保养条件下，各个方面应符合合同规定的质量和性能要求，满足设计和使用要求……"。这项条款应该包含了如果遇到有现场拆卸设备的情况，设备仍需要满足合同规定的质量性能以及设计使用要求的工作内容。

供货商：这里说到的拆卸，并没有明确说明是否包含整机拆卸。

甲方：如果合同中没明确，应该理解为包含全部拆卸行为，整机拆卸也是其中一种拆卸行为，这样说会不会更清楚？

供货商：按常规做法，整台设备已到现场，一方再提出拆装，肯定是要另收费的。但既然合同有规定，我们也只好接受。

甲方：谢谢你们配合。承包商会配合你们进行设备运输和安装就位的。

A工程公司：如果我们和负责设备吊装运输的有关人员提前协调好，或者早点通知甲方，让你们提前有个准备，就不会发生这样的事情了，今后，我们的工作还要多加改进。

评析与启示

在设备安装阶段，土建预留洞太小，设备安装空间紧张，运输通道局限等情况在工程中屡见不鲜。本案中，甲方在与供货商签订的合同中约定：“合同签订后45天内，供货商负责将全部空调新风机组设备运抵项目所在工地，卸货到指定地点。供货商对现场垂直运输机械的使用由甲方负责协调”。在与承包商签订的合同中约定：“供货商提供空调新风机组货物运输，并负责运至项目所在工地，卸货落地，承包商负责空调新风机组货物垂直运输，负责将设备运至地下二层设备机房并安装就位。”从两个合同内容看出，甲方在与供货商和承包商签订的两个合同里对谁是承担将设备运输到就位地点的责任主体没有明确清楚。不能不说这是甲方制订合同条款时的一个缺陷。合同显示，从设备卸货到工地指定地点的负责方是供货商。设备从指定地点到设备机房的垂直运输责任方是承包商。但供货商与承包商之间不存在合同关系，他们之间只有通过甲方的联系才会产生交集。也就是甲方与供货商在合同中所述的：“供货商对现场垂直运输机械的使用由甲方负责协调”，所以，协调供货商顺利使用垂直运输机械的责任方只能是甲方。按照合同约定，供货商只需要把自己的货物按时运到现场就算完事大吉，至于采用什么运输设备，用什么方式运到机房，跟自己关系不大，无须关心太多。承包商也只需要把货物运到设备机房就算完成了自己的任务，至于货物采用整体运输还是散件运输与自己无关。这种情形下，甲方的协调作用显得尤为重要。而本案甲方却没有扮演好这个角色。使本应先吊装运输设备再进行吊装孔覆盖的衔接点因甲方没有事先协调落实好而变成了真空点。好在甲方巧妙利用质量保证条款中的“拆卸”字义，又表现出对所供设备工艺的赞赏和对供货商工作配合的肯定，从而比较顺利地解决了供货商免费拆卸设备的问题。

总之，订立大型设备供货合同，要对设备从制造出厂、货物运输、现场安装到售后维修保养过程中的每一个细节、每一个阶段，以及所对应的范围、期限、责任等界定清楚。作为甲方，要尽量避免承担繁杂的具体工作责任。作为供货商，对设备运输、卸货、吊装过程中可能出现的特殊情况要事先给甲方提个醒。作为承包商，对影响到大型设备运输吊装计划的机械使用要仔细核实，把可能出现变化的情况及时与甲方沟通，以便甲方能提前做好应对预案，防患于未然。

3

阀门以假乱真到现场，火眼金睛识破退回厂

案例简述

发包方：某热力公司

承包方：某建筑工程公司

某热力公司为满足生活区对热力供应不断扩大的需要，决定从热力站向室外再敷设一条管径 *DN*500 的热力输送管道，并配套输送动力设备。这项工程虽然施工量不大，施工也不复杂，但作为整个供热区热力输送的补充，其重要性不言而喻，热力公司在该工程施工招标文件中对主要设备、主要材料的技术要求提出了较高标准。其中对热力管道阀门提出：阀门工作压力不应低于1.6MPa，长期耐温不应低于150℃。阀体材料采用球墨铸铁或铸钢材质。阀座密封采用金属硬密封、氟橡胶或更高材质。阀门压力试验不得低于国家压力试验标准。

经过对各投标单位的资格审查和投标评审，某建筑工程公司最终中标，成为该项工程的承包方。管道施工由该建筑工程公司下属安装公司承担。工程进展一切顺利，两个月后，承包方采购的第一批管道阀门进场。承包方向监理方申请报验，并通知发包方一起验收。验收人员打开阀门包装箱，抽查其中的一个蝶阀和止回阀，蝶阀阀体标识的工作温度为0～80℃，止回阀阀体标识的工作温度为0～100℃，工作压力均为1.0MPa（1MPa约等于每平方厘米10公斤）。阀门标识显示的技术参数不符合招标文件技术要求的规定，报验资料中没有提供产品检测报告，监理方和发包方一致要求将这批阀门退场，让阀门生产厂家按照招标文件的技术要求重新送货，厂家表示同意。

两个星期以后，阀门再次进场，开箱检验时，所有阀门的阀体标识为：工作温度0～150℃，工作压力1.6MPa，但是，当监理方和发包方要求厂家拿出产品检测报告和相关技术资料时，厂家说忘带了，并保证三天后提供。发包方认为，阀门标识温度满足招标文件技术要求，说明所供产品问题不大，坚持留在现场，监理方不好拒绝，只好同意了发包方意见，但要求承包方督促厂家必须在三天内补齐检测报告和其他相关技术资料。在监理方的一再催促下，两天

后，厂家补交了一份由外省市质量监督检测研究所出具的产品检测报告。报告显示阀门工作压力为1.6MPa，但却没有工作温度的检测值，也没有阀门密封材料、阀杆、阀板等材质的检测说明。监理方要求承包方找一家本市检测机构，重新对这批阀门进行全面测试，承包方一边同意再检测，一边坚持要到外省去检测。第二天，承包方单方面准备将阀门运往某市去检测。监理方认为这批阀门整个报验过程情况反常，其中一定存在问题，遂终止报验。并给承包方发去了工作联系单，要求承包方落实和解决。承包方对此表示不满，和监理工程师争执起来。

承包方：你们一再让退场、检测、退场、检测，现在到货的阀门、标识都是符合招标文件技术要求的，说明产品没有问题，一张检测报告能说明什么呢？不能代表一切吧！再说，就算拿去检测，在哪里检测都应该可以，为什么一定要找本市检测机构呢？是不是有点地方垄断啊？

监理方：检测报告全称是产品质量型式检测报告，代表产品加工制造出来以后，通过了国家质量监督部门校验，达到国家标准。没有第三方权威机构的检测数据，只听生产厂一家所言是没有说服力的。你们说得对，各省市都有国家认可的质量检测机构，产品拿到哪一家检测都合理。这批阀门检测报告中的检测内容只有工作压力一项，像阀门构造、材料等检测数据为什么没有？解释不通嘛！我们查证过了，某省质量监督检测研究所并不是一家国家认可的质量检测机构。所以，我方认为上批次送检，有应付了事和数据不实之嫌。建议找本市检测机构，一是方便，二是快。如果你们坚持去外省检测也可以，我们首先要查证一下这家检测机构是不是国家认可的质量检测权威机构，如果这点没问题，我方、发包方和你们一起去送检。

承包方：可是，现场阀门的标识都是符合要求的，即使没有检测报告，或者检测报告的检测数据不全，也不能说明这批阀门就有问题。

监理方：那我们把所有的阀门再仔细检查一遍。

监理方、发包方和承包方以及阀门厂家逐一打开阀门包装箱检查，再次发现部分阀门温度标识为0～80℃，而厂家解释为工人操作失误。

鉴于自阀门进场以来出现的种种异常情况，监理方对阀门的质量能否满足招标文件技术要求产生了极大怀疑，决定对问题阀门一查到底，要求承包方督促阀门厂家尽快提供正确的产品质量证明资料和第三方质量检测机构出具的合格产品检测报告，如果没能在规定时间内提供上述资料，将从现场抽取阀门，由监理方见证，送到本市一家国家认可的某质量检测机构进行密封材料试验。

事后，厂家始终没能提供符合要求的产品质量证明资料和产品检测报告，监理方当即决定抽取两个管径为 *DN*500 的蝶阀送检。

在送检期间，发包方提出，因为阀门的问题，现场管道安装已经暂停施工，管道与设备接驳也无法进行，工程进度受到严重影响，是不是可以先安装部分阀门以便管道和设备定位，同时让厂家出具一份承诺书，承诺如果检测结果表明阀门不合格可无条件更换。监理方没有表态，这让承包方认为监理方已经默许，之后，没再征求监理方的意见，组织人马开始了部分阀门的安装。

三天后，阀门厂家承诺书还未送到，检测报告结果却先送到，报告显示，送检的阀门密封材料为乙丙橡胶，并不是招标文件要求的金属硬密封或氟橡胶材质，而乙丙橡胶根本无法耐受150℃的温度环境。

事已至此，发包方也懊恼不已。之后，现场各方达成一致意见，要求承包方将已安装的阀门全部拆除，将所有阀门清退出场，按照招标文件的技术要求重新采购阀门。事实面前，承包方无言以对，承诺马上组织安装公司和采购部人员将不合格阀门清退出场。后了解到，该阀门厂如果提供金属硬密封或氟橡胶材质的阀门，需要2个月以后才能送货。几方通过考察，最终选定了另一家阀门生产商，15天后，所有阀门到货，经监理方验收，全部为满足招标文件技术要求的合格产品。

评析与启示

本案在事件一开始，监理方顶住压力，坚持原则，严把质量关。严格按照招标文件技术要求对进场阀门进行检查和验收，对问题阀门坚决不予接受，一追到底，通过不懈的努力，最终清除不合格阀门，消除了隐患，履行了监理单位的职责和义务。但在最后环节，对于发包方提出的先安装部分阀门的意见，虽然不认同，但碍于发包方的面子，左右为难，采用保持沉默的方式保留自己的意见，但没想到，不表态却让承包方趁机钻了空子。所幸，没造成更大麻烦。看来，监理单位要想排除一切干扰，秉持公正，独立、自主地开展监理工作，任重而道远。

工程承包方疏于对下属安装公司的管理，也缺乏质量管理的主动性，没有发挥质量管理保证措施应有的作用。《建设工程质量管理条例》规定："施工单位必须按照工程设计要求、施工技术标准和合同约定，对建筑材料、建筑构配件、设备和商品混凝土进行检验，检验应当有书面记录和专人签字；未经检验或者检验不合格的，不得使用"。承包方在其采购的阀门可能存在质量缺陷的情况下，仍擅自用于管道安装，违反了质量管理规定，不仅白白付出了时间和人力，到头来，还让工程的推进欲速则不达。

工程发包方作为工程质量责任人之一，对工程使用了不合格产品是不能容忍的。本工程发包方在大原则、大方向上虽然和监理方的立场保持一致，但遗憾的是没能坚持贯穿始终。当一切让位于工期，一切让位于进度的念头占了上风时，就会忽视质量管理中的细节，忽略工程管理中的程序。而我们看到的，发生在许多工程上的质量事故，正是由一个又一个忽视的细节、省略的程序造成的隐患逐步累积而最终酿成的，代价是沉重的，应引起发包方高度重视。

4

遗漏管道吹扫导致设备故障停机

案例简述

发包方：某住宅小区改造建设办

承包方：B 燃气管道安装公司

为治理日益严重的空气污染，某市委下达文件，对该市燃煤锅炉进行全面改造。自 2000 年以后的新建及改建锅炉房一律按燃气锅炉房标准进行采购和建设。该市某住宅小区的燃煤供暖锅炉已接近使用年限，该小区改造建设办响应政府号召，申请了改造资金，拟对锅炉房、锅炉、燃烧器、配套管道及控制系统进行改造。改造建设办通过招标确定了 A 进口燃烧器供应商和燃气管道施工承包单位——B 燃气管道安装公司。并委托 W 监理单位负责施工监理。

改造建设办与 B 燃气管道安装公司签订了施工改造合同，合同约定改造后的燃气管道走向维持现状。承包方很快完成旧管拆除，新管安装的工作，并按照燃气管道工程施工验收规范对管道进行了吹扫。监理方对吹扫过程进行了验收。一个星期后，发包方通知，为适应城镇化发展的需要，整治市容市貌，规划部门正在计划整合周边封闭式住宅小区，该小区未来将与周边几个小区打通使用。正在改造的锅炉房需预留出一台锅炉的位置便于今后安装，配套的管道和控制系统也要预留到位，以适应未来人口发展的需要。锅炉预留的位置恰好在燃气主管道旁边，只需要从燃气主管接出一根约 10m 的支管预留接口即可。燃气设计单位很快修改好设计变更，经几方签认后交给承包方。承包方工作效率高，一周内完成了预留支管的施工。因为之前所有的燃气管道已经吹扫完毕，并做了临时封闭。承包方认为约 10m 长的管道，加上三通、弯头，总共几个焊口，不需要再对全部燃气管道做一遍整体吹扫，于是就只对新增的预留支管简单清扫了一遍去找监理工程师签字，因监理公司组织培训，监理工程师正好不在。承包方找到发包方专业工程师，请他到现场验收。发包方专业工程师来到现场，听承包方介绍了整个安装过程，又拿着手电对着管道里面照了照，用手摸了摸，就在吹扫记录验收单上签了字。第三天监理工程师回来，承包方把发包方专业工程师现场检查的情况向监理工程师做了汇报，并拿出发包方签了字的吹扫记录验收单让监理工程师过目，监理工程师仔细询问了发包方检查过程中的一些细节，在得到承包方逐一答复后，在监理一栏中补签了自己的名字。

在此之后，承包方完成了强度和严密性试验。一个月后，工程竣工验收。发包方向燃气公司递交了送气申请，只要燃烧器点火正常，系统运行就进入正轨。

通气点火后，燃烧器运转两天发现形成的火焰会自动熄灭，有时点火后，燃烧器启动正常，但很快显示故障而停机。这种现象反复几次后，发包方怀疑燃烧器出了问题。马上联系燃烧器供应商，要求其派技术服务工程师来现场解决。

燃烧器厂家售后技术服务工程师来到现场，现场人员介绍了故障发生过程和情况，燃烧器厂家技术服务工程师亲自点火启动燃烧器，燃烧器火焰很快形成，可一小时后，就慢慢熄灭了，之后点火再开机，这次火焰还没形成，燃烧器就报警显示故障停机。这些现象交替出现。燃烧器厂家技术服务工程师打开燃烧器，检查电磁阀，发现电磁阀是打开的，电磁阀线圈和供电电缆并无损坏，阀体密封良好。再检查喷嘴、调压阀和气量计，也完好无损。燃烧器厂家技术服务工程师又来到控制室，打开控制系统显示屏，查找这一段时间以来的统计数据，当看到接在燃烧器管道上的过滤器压力时发现，在出现故障及停机前几天，过滤器前后压差较大，超过了正常范围。于是，燃烧器厂家技术服务工程师推断，可能是过滤器堵塞，造成过滤器前后压差过大，供给燃烧器的燃气压力不足所致，所以，燃烧器点火停机或者熄火不是燃烧器的问题，而是施工过程产生的污物堵塞造成的问题。

发包方把燃烧器厂家技术服务工程师的意见转告给承包方，让其尽快落实。

承包方对此提出质疑，与燃烧器厂家技术服务工程师争论起来。

焦点回放

承包方：燃气管道施工完毕后，都进行了吹扫、强度和严密性试验，发包方专业工程师和监理工程师都知道这个过程，也有验收记录。怎么就肯定是我方施工中产生的问题呢？过滤器堵塞也可能是本身质量问题造成。另外，燃烧器也不能完全排除没有问题吧？

燃烧器厂家技术服务工程师：如果一点火，根本无法启动燃烧器，说明燃烧器存在问题。但故障记录显示，每次点火，燃烧器都能正常启动，熄火和停机也都是点火启动了一段时间以后出现的，刚才，你们也看到了，我亲自点火开机，和这两天表现出的症状一样。现在你们可以把过滤器拆下来看一看，如果没有问题，我们再进一步排查。

承包方招呼现场工人拆开过滤器，却发现过滤器上的金属网被烂布条、铁锈、焊渣、尘土等污物几乎堵塞了一半。看到这情景，在场各方似乎都已心知肚明，结果一目了然。

承包方：我们确实按照燃气管道工程施工验收规范的要求进行了吹扫，监理方可以证明。

燃烧器厂家技术服务工程师：是整段燃气管道全部进行了吹扫吗？会不会有个别管段没吹扫，或者没吹扫干净？

发包方和监理方都若有所思。

承包方：严格说没达到整段燃气管道全部吹扫的程度，有一段后接的大概10m长的管道没用压缩空气吹扫，因为管道很短，没几个焊口，再重新把整段管道吹扫一遍必要性不大，但我们让工人对这段管道，特别是转接处都敲打了一番，也擦拭过了，发包方专业工程师来现场检查过，监理工程师也了解整个过程，吹扫记录验收单都经过发包方、监理方签认。怎么还会出这样的问题？

发包方：根据我方要求，要预留锅炉的配套管道，承包方在原来安装验收完毕的燃气管道上加出了这一段，我检查了管道内部，并没有发现垃圾杂物。

监理方：看到发包方检查验收通过了，感觉比较放心。

燃烧器厂家技术服务工程师：非运行状态下，管道清理达到了要求并不代表在运行状态情况下也能满足要求。焊接过程中产生焊渣，管道除锈没做好会产生铁锈，还有施工操作中遗留的垃圾、产生的尘土，如果不采用一定压力和流速的压缩空气进行吹扫或采用清扫球分段进行清扫，系统一旦运行起来，管道里的污物就会被气流带起来。如果不是过滤器阻挡，一下就能损坏燃气阀。燃烧器要靠稳定的燃气压力才能安全有效地燃烧，燃气压力也要控制在一定范围内，压力过低，燃气阀会因点不着火或不能安全有效燃烧而自动切断燃气供应。污物堆积在过滤网上，就会使压力过低。所以，燃烧器自动熄火或停机是一种自我保护的方式。

发包方、监理方、承包方默默无语，似乎都在思考这个结果说明了什么。

事后，承包方对所有燃气管道重新吹扫了一遍，又对受污的过滤器进行了清洗，再次通气点火，燃烧器运转正常。小区供暖因此被推迟了5天。

评析与启示

《中华人民共和国建筑法》规定：“实施建筑工程监理前，建设单位应当将委托的工程监理单位、监理内容及监理权限，书面通知被监理的建筑施工企业”。《建设工程委托监理合同》（示范文本）第十三条规定：委托人应当将授予监理人的监理权利，以及监理人主要成员的职能分工、监理权限及时书面通知已选定的承包合同的承包人，并在与第三人签订的合同中予以明确。由此看出，监理单位监理的内容、范围和权限，在发包人对监理单位的委托合同中就已明确。本案发包方已经委托了监理单位对该工程进行监理，就应该按照合同约定，授予监理工程师应有的权利，让其全面履行应负的责任，而不能把发包方的工作和监理方的工作混为一谈，造成双方职权相互交叉。这样不仅影响和限制了监理工程师的工作积极性，也削弱了对工程管理执行的力度。本案发包方在工作中，越过监理单位，行使本应属于监理单位职责范围内的检查监督管理权，干扰了监理单位正常工作，也让承包方趁机钻了发包方和监理方管理界限模糊的空子。

《建设工程监理规范》（GB/T 50319—2013）总则规定：监理单位应公正、独立、自主地开展监理工作，维护建设单位和承包单位的合法权益。本案中，监理工程师看到发包方已在燃气管道吹扫记录验收单上签字，想到监理方是受发包方委托，代表发包方对工程进行监督检查，自己也不好对发包方的签字表示怀疑，虽然听取了承包方关于发包方现场检查情况的介绍，又仔细了解了其中的细节，但不可否认的是，发包方的结论影响了监理工程师的判断，不愿得罪发包方的心理左右了监理工程师的决定。让监理工程师最后失去了对公正、独立、自主原则的坚持，本应是维护发包方利益的一方，却让发包方的利益受到了损失。

建设工程施工合同示范文本对隐蔽工程的检查程序规定：除专用合同条款另有约定外，工程隐蔽部位经承包人自检确认具备覆盖条件的，承包人应在共同检查前48h内书面通知监理人检查，通知中应载明隐蔽工程检查的内容、时间和地点，并应附有自检记录和必要的检查资料。监理人应按时到场并对隐蔽工程及其施工工艺、材料和工程设备进行检查。经监理人检查确认质量符合隐蔽要求，并在验收记录上签字后，承包人才能进行覆盖。经监理人检查质量不合格的，承包人应在监理人指示的时间内完成修复，并由监理人重新检查。对“承包人已经覆盖的隐蔽工程部位，当监理人对质量有疑问的，可要求承包人对已覆盖的部位进行钻孔探测或揭开重新检查，承包人应遵照执行，并在检查后重新覆盖恢复原状。

本案承包方在增加的燃气管道施工完成后，没有按照燃气管道工程施工验收规范要求，用压缩空气对整段燃气管道重新进行吹扫或用清管球进行清扫，已经是违规操作在先，为掩人耳目，隐瞒自己的行为，躲避监理方的检查验收，利用发包方早完工早验收的心理，间接促成发包方对监理方工作的干预，借此对监理方变相施压，达到自己蒙混过关的目的。这不是一个成熟的施工承包商明智之举。到头来反而弄巧成拙，聪明反被聪明误。

管线施工与验收交叉环节管理控制要点如图4-2所示。

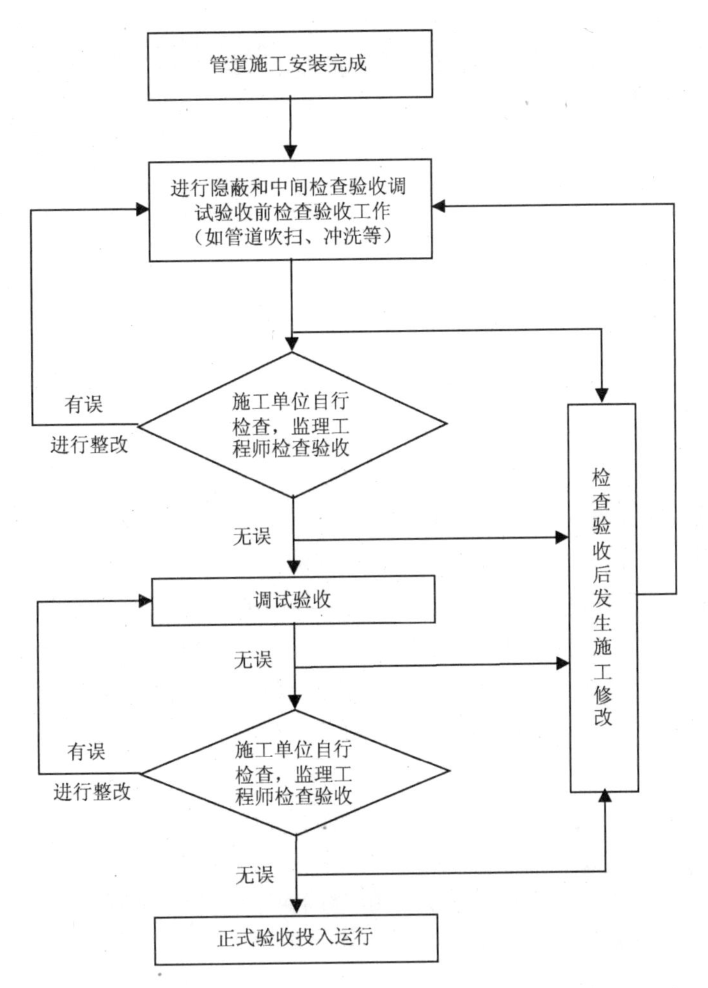

图 4-2　管线施工与验收交叉环节管理控制要点

5

非减振支吊架让振动彻底失控

案例简述

发包方：某培训楼工程办

承包方：B 设备安装有限公司

某培训楼新建工程即将进入机电专业安装阶段，其中的动力设备减振消声处理和建筑吸声处理，因专业性强、技术复杂，发包方在工程招标一开始就把这部分施工内容定为发包方发包专业工程，由专业公司实施。发包方通过招标，确定了分包方 C 减振公司（以下简称 C 公司）。分包工程范围包括：

（1）冷水机组、冷却泵、冷冻泵的消声减振处理及减振台架、减振器的安装。

（2）安装管道弹性支吊架，对管道穿墙部位做隔声处理。

（3）对机房顶板、墙面做吸声处理。

但当发包方准备与 C 公司签订分包合同时，考虑到所有系统管道安装属于工程承包方合同范围，认为对管道穿墙部位填充吸声材料，安装管道弹性吊架和支架对承包方而言是举手之劳的事，于是决定把这部分工作内容仍然交给承包方施工。这样，原计划由 C 公司完成的三项消声减振施工内容中的第二项转给了承包方——B 设备安装有限公司（以下简称 B 公司）施工。发包方在与 C 公司签订的合同中明确："设备管道经消声减振处理后，机房周围环境噪声平均值应低于 40dB。"

明确了承包方和分包方各自的合同范围后，B 公司和 C 公司很快调整施工计划，相继开展施工。两个月以后，C 公司完成了冷水机组、冷却泵、冷冻泵基础减振器安装，B 公司也完成所有管道安装和机房顶板及墙面的吸声处理，系统全部施工完成后，承包方对各项设备进行了开机调试。

从调试结果看，冷水机组和冷却泵、冷冻泵减振效果不错，运转平稳，没有发出杂乱和尖利的噪声。两个月后，工程竣工验收，于当年 7 月投入使用。该项目一层出租给了一家商业银行，但这家银行在试营业后的第三天向发包方发来了一封公函：

“我行于某月某日投入试营业，营业期间，当使用空调时，首层大厅地面、墙体有明显振动和持续噪声，经我行工程部专业人员对该部位进行噪声测定，噪声平均值在60～65dB左右。该噪声对我行正常办公造成严重影响，请贵方尽快解决，以保证我行试营业正常进行。”

发包方看到函件，甚感不解。明明看到制冷机房大动力设备安装了减振器，顶板和墙面也填充了吸声棉，设备调试时，未发现运转声音有异常，验收都已经通过了。为什么还会出现这种情况？况且，60～65dB的噪声值与合同规定的噪声值相差得太远！

当减振方面的专家查看现场时，发现了其中的问题。原来，用来固定管道的支吊架并没有采用弹性支吊架进行支撑和连接。而是采用普通刚性支吊架。管道穿墙部位填充的材料也不符合弹性衬垫的要求。这样一来，设备运转时产生的振动，就会通过设备基础沿着建筑结构和墙体向上传递，也会通过管道介质和固定管道连接件传递和辐射噪声。管道采用弹性支吊架，管道穿墙填充吸声棉等弹性材料，目的都是要通过弹性连接，切断传播“固体声”的桥梁，从而有效降低周围房间的噪声级。

专家的结论一出，发包方、B公司与C公司就此展开了一番争论。

焦点回放

发包方问C公司：我们有合同约定，“设备管道经消声减振处理后，机房周围环境噪声平均值应低于40dB”。现在噪声值和合同标准差这么多，你们是做消声减振的专业公司，如何解释？

C公司：这不是我们的问题。

发包方：按合同要求，减振公司应负责机房内动力设备和管道的消声减振处理，现在噪声达不到合同要求，怎么能说不是你们的问题？

C公司：我方在和贵方讨论合同技术要求时，提出过管道穿墙部位必须做吸声处理，固定管道的支吊架应该采用弹性支吊架。专家提到的这两个问题，我们在一开始就明确提出来了。

发包方：既然一开始就提出来了，施工中为什么没做？

C公司：不是我们不做，是贵方在与我们签订的合同里取消了这部分施工内容。你们可以看看我方施工承包范围，并没有对管道穿墙部位做吸声处理和安装管道弹性支吊架的内容。

发包方：（似有所悟）减振公司按合同执行情有可原。那既然划给了承包方，B公司为什么也没做？

承包方：我方按图施工，图纸说明里对固定管道的要求就是采用刚性支吊架，管道穿墙部位填充材料也没有要求必须是弹性材料。

C 公司：施工图没有这方面的说明也属正常，消声减振设计专业性很强，一般设计单位对此并不了解。

发包方：两家公司在一个机房里施工，为什么不互相提醒和相互配合？这样也许就不会出现今天的状况了。

承包方：现场施工只能依据图纸。我们没有收到过消声减振设计图纸或设计变更，出了这样的问题不能完全怪我们。

发包方：现在不是讨论谁承担负责任的问题，银行需要尽快恢复营业，眼前最要紧的是解决问题。C 公司是专业公司，这两项内容由你们来完善实施，

C 公司：我们马上安排计划，准备材料，尽快施工。按照以往经验，这两个问题解决了，噪声是可以达到要求的。

C 公司在一周内完成了对管道弹性支吊架的更换和管道穿墙吸声棉等弹性材料的填充处理。发包方重新对噪声进行了测试，达到了合同要求的噪声标准。

评析与启示

本案中，发包方在与 C 公司讨论合同时，并没有派专业技术人员参加，制订合同的相关人员认为只有大动力设备才会产生较强振动和噪声，也只有这些设备才需要做消声减振处理，管道没有运转部件，又是固定不动的，不存在振动问题，也就不需要做消声减振处理。发包方认为承包方施工合同里既然已包含了所有专业的管道安装内容，让承包方负责管道支吊架安装自然顺理成章，这样不需要额外付给 C 公司消声减振处理的费用，可以减少 C 公司的部分工程款，发包方这种做法并无不妥，但是发包方调整了承包方和 C 公司合同内容后，却没能及时通知承包方和设计单位办理图纸修改和设计变更。而 C 公司虽然知道设计单位缺少对消声减振专业的了解和设计经验，设计施工图很难达到专业要求，但宁愿多一事不如少一事，在调整合同内容的讨论中并未作必要的解释。施工中，C 公司认为对管道穿墙部位做吸声处理和安装管道弹性支吊架不属于自己的合同范围，因此不会主动承担那些不属于自己合同范围里的工作，更没有义务检查承包方施工情况，况且，安装管道弹性支吊架是任何一个安装公司都可以胜任的，因此无须对此关心和提醒。本案承包方认为设计施工图说明要求固定管道采用刚性支吊架，并没有提出对管道穿墙部位填充弹性材料的要求，自然只能照图施工，而没有从专业角度和以往的施工经验中深入思考。工程中的消声、减振、降噪是相互联系且缺一不可的整体，要想对噪声振动整体控制得好，哪个环节也少不了。本案中，虽然设备基础采取了减振措施，结构顶板和墙面也采取了吸声处理，但就因为采用了几个非弹性连接的支吊架、对几处管道穿墙部位没有填充弹性材料，使得整体减振降噪效果大打折扣。

C公司应该最了解消声减振处理环节，又和承包方在同一个施工现场。应该看到承包方没有按照规范要求施工操作，却未向发包方和承包方做出任何提醒，甚至不进行交流。

承包方认为发包方已经指定专业公司进行消声减振施工，所以一切跟此有关的施工内容就与自己无关，只管照图施工。

各管一摊，互不干涉，看似施工界面清晰，但因缺少施工中的相互配合，小问题有时也会误大事。在工程建设中，参与的专业和单位越多，需要管理的层次就越复杂，各环节、各方面相互沟通和善于沟通就显得尤为重要。

6 加厚的保温棉让保温失去效果

案例简述

发包方：某培训楼管理办公室

承包方：某安装公司

设计方：某建筑设计院

某培训楼工程于某年五月份交付使用，在当年使用期间，发现位于地下一层走廊顶棚内的两根 *DN*200 空调水管外包橡塑保温层完全湿透，很多地方出现渗水，地面上出现大面积积水，天气越热，渗水现象越严重，物业管理单位立即反映给培训楼管理办公室，同时发包方也意识到了问题的严重性。工程还在缺陷责任期内，发包方赶紧联系工程承包方到现场处理。

承包方施工和技术人员来到了现场，翻开管道保温棉检查了一番，向发包方解释说，空调水管外包橡塑保温层湿透和渗水，是因为保温层设计厚度不够所致。施工时，现场施工人员在原保温层外面还加厚了一层，如果按原设计只包覆一层保温棉的话，渗水可能比现在还要严重。

第二天，发包方把该工程设计方请到了现场，设计方对眼前的现象也感觉难以解释。凭经验判断，保温层设计厚度应该满足设计规范标准，像地下机房区域，当设计管径≥*DN*100 时，供冷管道的最小保冷厚度应为 25mm。施工图中，对管径≥*DN*100 的供冷管道，外包管道保温棉厚度设计为 28mm。高于设计规范标准。

为弄清楚问题原因，设计方要求拆开一段保温棉进行检查。承包方让现场施工人员拆下部分顶棚，设计方拆开保温棉以后发现，管道外包的保温棉有两层，每层厚度 22mm。个别管道在吊架支托处保温棉被切断，吊架与管道之间也没有放置木托。

设计方由此推断，空调水管外包保温层浸水、渗水的原因，是由于施工人员没有按照施工规范和设计图纸的要求进行施工而造成。

为此，承包方提出了异议。

焦点回放

承包方：我们不认同设计方的结论。对安装在地下室，管径≥*DN*100 的空调水管，设计图纸要求保温层厚度为 28mm。我们在施工中，管道保温做了两层，虽然每层 22mm 的保温棉厚度达不到设计图纸要求，但两层保温棉加起来厚度达到了 44mm，远远超过设计图纸要求。

发包方：为什么没有按照设计图纸要求，不用 28mm 厚的保温棉而是用 22mm 厚的保温棉对管道进行保温？

承包方：我们是按 28mm 厚的保温棉和厂家订的合同，但交货时，厂家说，之前一个大工程急用“几万方”，也是 28mm 厚度规格的，目前工厂 28mm 厚度规格的保温棉数量不够，差 20%，预计两周后才能到货。但有 22mm 厚的，货量充足，还说，因没能提供满足合同规格、数量的保温棉，感觉说不过去，同意把 22mm 规格的保温棉免费多送 40%。我们考虑，目前管道保温安装进度已经比计划滞后了，继续等待，怕影响整体专业安装进度，进而影响工期。我们也和技术人员商量过，他们认为可以把 22mm 厚的保温棉包两层，不仅符合设计要求，还加厚了 16mm。粗算了一下，地下一层保温棉的用量，如果用 22mm 规格的保温棉包两层，厂家多送的 40% 刚好够用。这样，在不增加任何费用的情况下，既满足了设计要求，又不影响施工进度。这个方法得到了公司领导的赞赏。

发包方：这件事的处理上，你们动了不少脑筋。从现场拆开的保温棉情况看，确实如此，总厚度超过了设计要求 16mm，这难道会有问题吗？

设计方：刚才我们都看到了，不少地方，吊架与管道之间没有按照施工规范要求设置木托，它们之间直接接触会产生冷桥，顶棚内温度较高的空气接触到温度很低的空调水管金属管壁，就会产生结露，结露顺着保温棉和管道间逐渐渗透，当保温棉完全被结露浸透后，就失去了防结露保温作用。包再多保温棉也不会起作用。更不会增强防结露保温的效果。而且，空气温度越高，与管壁的温差越大，潮湿渗透也越快，结露也越严重。这就是物业管理人员所讲的，天气越热，渗水越严重的原因。

实际上，如果采用设计图纸要求的管道保温厚度，并按照施工规范的要求，在管道与吊架之间设置木托，杜绝了冷桥，保温棉连续铺设，做一层保温棉足已。

发包方：监理方在检查验收时没有发现包了两层保温棉吗？

监理方：现场监理工程师检查时发现了两层保温棉，询问施工方，他们也提到了刚才所说的原因，监理工程师看到工期这么紧，进度又迟迟上不来，总厚度还高于设计要求，最后验收也就默许了。

发包方：没放置木托也没有看到?

监理方：现场监理工程师只抽查了部分吊架，发现一些吊架没放置木托，当时要求施工人员马上整改，并要求他们把所有吊架再自查一遍，把没放置木托的地方全部补上。不过，施工方自查后，我们没再复验，这是我们工作的失误。

承包方：本以为一举三得，反而出了纰漏。我们想不到，超厚的保温棉也会出现问题。

发包方：施工方没有按照图纸要求的设计规格进料，没有按照施工规范要求进行操作，验收检查过程中，监理方欠缺严格把关，导致了问题出现。

承包方：还是我们的管理工作没抓到位。要吸取这次教训，加强技术人员岗位培训，加强一线施工人员技术交底和操作指导，提升管理人员综合素质和水平。施工中严格质量管理。我们刚才已经商量了几种处理方案。对有问题部位，将按照设计及施工规范要求全部返工。

评析与启示

工程中出现的质量问题，在日后使用中经常会造成使用不便、功能降低、甚至发生事故的情况，究其原因发现，往往是因为在工程管理中，对某些细节的疏漏，或是对某个要求的忽视造成的。在本案中，承包方自认为一举三得的决策，是建立在对专业知识缺少了解的基础上制订的。在准备选用厚度22mm规格的保温棉前，如果征求一下设计方的意见，也许会避免选料错误的发生。过程中，厂家免费多送40%的保温棉，也是促使承包方做出改变材料规格决定的一个主要因素。在这里，用一句话告诫：世上没有免费的午餐。

承包方在保温棉施工安装中，质检人员没有对工序进行认真检查，不了解施工现场发生的情况，任由施工工人违规操作，承包方对施工质量管理的严重缺失是导致保温棉产生浸透渗水的直接因素。本案监理方作为施工质量的验收者，对质量检查和复查一带而过，助长了承包方不按规范施工的错误苗头，促成工程质量问题的发生。

承包方最后提到自己管理工作不到位，其实，管理工作不到位不只发生在一个工程中，也不只发生在承包商一方身上，它经常发生在管理过程中的各个层面和我们身边许多管理者身上。简单理解，如果每个管理者，都能严格执行管理措施，不让同样的问题反复出现，管理是不是就可以达到或接近一种良性状态？笔者不敢断言，但起码是朝着良性管理状态的方向更进了一步，可即使这样的管理状态，在我们周围，又有多少管理者能够达到呢？

7

场地测量数据出偏差，导致工程投资增数倍

案例简述

L市K设计公司为一家甲级资质设计单位，为拓展企业发展空间，该公司调整经营战略，决定“走出去”。在一个外省的实验基地设计招标中，K设计公司凭借良好的信誉和雄厚的实力，顺利拿下了项目设计任务。该项目位于偏僻山区，建筑面积8000m^2，基地室外道路需要依山势设计，地形起伏大，设计较复杂，K设计公司第一次做外省项目，对当地周边环境陌生，因此对这个项目格外重视。

为了更准确了解当地情况，K设计公司决定组织相关技术人员到当地进行实地考察，现场办公。设计组一行人来到项目所在地，发现几乎找不到这块场地现成的地勘资料。聘请当地具有资质的勘测单位进行测量又困难重重，可操作性不大，K设计公司设计组考虑到当地经济发展的条件和局限，决定选用L市勘测单位前来当地进行现场勘测，获得公司批准。

K设计公司经过比选确定了C勘测院，签订合同后，C勘测院很快派来技术组到现场，一周后，收集好了设计所需要的各种数据回到L市，紧锣密鼓地开始地勘图设计。工作进行了半个月后，设计人员发现，基地大门南侧有一块区域测量的数据不全，无法准确绘制这个部位的竖向图，可是为这几米再跑一趟现场，设计人员认为不划算。因现场地处偏僻，交通极为不便，需要坐火车再倒长途车，到了当地再租车，开车三小时后才能到达。设计人员想到了一个办法，把需要测量的数据、使用的工具和测量方法告诉驻扎在现场的K设计公司设计组成员，请他们代劳帮忙测量，然后拍成照片发回来。C勘测院设计人员和K设计公司设计组成员沟通了情况，并向其说明将承担测量过程中的一切费用。

现场K设计公司设计组成员根据C勘测院设计人员的要求来到基地临时大门附近，却发现因接连几天的大雨，附近的道路已经泥泞不堪，而且在大门口周围不知什么时候堆起了一个大土堆。不过，设计组成员还是克服重重困难按照C勘测院设计人员指示的方法进行了测量，但土堆占着的路段因条件所限，只好放

弃测量，设计组成员拍下了土堆区域及周围地形，与所测数据一并传给了C勘测院设计人员，设计人员根据这些数据和照片完成了竖向图。

两个星期后，C勘测院按照合同要求和设计周期，完成所有勘测技术文件交给K设计公司，K设计公司以此为依据，完成了项目规划及方案设计。设计方案因充分利用现有地形，功能考虑细致周全而获得建设单位一致肯定。K设计公司马上组织各专业人员开始施工图设计，两个月后设计完成。

建设单位按照招标程序确定了施工单位和监理单位。施工单位进场后，进行定桩放线时，发现实际放线后，基地大门所在场地实际宽度比施工图设计参照的测量图所示宽度少了约3m。原来，K设计公司设计组成员测量当天，因路面泥泞、高低不平，加上土堆遮挡，影响了测量准确性，设计组成员又是非勘测专业人员，没有专业测量仪器，这使测量数据产生了较大偏差。C勘测院在这个数据基础上完成的勘测技术文件，设计出入可想而知。

建设场地西侧靠山，东侧是陡坡，K设计公司想改变建筑方案和位置却没有空间可以调整，即使有空间，重新修改后的设计方案需要再次报审及等待批复等一系列手续，将会让开工变得遥遥无期。建设单位要求K设计公司进行方案修改的前提必须以保证工程按时开工为原则。K设计公司建议调整大门位置，避开门前上坡段，建设单位提出大门设计方案是经各方审定通过的，不宜做实质性改动，建议K设计公司利用现有条件，尽量维持原设计方案不变，采用在施工中改变施工方法的手段进行补救。

K设计公司和施工单位再次对现场进行考察，反复核算，最终采用对西侧山体和东侧陡坡设置局部挡土墙的施工方案，K设计公司出具了挡土墙设计变更图，问题至此得以解决，但调整后的挡土墙施工方案却增加了近30%的工程投资，影响了施工进度，工期因此而拖延，建筑外观实际效果也因挡土墙的影响与预期效果相差甚远。

评析与启示

本案中，K设计公司考察发现当地没有项目所在地的地质勘测资料，采取比选确定专业勘测设计院对现场进行勘测的做法是符合建设管理程序的。只可惜，第一次实地测量就漏掉了基地大门南侧附近的数据，而在发现漏测数据后，又因为路途遥远、交通不便、成本太高、出行太辛苦，没能亲自前往，而是委托了非专业的K设计公司设计人员代为测量，而K设计公司非勘测专业设计人员又碰上了恶劣天气，在缺少专业测量仪器的情况下进行了测量，最后得出“少了约3m”的结果也就不难理解了。工作责任心不强，做事马马虎虎，跑工地嫌麻烦、怕辛苦，测量人员和测量仪器不专业，几个失误环节联系在一起，就导致了重大偏差。正所谓一着失误，全局失控。

很多国内施工企业对本地以外项目的实地情况缺乏深入和全面的了解，常常对困难估计不足，准备不充分，无法做到防患于未然。另一方面，企业为了降低成本，缺少对专业人员和专业设备足够的投入。结果省小钱造成大损失，小工程出现大问题，这样的例子太多了。教训是深刻的。

8 施工风道清理检查不到位，导致消防系统风量不达标

案例简述

发包方：某经济区开发办

承包方：某建筑公司

某经济区开发办负责建设的一座招商大楼工程，已进入竣工收尾阶段。该工程建筑面积40000m²，消防工程中的防排烟系统由承包方下属的一家安装公司分包施工。为保证消防验收一次通过，承包方首先组织各分包单位对消防各系统进行了自检。

该大楼地上14层，地下2层。楼梯间设有加压送风系统。承包方在对加压送风系统送风口进行抽测时，发现风口风量随楼层的降低，越来越小，到了第一、二层，几乎感觉不到送风口的出风。经核算，系统平均风量只达到了设计风量的1/2。远远达不到消防验收的要求，这样的结果让开发办非常着急，第二天，紧急召集承包方及相关分包单位进行磋商。

焦点回放

发包方：马上要组织消防验收了，自检的结果这么不理想，各方今天都在这里，一起分析分析，是什么原因造成的，有什么解决办法。

承包方：检测记录显示，送风量随楼层的降低而减小，风道顶端连接的是屋顶风机，我们认为，屋顶风机设计的风量过小是造成风量不够的主要原因。设计人员可能没有考虑到风道的漏风量。如果更换功率大一些的风机，风量能加大一倍。

如果更换风机，需要重新设计和订货，势必会影响消防验收，可发包方已经向消防验收部门递交了验收申请，正在等待回复，据发包方联系验收事项的工作人员反馈，这一、两天就能有答复。这个时候要更换风机让发包方感到很棘手。发包方立即联系设计单位到现场会商。并把检测情况事先向设计人员做了介绍。设计单位很快派人来到现场。

发包方对设计单位说：都到了要验收的节骨眼上，还存在这样的问题，实在说不过去，请你们来就是要尽快拿出处理方案，解决问题。承包方认为是屋顶加压送风机的风量选小了，造成风口风量不够。检测数据你们已经看到了，楼层越低，其风口风量越小。

设计单位：我们接到贵方的通知后，立刻组织设计人员对屋顶风机的选型重新进行了计算和复查。结果显示风机在计算设计风量时不仅已考虑了系统漏风量，还预留了一定富余量，风机风量为 15000m^3/h 是符合设计和消防验收要求的。如果仍对风机设计风量心存疑问，可以对风机与风管连接处的出风量做个测试。

各方人员来到屋面，承包方用专业仪器对风机与风管连接处的出风量进行了测试，数据结果显示风机风量接近 15000m^3/h，满足设计要求。

发包方：从测试数据看，风机设计选型没有问题，应该是风道系统出现的问题。承包方做过漏光测试吗？风道里会不会有什么东西堵住了？

承包方：安装公司对风道做过漏光测试。自检前，也要求安装公司清理风道垃圾了。

发包方叫来监理工程师：我们再逐层检查一下，拿个大号照灯来，吊进风道里看看有没有漏光点和堵塞点。

经过仔细检查，终于找到问题症结。在 11 层～13 层之间发现了不少编织袋、混凝土块、木棍、钢筋等施工垃圾。在 10 层上下，发现了多处漏光点。很显然，风机的送风在经过第一道施工垃圾阻挡之后，又在不严密的风管接口漏出去一部分，到了第一、二层，风量可想而知。

发包方对承包方：你们怎么做的自检？不是说都做了漏光测试，也清理了风道吗？这么多的垃圾和漏光点又怎么解释？

承包方：自检前，我们对安装公司都进行了交代，要求清理垃圾和逐层检查漏光点，可能在风道中、上段工人操作起来比较困难，这些工作没做到位。我现在就向安装公司了解。

20 分钟后，承包方主管人员回到会议室。

承包方：向安装公司了解过了，风管刚开始安装时，确实每施工一层，做一次漏光测试，到了后期，因工期催得紧，就马马虎虎了。自检前，安装公司也派了几个工人轮流对风道里的垃圾进行清扫，一直做到九层，没再发现垃圾，就认为整条风道没有垃圾了。然后向工长做了汇报，告知其风道已清理干净。工长也没再去检查。

发包方：监理工程师没有一起检查吗？

监理工程师：最初几层做漏光测试时我方都派监理工程师进行了检查，之后几天，因现场监理工程师身体不舒服，就没上去逐一检查，只看了看他们的测试记录，没发现问题。清理风道垃圾的情况，承包方向我方做了详细汇报，我方分别对一层和顶层进行了抽查，没发现垃圾，就未再检查其余几层。

发包方：一线工人马马虎虎，施工工长只听汇报，监理工程师检查不到位，不出问题也难哪！国家工程建设主管部门对处置建筑垃圾等现场文明施工管理有明确要求。作为施工方和监理方都应当按照有关规定切实认真地执行。

会后，承包方安装公司重新对风管接口进行了密封，清理了风道施工垃圾，再次测试各风口风量，达到了设计要求和消防验收标准。

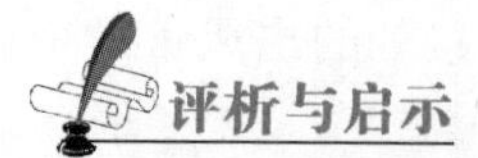

评析与启示

提高工程建设各级人员管理素质和责任心，避免同类错误重复出现是工程建设管理者的职责所在。

本案中，承包方管理人员安排工作只交代不检查，只听汇报不调查，工作浮于表面，助长了工人对工作放松懈怠、凑合了事、投机取巧的不良行为。而缺少了监理工程师的有效监督和跟踪检查，在一定程度上也为这种行为开了绿灯。

承包方作为施工组织者、管理者，要想保证工程顺利进行，重要的一点是让每一个上岗人员都能各司其职，各负其责，一线人员应严格按照施工规范要求操作，管理人员应严格按照管理规程要求切实执行。

监理方作为工程检查者，要想保证工程质量，应让每一个监理工程师自觉地遵守监理规定，恪尽职守，严格按照监理大纲和监理合同的要求对工程质量监督到位。

9

发包人采购设备完成进场交验，承包人现场保管理应尽职尽责

案例简述

某建筑公司承包了某科研所（发包方）实验综合楼工程。该工程一台小型柴油发电机组属于发包人采购设备。在发包方与承包方签订的施工合同中，专用条款规定，发包人负责采购的货物由发包人供货至承包人指定地点。承包人负责货物的场内倒运、吊装、就位、接线，设备安装、系统调试、竣工验收等工作。

发包方人按照供货合同约定的交货期，将货物运到工地现场，货物包装为木箱结构。发包方代表与监理工程师、承包方代表对货物包装外观、数量、型号进行了清点验收后，向承包方办理了移交手续。第二天，承包方将设备包装箱吊运到地下二层柴油发电机房就位。因工程进度拖延，在柴油发电机组运进机房一个月以后，承包方才通知发包方、监理方进行开箱交验。在供货厂家的指导下，现场工人打开了设备包装箱，却发现包装箱内一根加固箱体顶板的木方掉了下来，将柴油发电机组上的一只减压阀砸掉，经查看，阀体已损坏。发包方、承包方、供货方针对砸坏的这个减压阀该如何处理发生了争论。

焦点回放

承包方：已到现场的柴油发电机组少了一个配件，就不是完好无损的货物了，应该重新换一只新的减压阀装上，才能办理交验手续。重新发货和装配需要一段时间，与机组连接管线的安装也只能向后顺延了。

发包方问供货方：如果并没有太大的损坏，可不可以修好再用？

供货方：这需要拿回厂里检测才能知道，就算修好了重新装上，机组运行后减压阀是否能完全正常动作可不好说，而且阀体已经受损，使用寿命也会受到影响。换一个新的减压阀装上最稳妥。我们现在要讨论的是设备包装箱为什么会损坏，设备从出厂到工地现场这段运输路程，设备包装箱一直是完好的，跟车工人都检查过，没有发生过破损。怎么会在没拆包装箱的情况下发生箱体里的木方掉下来的事情呢？这完全不合情理。这是运输中出现的问题，还是运到现场后出现

的问题，我方认为应该搞清楚。我们已经把现场情况向工厂汇报了，厂里也是这个意思。换新阀的费用是谁的责任就该由谁来承担才比较合理。

承包方：设备吊运就位后一直放在机房里，机房门平时都上锁，没人进来过。开箱前，你们都看到了，包装箱并无破损。开箱过程也是在供货厂家指导下进行的，我方认为应该是在装货或者运输过程中出现的问题，会不会中途发生过碰撞？

供货方：不可能，工厂派人全程监督设备装车过程，没有发生过碰撞。运输过程刚才已经说过，也不可能发生这样的情况。

承包方：那就奇怪了，包装箱外观明明是完好的，里面的木方怎么会掉下来？总不可能自己掉下来吧！

发包方：这件事确实有点奇怪，请把箱子按照没拆前的原样合好，看看能发现什么？

供货方与现场人员一起，把拆下来的包装箱重新合好。在场人员再次进行仔细观察。

发包方：包装箱顶板与侧板交接处有撞击痕迹。

监理方：前几天，柴油发电机房上一层进行土建作业施工，工人拆除钢架子时，把不少钢管从机房顶板上的洞口运送下来。

经监理方核查顶板和侧板撞击痕迹，认定与钢管撞击痕迹相符。

监理方：可能在工人向下运送钢管时，部分钢管撞击到包装箱顶板和侧板交接的地方，造成加固包装箱顶板的木方脱落。

发包方：木方脱落又砸到减压阀上。现在可以排除设备在装货和运输过程中发生碰撞砸掉减压阀的可能了。为保证设备长期稳定运行，请生产厂家尽快调送一只新的减压阀，由承包方协助供货商安装，并承担发生的费用。装好后抓紧办理设备交验手续。

供货方：原因找到了，责任清楚了，我们抓紧向工厂催办，争取三天内把减压阀送到现场。

发包方：三天时间不会影响后续安装的进度。

承包方：我们协助厂家没有问题，安装过程抢一下时间，也不会耽误工期。不过，货物是发包方采购的，发包方对自己采购的货物发生了损坏，是不是也应该承担保管不善的责任呢？

发包方：在我们双方签订的合同中，约定承包人对发包人采购货物的管理要求是："承包人负责所有设备的场内倒运、吊装、就位、接线，设备安装、系统调试、竣工验收等工作"。虽然在这里没有提到由谁保管的问题，但请你们再研究下《房屋建筑和市政工程施工合同》（示范文本）第5.2款："发包人应在材料和工程设备到货7天前通知承包人，承包人应会同监理人在约定的时间内，赴交货地点共同进行验收，除专用合同另有约定外，发包人提供的材料和工程设备验收后，由承包人负责接收、运输和保管”。一个月前，我方和监理方一起清点验收了设备包装外观、数量和型号，与你们办理了移交手续，这张收货单上有你们接收人的签字，你们当时也留存了一张。

承包方让材料设备部找到了这张单子，确实如发包方所说。

发包方：在你们负责管理的施工场地内，对所有设备都应负有成品保护的责任，这与设备由谁来采购，是不是已经交验没有关系。

承包方对此只好认可，并表示愿意与供货厂家共同配合，尽快将减压阀装好，抓紧进行下一步的安装工作。

评析与启示

本案发包方采购的柴油发电机组运到工地后，会同监理工程师和承包方代表对设备包装箱的外观进行了验收，确认无误后与承包方办理了货物移交手续。承包方对货物情况是清楚的。货物移交后，承包方应当承担起妥善保管货物的责任。在此期间，由于承包方不当施工造成货物损坏，应由承包方负责赔偿。承包方在自己管理的施工现场内，对已吊装就位的设备采取的成品保护措施不利，没有对工人不规范施工行为及时纠正，导致设备损坏，反映的是承包方施工现场管理混乱的深层问题。

在工程建设过程中，材料设备到场交货验收后出现保管不善而导致材料设备损坏的情况时有发生。因此而产生的损失责任由谁来承担或由谁来买单的纠纷屡见不鲜。对此，大家应该有一个共识，处理纠纷最重要的依据就是合同。本案发包方与承包方签订的合同中，专用合同条款明确：“货物场内倒运、吊装、就位、接线，设备安装、系统调试、竣工验收等工作由承包人负责”，通用合同条款对“发包人提供的材料和工程设备验收后”应由“承包人负责接收、运输和保管”也做了明确规定。从合同角度看，本案设备损坏的原因应是承包方没有按照合同约定尽到现场管理责任而造成。

10

未充分了解使用特点和使用规律做设计，空调系统刚刚投入运行就面临重新改造——空调系统改造之设计环节

案例简述

某六层多媒体教学楼，建筑面积为18000m²，原施工图把三个教学区设计为三个独立空调系统，即每个教学区分别设计一套冷水机组、冷冻泵、冷却泵、冷却塔及循环管路。三个系统独立运行。冷水机组运行调节能力为二级，负荷低于设备额定制冷量50%时，机组自动停机。

工程按期验收，于当年7月投入使用。在两个月的运行中，冷水机组频繁停机。而且，使用空调的房间越少时，停机越频繁。

物业管理人员经过对两个月空调使用的情况调查发现，冷水机组实际出力远大于需求负荷。校验其中一套负担教室区域空调系统的冷水机组制冷量发现，机组在大部分运行期间都很难达到额定制冷量的50%。因此，设备运行常因负荷过小，达不到冷水机组正常运行的最低负荷条件而发生频繁停机。

该项目建设单位（以下称甲方）找来原设计单位，同时聘请专家，组织物业管理单位针对这个现象研究对策。

焦点回放

甲方：工程已经竣工投入使用两个多月了，总的来说，各个系统运行基本正常，但物业管理单位反映冷水机组在运行中有些问题，今天，特地请你们来商量一下。

物业管理单位将两个月以来的冷水机组运行记录交给设计单位。

物业管理单位：这个教学楼对应三个教学区分别设计了三套冷水机组、冷却塔、冷冻泵和循环管路。现在学校放暑假，学生上课不多，上课的教室分布在三个教学区里，哪间教室上课，就开哪间教室空调，相对应这个区域的冷水机组就要开机，我们分析，冷水机组出现停机的原因可能是每个区域使用负荷太小，达不到冷水机组正常运行条件造成的。

设计单位：当时设计时，考虑到教室分布在不同区域，所以按不同区域单独

设计了空调系统，系统设计是没问题的。教学管理上可不可以把课程集中时间安排，并集中在一个区域的教室里上课？

甲方：我们只负责建设，教学的事要么学院自己安排，要么学校统一安排，你这个建议不错，不过很难做到。

物业管理单位：三个区域的教室分布都比较分散，单就一个区域看，教室并不多，如果集中排课，每个区域里的教室也不够。

甲方：在讨论建筑方案和教室分布设计要求时，也不是按集中教室和集中排课这个设计方向讨论的。

设计单位：贵校教学排课通常是怎样进行的？

甲方：其实刚才已经讲过，排课是各个学院根据自己的需要定计划。如果是学校统一安排的课程，会由负责教学的部门统一计划。

设计单位：也就是说，排课是没有规律的。

甲方：规律是相对的，例如假期比平时就会相对集中。但从一个学期、一学年来看，是不规律的。另外，假期学生放假，排课虽然集中，但排课量比平时要少得多。

设计单位：这样说，集中教室，集中排课是不太现实的。目前每个区域的教室使用时，是不是都要开启这个区域供冷的冷水机组？

物业管理单位：就是这样状况。

设计单位：这样运行确实不经济、不节能。

甲方：学校这个特点，在设计方案讨论会上做过介绍，当时，贵设计院项目负责人也在场。会议讨论议题形成了会议纪要，你们回去查一查。

设计单位：项目负责人也许认为教学排课和我们专业关系不大吧！所以没有把贵方意见转告给我们。

甲方：请问专家，教学排课不集中，教室分布比较分散和冷水机组频繁停机有什么关系吗？

专家：学校教学楼使用情况与商业办公楼使用情况不太一样，主要体现在每天使用规律不一样这一点上。学校教学场所是教室，排课时间不确定，教室什么时候使用也不确定。这座多功能教学楼设计的教室分布在三个教学区，每个教学区里哪怕有一间教室上课，负担这个教学区的冷水机组和空调系统都要运行，冷水机组容易出现大马拉小车、负荷低于50%的情况，停机是必然的。暑假期间，每天上课的教室很少，使用负荷更低，机组停机也会更频繁。刚才物业管理单位的分析很有道理。

甲方：有什么办法可以解决这个问题？系统该怎样改进？

专家：现在三套空调系统、三台冷水机组各自独立运行，相互不兼顾，使用效率低，不经济，不节能，长期运行下去，会对设备造成损害。让这三套空调系统、三台冷水机组兼顾运行才是较合理的改进方案。

甲方：我们曾咨询过兄弟院校，像这种使用情况的教学楼，冷水机组最好采用互为备用的设计形式。

专家：将独立的三台冷水机组通过连通汇管并联后分进三个分水器；原三条冷冻泵引入管也通过连通汇管并联后分进三台冷冻泵，这样，三台冷水机组和三套空调系统就可以通过连通汇管并联起来。三台冷水机组和三个教学区的三套空调系统就可以兼顾使用了。

甲方：这个办法好，改动简单，改造量小，费用少，工期短。设计单位是什么意见？

设计单位：我刚才也在考虑这个方法，经专家分析，系统这样改动是比较经济合理的。

设计单位按照讨论的意见重新修改了设计方案，甲方决定来年空调季开始前对空调系统进行改造。

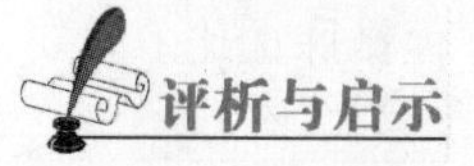

评析与启示

本案中，冷水机组频繁停机的表象，反映的却是设计单位在没有对学校教学使用特点和使用规律充分了解的情况下，闭门造车的现象。在讨论设计方案时，甲方针对学校教学情况，排课情况向设计项目负责人进行了介绍，遗憾的是，项目负责人也许认为会上讨论的这些议题只与建筑专业布置多少间教室有关，与其他专业无关，所以没有反馈给空调专业设计人员，使得空调专业设计人员没有全面掌握学校教学特点和教学规律，也未对商业办公楼和学校教学楼使用功能上的差异进行市场调查和比较，导致对学校每年暑期出现大部分时间中断教学、教室空置的情况估计不足，只按照一般性办公楼设计思路，考虑三个教学区教室上课时都能使用空调，设计了三套独立的冷水机组和空调系统，想法看似周全，但因为不符合学校教学特点和规律，显得不切实际，使空调系统在投入使用后出现设备使用效率低，运行不经济、不节能的问题。

对于一个设计项目，设计单位通常以项目团队形式开展工作，项目团队由项目负责人和相关专业设计人员组成。设计过程是否顺利，设计图纸是否切合实际，使用要求、使用功能等各个细节是否考虑充分，很大程度上取决于项目负责人和专业设计人员对本专业和相关专业知识了解的程度，以及与设计团队、建设单位及其他参建单位的工作配合是否顺畅，这当中，项目负责人的协调作用至关重要。各专业设计人员也不能只满足于把自己的专业做熟做精，符合规范，还应触类旁通，兼收并蓄。把每一次设计任务都当作是新起点，深入细节，了解项目需求各个特点。主动参与，主动研究，加强沟通，善于交流，应成为每个设计人员的工作追求。

11

不合理的系统设计已修改，改造后运行为何又出问题——空调系统改造之施工环节

案例简述

我们延续上面这个案例，看看在空调系统改造完成以后发生的事情。

甲方拿到了设计单位修改的设计方案后，决定在来年空调季到来前，对这个建筑面积 18000m^2 的六层多媒体教学楼空调系统进行改造。第二年五月份，施工改造提上议事日程，出于从对工程熟悉程度的角度出发，甲方决定仍委托原工程施工承包商进行施工改造。考虑到工作量不大，施工周期不长（补充协议签订的合同工期为 7 ~ 10 天），甲方没再委托工程监理。

施工承包商按照合同约定的计划，于五月中旬，完成了三台冷水机组连通汇管的并联改造，着手进行系统调试，甲方工程师查阅了施工方自检记录，对安装情况进行了检查，没发现什么问题，于是让物业管理单位通知冷水机组生产厂家售后服务人员前来协助开机试运行。冷水机组在开始运行的几天中，偶尔会有一两次压力反常报警现象，其余运转良好，物业管理人员并未在意，接下来的一星期，三台冷水机组频繁出现压力反常并接连报警，进而相继进水，出现故障而停机。

物业管理人员紧急叫来甲方、施工承包商和设备厂家售后服务人员到现场，厂家售后服务人员通过对冷水机组开盖检查，发现三台冷水机组的蒸发器铜管均有不同程度断裂，其中一台冷水机组的蒸发器中部靠近隔板和下壁的一根铜管被完全切断，裂口近 10cm，断裂铜管明显变形，其相邻铜管也有不同程度的撞击痕迹。设备厂家售后服务人员断定，铜管破裂造成蒸发器漏水，导致冷水机组进水。

甲方心中恼火，去年才把设计问题解决，刚刚松口气，今年开机才运行几天，就出现这么大故障，导致三台机组全部停机，严重影响了正常教学和学生学习生活，必须马上进行处理。第二天，甲方找来空调研究所检测人员对故障进行分析排查。

空调研究所检测人员在检查蒸发器时，发现铜管间夹杂有不少焊渣，但连接在冷冻水管前面的过滤器却没有异常。

焦点回放

检测人员：空调系统是第一次投入使用吗？

甲方：去年夏季投入使用，运行了两个月。原设计三台冷水机组和三套空调系统各自独立运行，因使用负荷小，达不到冷水机组正常运行最低负荷标准而频繁停机，既不节能又不经济。去年设计单位对原设计方案进行了修改，今年五月份施工单位对系统进行了改造，两周前刚开始试运行。

检测人员：去年运行时，观察过蒸发器进出口压力吗？有没有记录？

物业管理人员：有的。

说着，把去年的冷水机组运行记录拿给检测人员看。

检测人员：从去年的运行记录看，蒸发器进出口压降平均在0.06~0.08MPa之间，与设备样本标注的额定压降0.051差别不大，这两周的运行情况如何？

物业管理人员把两周以来的冷水机组运行记录交给检测人员。

检测人员：这两周运行记录显示，蒸发器进出口压降平均为0.1~0.15MPa。也就是说，今年改造后的空调系统，冷水机组蒸发器进出口平均压降比去年改造前的冷水机组蒸发器进出口平均压降多了一倍。

甲方：压降增大，是不是说明阻力加大了？

检测人员：是这样。从现场检查情况看，蒸发器铜管之间没有明显堵塞，说明阻力不是来自铜管之间的堵塞。原系统为一组分水器对应一台冷水机组，经过改造后，现在为一台冷水机组通过汇管对接三组分水器，负担三个教学区，这样，水流通过蒸发器的速度就会加大，阻力和流量也会成倍增大，过高速度的水流穿行在铜管之间，一方面会使铜管颤动，容易造成铜管剪切断裂，另一方面也会让残存在铜管间的焊渣对管壁形成强烈的碰撞冲击，加速铜管断裂。

甲方：这些焊渣是怎么回事？是去年施工留下的还是这次改造施工留下的？

检测人员询问了改造情况后说：铜管间有不少焊渣，但连接在冷冻水管前面的过滤器没有异常。说明这些焊渣是这次施工改造中残留的。

甲方问施工承包商：这次施工后，你们没有对管道进行冲洗？

承包商：应该不会，我问下安装经理。

承包商出去进行了一番电话联系返回。

承包商：工人们确实做了管道冲洗。怎么还会有焊渣？

检测人员：这要看怎么冲洗，冲洗到什么程度。《工业金属管道施工质量验收规范》规定：管道水冲洗应连续进行，设计文件无规定时，排出口的水色和透明度应与入口处的水色和透明度目测一致。管道水冲洗的流速不应低于1.5m/s。《通风与空调工程施工质量验收规范》规定："冷热水及冷却水系统应在系统冲洗、排污合格（目测、以排出口的水色和透明度与入水口对比相近，无可见杂物)，再循环试运行 2h 以上，且水质正常后才能与制冷机组、空调设备相贯通”。从目前管道里排出的水看，远达不到规范的要求啊！

承包商：焊接操作时曾特别叮嘱现场施工人员施工时尽量少让焊渣进入管道，不过在冲洗环节，管理还不够到位，对管道冲洗不彻底。

检测人员：冷水机组蒸发器前后过大的压差是导致铜管断裂的主要原因。铜管里残留的焊渣在高速水流冲击下，会加剧对铜管的撞击破坏，加大铜管断裂的可能。

经过空调研究所检测人员的分析，找到了冷水机组出现故障的原因，施工承包商对管道重新进行了清洗，冷水机组生产厂家更换了三个蒸发器，增加设备费 25 万元。

评析与启示

修改以后的工程设计方案虽已达到合理，但在实施过程中，却因为管理细节不到位，没能让合理的方案实施善始善终，这些不到位的管理细节问题分别发生在设计单位、施工承包商、建设甲方、物业管理单位和设备生产厂家身上。

本案设计单位是在原计算平衡的设计系统上进行修改，理论上虽然符合设计规范要求，但因修改只是对局部系统进行改动，必然会打破原系统平衡，水流压力的改变会带来水流运动状态改变，进而对系统运行造成不稳定。设计人员忽略了（或不清楚）改变原设计方案会影响现有运行系统稳定性这一重要细节，所以没有在设计修改方案中对改造后和开机前要注意的问题进行特别说明。

本案施工承包商在施工改造过程中，对执行施工质量验收规范相关规定缺乏严格管理和跟踪检查。没有按照施工验收规范要求将管道冲洗合格就与冷水机组连接，导致焊渣流入机组蒸发器。加剧了对铜管的破坏。

建设甲方对施工改造没有进行工程监理违反了《建设工程监理范围和规模标准规定》，规定要求“国家规定必须实行监理的其他工程”包括“学校、影剧院、体育场项目”。本案建设甲方认为空调系统局部改造施工不复杂，简化管理程序，可以缩短工期，让系统尽快投入使用。但为施工进度着想的初衷却违反了工程建设管理程序的规定。甲方工程师职责并不能替代监理工程师职责，两者不能混为一谈。而且，缺少了监理监督控制管理的施工过程，甲方单方面的现场监督管理既是薄弱也是力不从心的。

物业管理单位在通知冷水机组生产厂家售后服务人员前来协助开机时，没有把系统进行改造的前后情况事先告知厂家，使厂家售后服务人员对系统改变和设备现状毫不知情，意识不到本年首次开机与前一年首次开机有什么不同，因此未对冷水机组进行专项检查，未及时发现事故隐患。

在开机一周内，机组曾出现压力反常报警，如果此时，物业管理人员能把情况及时反馈给设备生产厂家，让厂家尽快来现场检查，就会避免故障隐患进一步发展，造成停机。

设备生产厂家售后服务人员虽然按照合同和物业管理单位提出的要求，按时来到现场，配合系统试运行前的开机准备，但在停机一年后再次开机前，没有向物业管理人员询问和了解一年来冷水机组有无发生过特殊情况，也未对冷水机组进出口压力进行观察，贸然开机运行，导致事故发生。

本案设计单位、施工承包商、建设甲方、物业管理单位、设备生产厂家之中的任何一方如果把自己负责的管理细节落实到位，虽不能一定避免事故的发生，但至少可以让事故发生的概率大大减小。

事情的结果固然不能建立在假设和如果上，但却能成为工程建设管理者的前车之鉴。

我们看到的许多质量事故，往往是在结果发生之后当事人才追悔莫及，后悔当初没有严格控制管理，可是等一切尘埃落定，又依然故我，回到原点，有多少管理者能真正重视起来，痛下决心，切实做好事前控制，并落实到工程管理中的每一个环节？

如何把事后控制变成事前控制，避免亡羊补牢，为时已晚的局面，是每个经营管理者需要认真体会和思考的课题。

12

为方便施工进行修改却让风管送风量打了折扣

案例简述

发包方：某高校建设办

承包方：B 设备安装公司

某高校为适应学校师生教学生活日益发展的需要，学校决定对原有锅炉进行增容改造，该校建设办委托的设计单位根据学校需求，将原来 3 台 10t/h 的燃气热水锅炉改为 3 台 20t/h 燃气热水锅炉，除更换 3 台锅炉外，相配套的燃烧器、鼓风机、换热设备和电气控制系统也重新购置。该锅炉房负担着学校近 100 万 m^2 建筑面积的供暖。为保证当年 11 月份的全校供暖，工程必须在当年 3 月下旬一停暖就开始动工，施工周期只有七个月。发包方通过招标选择了当地一家著名的施工企业—B 设备安装公司为承包单位。承包方拿到这个项目后，很快组建了项目班子，做好了施工前的一切准备工作，工程于当年 4 月顺利开工建设。

承包方不愧经验丰富，6 月底，3 台 20t/h 锅炉已经安装就位。接下来开始进行燃烧器、鼓风机和系统安装。在进行到鼓风机送风管与燃烧器连接施工时发现，原来满足每台鼓风机一个室外风道的空间，在原来建筑结构框架的基础上改为 20t/h 锅炉后，因为风道尺寸和鼓风机体积加大，显得非常紧张，最窄的地方只能容纳两个体型瘦小的工人进出，给安装操作带来了很大困难，大大影响了施工进度。承包方对此很重视，请公司有设计经验的技术负责人到现场出谋划策。

技术负责人对现场周围情况认真观察了一番以后，提出了一个改进方案，把原来每个单独连接鼓风机的室外风道合为 1 个大风道，原来每个鼓风机与室外风道连接的风管改为 4 个鼓风机共用 1 个大风管，这样既能满足 4 个鼓风机送风量的要求，又能节省不少空间，施工操作也方便很多。承包方施工人员听了技术负责人的介绍，觉得很在理，马上与设计单位取得联系，把这个方案汇报给设计人员。设计人员认为基本可行，但需要对风量和具体尺寸进行核算，如果没有问题，就可以办理变更。经设计人员核算，方案可以满足设计要求，但加大的风道，只能靠近建筑物西侧设置。承包方据此办理了变更洽商。

两个星期后，施工完成。接下来的各项工作进展顺利，工程于10月底如期竣工交付使用。一个采暖季下来，系统运行正常，供暖效果也比往年有了很大改善。第二年3月20日，采暖结束，物业管理人员打开锅炉，准备对锅炉进行保养，却发现靠东墙的一台锅炉前管板积了厚厚的一层黑炭。以往使用四、五年才会出现的积炭，刚使用一个采暖季就出现了，物业管理公司将情况反映给发包方。发包方满心疑问，不知是燃烧器火焰比例出现了失调还是锅炉烟管质量出现了问题，就分别通知了燃烧器厂家和锅炉厂厂家派技术人员到现场检查。

焦点回放

发包方对锅炉厂家技术人员说：锅炉刚运行一个采暖季，就产生这么多积炭，我们怀疑锅炉质量有问题，会不会是烟管的问题？或者是烟管组装时分布不合理？

锅炉厂厂家技术人员：我们公司生产的锅炉，从整体设计、选材到生产，全过程都是严格按照欧洲和美国制造标准进行的，而且全部采用上机操作，烟管采用目前市场最好的螺纹钢管材。数控自动焊接，装配完成后，百分之百经过了检测。四台锅炉是在同一标准工况下完成装配和检测的，另外三台却没有出现积炭问题。

发包方：确实比较奇怪，难道燃烧器出现了问题？

燃烧器厂家技术人员：我们可以打开燃烧器看看是不是火焰比例调节器出了问题？大概需要一天时间。

燃烧器厂家技术人员打开燃烧器，对内部系统进行了检查。一天后，发包方、承包方、锅炉厂家、燃烧器厂家再次碰头。

燃烧器厂家技术人员：我们检查了锅炉燃烧器，火焰喷嘴、阀门开关、燃烧器电动机、点火系统工作一切正常。与另外三台锅炉燃烧器设置的工况一样。火焰比例调节器质量完好，未见损坏。

发包方：就没有异常的地方吗？

燃烧器厂家技术人员：要说异常，就是这台锅炉燃烧器火焰比其他三台锅炉燃烧器火焰小，颜色呈淡黄色、火焰浑浊，灰蒙蒙的。与我们以前做过的一个工程情况很相似，原因是空气进气量不足。

发包方询问了本部门专业工程师后说：空气都是通过鼓风机强制送风的，而且鼓风机型号、风量也是一样的，怎么单单这台锅炉会出现空气进气量不足？

燃烧器厂家技术人员：是挺奇怪，我们也说不清。

发包方请来的经验丰富的专家第二天来到现场，了解了所有情况，又仔细检查了鼓风机与室外风道、室内风管以及燃烧器之间的连接。

专家：为什么不采用室外风道—鼓风机—送风管—燃烧器一一对应的设计

形式？

承包方：您都看到了，现场空间太狭小，原来设计采用的是一一对应形式，但施工操作起来很困难，我公司技术负责人反复察看了现场，又请设计单位进行了核算，才确定了现在的修改方案，节省了很大空间，施工方便了很多，进度才没受到影响。

专家：确实如此。只是这样布置以后，送风量就不均匀了。室外风道集中在建筑物西侧，风量沿西到东逐渐减少，4 个鼓风机虽然是同一型号规格，但同时从一个大风管进风，遵循短路效应原理，给到最远一个鼓风机的空气量最少。如果排除了锅炉和燃烧器的问题，鼓风机进气量不足就是主要原因了。

承包方：真没想到，以为出了个好主意，结果事与愿违。

专家：你们的出发点是好的，如果按照原来的设计方案施工确实有难度，设计单位设计时没有考虑到施工方便这一点，对修改的方案也忽略了风量沿途的递减效应。不过，对原设计进行较大修改还要以有设计资质的设计单位为主。现在，改室外风道已经不可能了，先把前三台鼓风机进风调节阀开度依次关小，让四台鼓风机进风量平均分配，尽量一致。如果还不行，就只能更换最东边这个鼓风机，把风量加大。

各方认为专家提出的这个方案，是目前最可行的办法。发包方请锅炉厂厂家技术人员把锅炉积炭清理干净。指示施工方在第二年供暖开始前，按照专家意见对鼓风机进风调节阀门开度进行调整。同时要求锅炉厂厂家和燃烧器厂家前来配合。

第二年 11 月初，锅炉上水运行，在锅炉厂家和燃烧器厂家技术人员的配合下，承包方把最西侧离室外风道最近的鼓风机的进风调节阀开度调最小，然后沿西向东，将调节阀开度逐渐加大，把最东边离风道最远的鼓风机进风调节阀全开。运行一个采暖季后再检查，锅炉前管板比较干净，积炭的问题基本解决了。

评析与启示

本案反映了设计方、施工方、燃烧器供货厂家在管理中的几个问题：

本工程设计单位在最开始的平面和系统设计中，没有充分考虑安装操作空间，给现场施工带来极大不便，甚至很难实施，即使照图施工了，安装质量也难于保证，实际效果很难达到设计要求的标准。图纸先天不足迫使承包方另想他法。而在承包方提出了修改方案后，设计人员又忽略了（或者不清楚）对风道、风管合并共用可能产生的气流变化和短路效应进行验算，结果解决了老问题，又出新问题。从中能够看出设计单位工程实际经验和相关专业知识的不足，设计人员不能纸上谈兵，更要理论联系实际，通过不断深入现场，积累工程经验，同时需要扩宽专业知识面，对与自己专业联系密切的领域要深入学习，尽可能掌握，让图纸设计的失误少之又少。

本案中，承包方从保证施工进度，方便施工操作的角度考虑，提出修改建议，出发点是积极的，先于设计单位想好了方案，初衷也是善意的。这种为工程着想的积极态度应给予肯定。但是术业有专攻，对设计方案进行较大修改，应该由具有设计资质的设计单位主导执行。根据《建设工程质量管理条例》规定：施工单位必须按照工程设计图纸和施工技术标准施工，不得擅自修改工程设计，不得偷工减料。施工单位在施工过程中发现设计文件和图纸有差错的，应当及时提出意见和建议。条例明确了建设单位、施工单位、监理单位不得修改建设工程勘察、设计文件，确需修改的，应由原勘察、设计单位修改，经原建设工程勘察、设计单位书面同意，建设单位也可以委托其他具有相应资质的勘察、设计单位修改。条例同时对设计单位的质量责任和义务也提出如下规定：勘察、设计单位必须按照工程建设强制性标准进行勘察、设计，并对其勘察、设计的质量负责。注册建筑师、注册结构工程师等注册执业人员应当在设计文件上签字，对设计文件负责。设计单位应当参与建设工程质量事故分析，并对因设计造成的质量事故，提出相应的技术处理方案。

承包方如果不是向设计单位主动提出修改方案，而是向设计单位提示和反映“设计文件或图纸的差错”，最终“由设计单位对其设计造成的质量问题，提出相应的技术处理方案”并对其修改的“设计文件负责”，恐怕才是承包方对这个问题的正确处理，也避免让自己陷于承担设计责任的尴尬境地。

本案中的燃烧器供货厂家对燃烧器制造、运转、维护应该是最有经验的，也是对燃烧器性能和以往工程中出现故障的原因最清楚的。对空气进气量不足会造成与燃气混合后燃烧不充分形成积炭这一现象，厂家也是了解的。如果燃烧器供货厂家能在施工安装期间，把这些问题主动向承包方和设计方进行说明，就能给承包方、设计方多一些提醒和警示的声音，从而减少一些施工和设计修改过程中出现的失误。

13

违规擅自修改设计导致在建工程倒塌

案例简述

某制造厂计划建设一座二层职工宿舍楼，项目建设单位通过招标，确定了工程施工单位。工程结构封顶进入安装阶段，建设单位提出，为满足生产加工车间工艺要求，在宿舍楼屋面需要临时设置一座32t水箱。为满足甲方需要，施工方欣然同意。项目部负责人为节省时间，决定找几个工人连夜加班，砌筑水箱。施工方根据现场空间，设计好了水箱，并从其他项目调来几名干活麻利、技术熟练的工人开始施工，一周后，水箱完工，进行试水，15分钟后，工人发现箱体渗水，便停止了上水，将水放空后，对渗水点进行了修补。第二天，生产加工车间通知临时用水，建设单位要求施工方启用水箱进行供水。施工方看到修补的地方基本干固，答应一个小时上满水后开始供水。向加工生产车间供水约半小时后，水箱墙体发生变形，随后倒塌，砸断了部分屋面板和梁，建筑整体结构被破坏，整座尚未完工的建筑很快倒塌，造成2人死亡、3人重伤，直接经济损失几十万元的重大安全事故。

经事后分析，造成这起重大安全事故的直接原因，是临时水箱超出建筑结构承载力，水箱砌筑整体稳固性差，承受不了强大水压，造成倒塌，继而导致整体建筑物倒塌。

评析与启示

《中华人民共和国建筑法》第五十八条规定："建筑施工企业必须按照工程设计图纸和施工技术标准施工，不得偷工减料。工程设计的修改由原设计单位负责，建筑施工企业不得擅自修改工程设计"。

《建设工程质量管理条例》第二十八条规定："施工单位必须按照工程设计图纸和施工技术标准施工，不得擅自修改工程设计，不得偷工减料。施工单位在施工过程中发现设计文件和图纸有差错的，应当及时提出意见和建议"。第十六条规定："建设单位收到建设工程竣工报告后，应当组织设计、施工、工程监理等有关单位进行竣工验收。建设工程经验收合格的，方可交付使用"。

施工中，不论是建设单位、施工单位，还是监理单位均不得随意修改工程设计。确需修改，也应由原设计单位提出修改，或经原设计单位书面同意，由建设单位委托其他具有相应资质的设计单位进行修改。设计单位对其设计文件和设计质量负责。上述相关规定是建设管理的法律依据，是必不可少的建设程序，也是质量监督管理的重要环节，工程参建各方均应严格遵守。本案施工单位应该清楚本企业是不具备设计资质和没有修改设计权利的，但为了与建设单位搞好关系，不顾原则地去迁就和迎合建设单位，在明显违反国家法律和质量管理规定的情况下，同意建设单位的不合理要求，未经设计单位许可，擅自修改设计，在屋面设置超出结构承载力的临时水箱，而且在工程未完工且出现渗水并进行修补时仍启用水箱供水，造成安全事故。

如果是真正为工程着想，为建设单位考虑，施工单位应当以不违反法律法规为前提，以保证安全质量为条件，向建设单位做出合理解释，提出正当要求，让其按照法律和质量管理规定，请设计单位进行核算和确认，出具设计修改图纸，方可施工。设计单位不同意或没有出具设计修改图纸的，即使无法说服建设单位，也坚决不能施工。

面对激烈的市场竞争，施工企业只有通过不断提升管理水平和业务素质，强化自身整体建设来增强竞争力，而不是为一点蝇头小利，不顾法律约束、不顾任何后果一味应允，冒险行动，其结果一定会付出惨重的代价。

屋面增设水箱完善设计修改环节如图4-3所示。

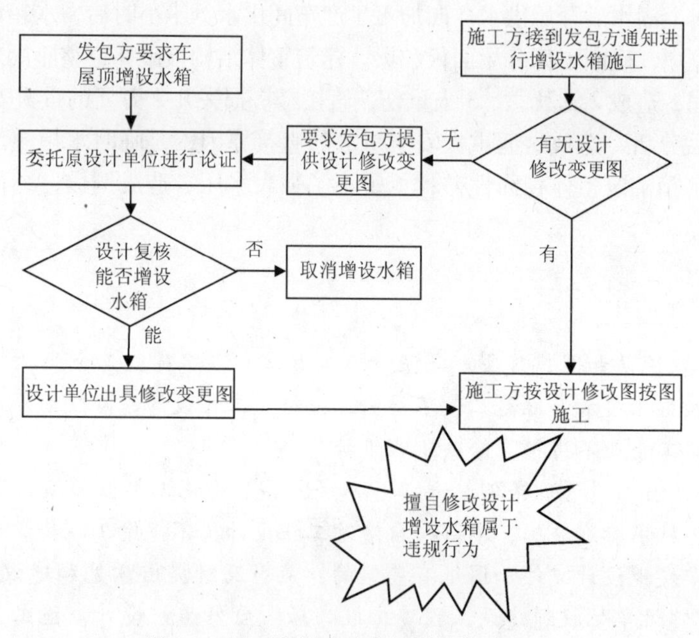

图4-3　屋面增设水箱完善设计修改环节

14

环环把关频出漏洞，用错材料重新返工

案例简述

发包方：某科技大厦

承包方：某建筑第二工程局

某建筑第二工程局为某科技大厦工程施工承包方。工程按计划进行到地下室外墙防水施工阶段，防水材料采用自粘型卷材。在一次防水材料厂家考察碰头会上，发包方提出，在以往施工的几个工程中，防水卷材均采用H防水材料厂家的产品，效果不错。承包方听后心领神会，虽然承包方有自己合作多年的防水材料厂家，但考虑到施工中要与发包方长期配合，为以后工作开展争取更多便利条件，无奈同意了发包方的提议。承包方对H防水材料厂家进行了考察，对该厂生产实力、产品质量比较认可，很快与之签订了采购合同，并向H防水材料厂家支付了5万元预付款。

签订合同一个月后，防水材料货到现场，承包方向监理方申请报验。经监理方检验，该材料型号规格满足设计要求，检验报告等证明资料齐全，质量合格，故同意承包方用于施工。施工进展很快，当完成一半防水工程施工量时，承包方施工人员发现之前施工完成的防水卷材在很多接缝和搭接处出现大面积翘边，监理工程师对承包方施工人员黏接卷材的过程进行了几次监督检查，没有发现存在违规施工和操作失误的问题，承包方叫来H防水材料厂家技术人员到现场一起分析原因。厂家技术人员翻开粘贴的卷材仔细检查后发现，粘贴卷材的基层涂料粘结剂与基层材质不配套。进一步查证得知，合同中对基层涂料粘结剂型号要求的是A型产品，而现场使用的却是B型产品。原因找到了，承包方督促厂家尽快将A型粘结剂发到现场，同时把现场剩余的B型粘结剂撤走，以免耽误施工进度。H防水材料厂家表示一定配合，争取五天内发货。但是在使用A型粘结剂对防水卷材重新粘结前，先要把已经翘边的防水卷材全部处理掉才能实施，因剥离量较大，操作费工费时，对由此产生的材料损失费、返工费、抢工费应如何赔偿的问题，承包方和H防水材料厂家双方争执不下。

焦点回放

承包方：因为厂家发错了粘结剂，致使我方之前的部分工作白做，将近几十平方米翘边的防水卷材全部报废，A 型粘结剂到场之后，我们还要增加人力返工、抢工，不然就会拖延防水施工进度。报废的几十平方米防水卷材损失费，以及由此产生的返工费、抢工费、人工费应该由厂家承担。

承包方还向发包方说明，会增派人力，加班抢工，但没有十足把握保证按计划完成，果真如此，希望发包方批准顺延工期。

H 防水材料厂家：因为我方工作失误把货发错，对此表示诚恳道歉。刚才我方已表过态，一定配合施工方，尽快重新发货，已和工厂协调，4 ~ 5 天能到货。不过，我方认为，让我们一方承担全部责任欠妥。当初材料送到现场，施工方收货时，没有仔细核对合同就签收了，起码说明施工方在管理上存在失误，也应承担一定责任。

承包方：我方管理上的问题我方会处理，这是我公司内部的事情。现在结果很清楚，送错粘结剂型号的责任在厂家，因这个原因导致发生的各项费用，当然要由厂家解决。货到现场我方报验后，监理方在检查产品质量证明资料并对材料进行抽验时，没有发现问题。你们这样追究下去，会把问题越搞越复杂。

发包方：先不要争执是谁的责任问题，现在需要大家相互配合解决问题，防水材料厂家按照你们承诺的时间把正确的粘结剂尽快送到工地现场，施工方抓紧时间施工，抢回进度。双方将来还有可能继续合作，遇到问题应从长计议，不要在这个问题上过多纠缠。对已经造成的材料损失各方也都看到了，重新返工肯定增加费用也是事实。在此，我方有个提议：发错粘结剂和重发粘结剂的相关费用由 H 防水材料厂家承担；报废的防水卷材损失费，厂家负担 80%，施工方负担 20%；因返工、抢工增加的人工费、材料费由施工方承担。替换的防水卷材 4 ~ 5 天就能到场，施工方通过科学组织现场管理完全可以在计划的时间内完工，因此不同意施工方顺延工期的要求。

H 防水材料厂家表示同意发包方的提议，承包方对发包方关于粘结剂赔偿费的提议无异议，对不同意顺延工期的决定要求和发包方在会后交换意见。

承包方：20% 的报废防水卷材损失费和因返工、抢工增加的人工费、材料费应该由发包方承担。因为 H 防水材料厂家是发包方推荐的，而现场出现的问题是因厂家发错货引起的，由我方承担材料损失费和返工抢工费太冤枉。

发包方：如果我方推荐的材料供应商所提供的产品质量不合格，我方应该承担责任。可是，从你们反映的验货情况和监理方签认的验收单看，H 防水材料厂家并没有提供质量不合格的防水卷材。而是把合同要求的 A 型粘结剂错发成了 B 型粘结剂，属于出厂发货环节发生的纰漏。所以，并无我方责任，但 H 防水材料厂家确实对此负有不可推卸的责任。在接收货物这个环节上，你们的收货人员没有仔细核对合同就签收也是造成错误型号的粘结剂顺利用于施工的一个主要因素，起码在进场材料验收环节管理上有一定责任。而且，如果组织得当、计划合理，几天的抢工并不会增加多少人工材料费，也请你们组织相关人员进行全面自查，看看在施工管理其他环节是不是还存在问题。

承包方接受了发包方的意见，同意承担20%的材料损失费和因返工、抢工增加的人工材料费。并表示要吸取教训，加强项目班子的内部管理。

评析与启示

在这个案例中，可以看到几方在不同管理环节上出现的漏洞。

防水材料厂家在装车出货前，检验员没有对照合同对货物的规格型号反复清点，经确认无误后再发货，这是厂家在出货清点管理环节上的第一个漏洞。货到现场后，承包方收货人员没有按照合同要求仔细检查，就签收入库，这是承包方在收货检查管理环节上的第二个漏洞。监理工程师对承包方报验的资料，只侧重检查了产品质量证明资料和检验报告以及材料外观是否完好，却忽略了对材料型号规格等基础数据的校验，这是监理方在报验材料查验管理环节上的第三个漏洞。进行防水施工时，施工操作人员没有认真阅读B型粘结剂的使用说明、适用环境范围和注意事项就直接铺粘防水卷材，失去了发现粘结剂和基层材质不匹配的最后机会。这是施工人员在施工操作管理环节上的第四个漏洞。正是这四个环节的管理漏洞导致了本案问题的发生。

事后，承包方有人认为，如果防水材料厂家能注意到改变粘结剂A、B型号称谓可不易产生混淆这一细节，也许就不会出现这样的问题了。但是否改进了这个细节，就可以忽略施工管理中的其他环节？答案显然是否定的。

发包方在本案中虽然没有责任，却有过错，《建设工程质量管理条例》规定："按照合同约定，由建设单位采购建筑材料、建筑构件和设备的，建设单位应当保证建筑材料、建筑配件和设备符合设计文件的要求。建设单位不得明示或者暗示施工单位使用不合格的建筑材料、建筑配件和设备"。发包方虽然向承包方推荐了防水材料厂家，但经现场查验，证明材料质量合格，因此，发包方并不承担要求施工单位使用不合格材料造成工程质量不合格的责任。不过，在倡导公开透明、公平竞争，打造阳光工程的今天，带有倾向性的推荐、明示或暗示，对建筑材料、建筑配件和设备供应商都存在不公平之嫌，应引起发包方特别注意。

15

管网资料已过时，进场施工大拆改

案例简述

发包方：某技术研究院

承包方：某城建公司

为改善科研人员办公条件，某技术研究院拟新建一座科研办公楼。在施工招标准备阶段，为向投标单位提供准确的施工场地地下管网情况，发包方项目主管人要求W工作人员了解场地周边建筑物进出管线和线缆走向，绘制一张地下管网图，待发招标文件时一并附上，作为投标单位核算拆除地下管线工程量及相关费用的报价依据。W工作人员从档案室调出了施工场地及周边管线资料和图纸，经过一周忙碌，绘制了一张场地及周边建筑物专业管线、线缆接驳走向、埋深和管径的地下管网综合图。在各投标单位领取招标文件时，发包方将这张地下管网综合图作为招标文件附件一同发给了各投标单位，并将地下管线的拆除量及相关费用列入招标工程量清单中。招标文件注明，招标人提供的工程量清单所列项目，投标人在报价时应充分、全面地阅读和理解其全部内容，翔实了解工程场地、资料及其周围环境，与此有关的费用被视为已经包含在投标人的投标报价中。

评标结果为某城建公司中标。开工后，承包方着手进行土方开挖，按照地下管网综合图显示，场地内供水、排水、热力、供电和通信电缆共有五条管线。挖掘机挖到距地面3m深时，发现距西侧建筑红线20m位置，有一条管径为*DN*200的排水管，由建筑红线北侧主干路延伸至建筑红线南侧主干路上，而这条排水管并不是发包方提供的地下管网综合图中标注的那条*DN*300排水管。承包方以为自己没仔细看清地下管网综合图，投标时漏掉了这条管线的拆除量和报价，赶紧拿来地下管网综合图核对，发现图中显示的所有地下管线里确实没有这条排水管。

承包方把情况反映给发包方代表，并提出，该条排水管在基坑内横穿南北，影响土方开挖，建议切断。因发包方提供的地下管网综合图里没有这条管线走向及管径等具体资料，拆除该管线属合同工程量以外的新增内容，相关费用需办理变更洽商，请示发包方给予批准。

发包方看到这则请示颇感诧异，便找到 W 工作人员进行了解。

焦点回放

发包方代表向 W 工作人员询问：承包方反映，我方提供给他们的地下管网图里没有这条管径 *DN*200 的排水管，这是怎么回事？

W 工作人员：这不可能啊，我向工地周边建筑物的物业管理单位了解过，各建筑物现状进出管线管径、走向、埋深等数据都标在这张图上了，其中场地南侧一座建筑物的排水管接至现场地下一条 *DN*300 排水管，沿南侧主干路汇集到西北方向的一座排水构筑物里，再统一排到市政管网。

发包方代表：档案馆的图纸资料里有这方面的说明吗？

W 工作人员：档案馆的图纸我也仔细看过了，显示的只有供水、排水、热力、供电和通信电缆这五条管线。图上管径 *DN*300 的排水管不就是场地下面的那条排水管吗？这在绘制的地下管网综合图里都已经标注出来了。

发包方代表让承包方打开地下管网综合图，几方人员仔细查看图纸，终于发现了问题，原来档案馆提供的地下管网图是三年前完成的一张测量图。经查证，测量图是在不开挖的情况下，使用一种专业仪器，通过某种技术采集出地下管线的基础数据并加以处理，得出各种管线的分布和大致走向及管径埋深的。探测准确与否很大程度取决于仪器精度，由于频率信号调校值不确定，有时得出的结果误差很大。从专业测量公司了解到，测量图准确率约为 80%，要想获得百分之百的准确率，最好采用探槽作为辅助手段。

发包方代表：漏掉的这条排水管是我们工作失误，请承包方结合档案馆提供的地下管网测量图、我方绘制的地下管网综合图，对场地进行布点探槽，探明地下管线准确的数量、走向、位置、埋深和管径。

承包方按照发包方的要求对施工场地重新布点、挖探槽，除那条横穿南北的 *DN*200 排水管外，还发现一条东西走向规格为 *Φ*80 的通信电缆。经了解，两条管线均为两年前改造周边几栋家属住宅楼时敷设的。因时间比测量图晚，所以没能反映到测量图上。为不影响基坑土方开挖，根据现场条件，同意承包方将原有管线切断、拆除、改道、重新敷设的方案。施工拆改费约为 12 万元，影响基坑土方开挖 8 天 。

评析与启示

本案中发包方（建设单位）工作人员的错误在于，仅凭图纸资料而没有进行实测复核就得出了地下管网数据结果，在建筑市场快速发展的今天，作为连通地上地下建筑各专业管线进出必经之路，地下管网的布置和走向已如迷宫般纵横交错，多个专业、多种规格的管道抢占着拥挤而有限的空间，由于地下管网不像地上建筑一目了然，不能像地上建筑资料更新完善那么及时。建设单位所掌握的地下管网资料往往都是多年前的档案资料，与现状差异较大。新建项目要想保证其周边地下管网资料的准确性，现场实地探测复核是建设单位必不可少的工作。

《建设工程质量管理条例》对建设单位的质量责任和义务要求中规定："建设单位必须向有关勘察、设计、施工、监理等单位提供与建设工程有关的原始资料。原始资料必须真实、齐全。"本工程的地下管网资料视同为与建设工程有关的原始资料，建设单位在向投标单位、施工承包单位发放时，有义务做到真实准确。因地下管网资料不准确，在工程土方开挖阶段，挖断电缆导致停电，挖断水管引起停水跑水，挖断燃气管线引发事故，甚至挖断热力管线造成人身伤亡的现象屡有发生。这些经验教训时刻提醒着作为工程建设管理者的建设单位，应高度重视对原始资料的更新。除了要做好原始资料的收集、整理和归档工作，更重要的也是长期要进行的工作是加强对原始资料不断补充、完善和更新。随着工程不断建设，现状不可避免地会发生很多变化。靠每次开挖勘测获得地下管网变化情况，因造价和扰民等诸多因素影响而很少采用；而采用电磁测量地下管线方式，简单快捷，无须大面积开挖，现在越来越被建设单位所采用，但缺点是准确率不高，费用较高。

本案发包方有关人员介绍了一些其他建设单位的做法，在每个工程建设或改造完成后，将每个工程室外竣工图所示的各种地下管线及时整理汇总到一张地下管网总图上，几年积累下来，就能形成一张准确性、完整性较高的地下管网图。与会者一致认为，这种方法不失为一种保证资料真实齐全准确的有效手段。可是在我们知道的建设单位当中，又有多少人能够踏踏实实、认真细致、持之以恒地做到了今天？

16

不懂专业改错数据，造成损失自食其果

案例简述

发包方：某化工厂

承包方：某建筑工程公司

发包方负责建设的某地下车库工程为地上一层，地下三层。所处位置的地面绝对标高为52.12m。发包方委托A地基工程公司对该工程进行地质勘查设计论证，设计周期为两周。委托B设计公司负责工程初步设计和施工图设计，设计周期为四个月。两周后，发包方收到了A地基工程公司出具的地质勘查报告，发包方代表看到地质勘查报告中某一页的几个数字不清楚，为节省时间，就让一位办公室工作人员通过打电话把数字弄准确之后，直接在上面进行了修改并存档。B设计公司开始进行到结构施工图设计阶段，要求发包方提供地勘资料。其中存在档案室里的两份地质勘查报告被某部门借走，只剩下一份被修改过数字的地勘报告。发包方代表怕耽误B设计公司设计施工图，就把这份报告发给了B设计公司。施工图设计按期完成。发包方通过招标确定了工程施工承包单位。施工合同签订后，项目很快开工，施工过程也比较顺利，工程按合同工期要求竣工验收。一个月后，承包方整理的工程结算资料转到发包方审计单位，审计人员在对工程基坑支护分部工程结算资料进行审查时无意中发现，B设计公司在结构设计计算抗拔桩长度所依据的抗浮水位和地质勘查报告中的抗浮水位不一致。审计人员感觉这里面一定出了问题，便把这个情况反映给了发包方代表，请他尽快核实。发包方代表与B设计公司取得联系进行了解，又拿来发给B设计公司的地勘报告与存档的地勘报告核对之后，终于弄清了事情原委。原来，发给B设计公司的地勘报告上标注的抗浮水位是经过发包方办公室工作人员修改过的数字，由于原始版字迹不清，时间匆忙，工作人员把“抗浮水位可按绝对标高45.35m采用”错改成“抗浮水位可按绝对标高48.35m采用”，整整差了3m。结果B设计公司在结构设计时将每个抗拔桩的长度也多计算了近3m，基础底板一共设计有14根抗拔桩，总共多计算约40m，增加造价近20万元。B设计公司认为这是

发包方没能提供正确地质资料所致，责任全在发包方，发包方则认为，B设计公司拿到地勘报告时，没能及时发现问题和反馈给发包方，也应承担一定责任。双方为此各持己见，互不相让。

焦点回放

发包方：地勘报告出现数字错误是我方具体办事人员工作不认真造成的。这个办事人员不是专业人员，不负责专业方面的工作，他只想把报告中不清楚的数字改清楚，忙中出了错，也意识不到48.35m抗浮水位说明什么问题。但是，你们是设计单位，是这方面的专业人员，应该能从这个数字中发现和意识到不合理的地方，却没提出任何问题，你们难道没有责任？

B设计公司：我们一个设计人员负责2~3个项目，我们结构设计人员看到你们送来的地勘资料时，对这几个手改数字也心存疑问，按常规做法，你们应该给我们整理好的打印版，当我方设计人员向贵方办事人员询问时，贵方办事人员却回答整理好的打印版都被借出去了，档案室里只剩这一份。而且我方设计人员还提出，如果手写，应在手写处有原设计人员签名，贵方办事人员说具体情况不清楚，她也无法联系到原设计人员，如果不收，至少还要等一周以后才能送来。我们想想设计周期这么紧张，为保证按时出图，就只好收下。

发包方：既然发现疑点，为什么不向我方提出再核实？

B设计公司：询问贵方办事人员为什么不送来整理好的打印版不就是在核实吗，反过来说，我们提出了这个疑问以后，贵方办事人员为什么不回去核实呢？核实是贵方的工作吧？

发包方：刚才已经说过，我方送资料的办事人员不是专业人员。

B设计公司：因为贵方办事人员不是专业人员，我方就要对她所送来的资料逐一核实吗？因为她不懂专业，就要由别人替她承担责任吗？这么重要的工作，你们为什么不让专业人员来做呢？

发包方：只是改几个不清楚的数字、跑腿送一趟资料而已，这么简单的事，让一个专业人员来做，大材小用了吧？我们专业人员每天要处理的技术问题很多，工作非常忙。

B设计公司：让谁改，派谁送，是贵方自己的事情，我方无权干涉。但贵方人员做错了事，造成了损失，不应由我方来承担。

发包方：你们的设计人员对地勘报告产生了疑问，即使没提出再核实，起码也应该提醒我方，这样就能尽早发现问题，避免损失产生。怎么能说你们没有一点责任？

B设计公司：贵方工作人员改错抗浮水位标高，不仅给贵方造成损失，也给我方工作带来很多麻烦。

发包方：这又怎么理解？

B设计公司：很明显，每个抗拔桩长度增加了近3m，我方设计人员计算复核量增加了。图纸内容增多了，无形中不是增加了设计人员的工作量吗？

发包方：这些投入与造成的损失相比不算什么。

B设计公司：如果每个发包方都像贵方一样，弄错资料，我方按着错误的数据进行设计，投入可就不是小数目了。这次贵方提供的错误资料造成了经济损失，如果别的发包方送来的错误资料导致了设计错误，造成了安全事故，可就不只是经济损失这么简单的事了。建议贵方查阅一下《建设工程质量管理条例》中对建设单位提供原始资料条件的有关规定。

经调查确认，抗拔桩设计高度依据的抗浮水位标高与地勘报告原始数据不符，系发包方提供给B设计公司的地勘报告数据有误所致，属于发包方责任，由此而造成的损失以及增加的费用由发包方承担。

评析与启示

在工程实践中，一旦出现各类纠纷，发包方首先想到由谁来承担责任，而很少考虑自己有过错。本案发包方应该是清楚自己的失误的，但对承担全部损失责任心存不甘，怪罪于设计单位也是自然而然的举动了。只是，一厢情愿的感情用事替代不了法律、法规的制度规定。发包方确实应该重新学习和认真理解《建设工程质量管理条例》中对建设单位质量责任和义务的每条规定，既不能想当然也不能意气用事。

案件中发包方让一个非专业人员对报告模糊的数字进行修改，倒也无可厚非，改完之后却没有请专业人员复核，让勘察设计单位确认，或如B设计公司所说，在修改处签字认可，这是重大失误。当然，让勘察设计单位重新打印送交发包方签收应该是最稳妥的办法。送资料人员虽然不是专业人员，但在听到设计人员提出的疑问后，如果不是简单应付了事，而是马上反映给发包方代表，或许就能避免以后发生的损失了，这种意识恐怕要靠长期培养出来的责任心才能具备。

虽然，设计单位对整件事情的处理可圈可点，不过，仍有需要改进的地方。如果设计单位把对资料的疑问，坚持让送资料人员反馈给发包方代表，或直接告知发包方，事情的发展也许就有了回旋余地。

为了在激烈的市场竞争中占有一席之地，很多建设管理企业降低企业成本，使用专业技能低，甚至无专业背景的人员从事建设管理，可是，因不懂专业造成的经济损失反而可能会造成企业经营成本增加，这难道不是每一个建设工程企业应该认真考虑的问题吗？

17

管理水平高低体现竞争实力差距

案例简述

发包方：某学院筹建处

承包方：L 工程公司、H 工程公司

某学院筹建处拟建两栋培训楼，面积均为 1 万多平方米，功能基本一致。筹建处通过招标确定了 L 工程公司和 H 工程公司分别作为两栋培训楼的施工承包方，并告知两家承包单位，第二年将要开工一座 9 万平方米的教学楼，如果培训楼施工顺利，希望两家公司继续参与投标，不过，培训楼施工质量的好坏、施工队伍业务素质和技术水平的高低对教学楼投标的最终评审结果至关重要，虽不能完全决定中标结果，但会占较大比重，毕竟，任何一个建设单位都不希望一家施工质量差劲、业务素质低下的单位中标。

L 工程公司与发包方签订了合同以后，特别召集项目班子开会，会上一再强调，要和发包方搞好关系，不要有太多要求，保证工程质量，争取提前完工，以优质的服务给发包方留下好印象，为拿下教学楼工程打好基础。培训楼施工中，L 工程公司一丝不苟按照设计图纸施工，几乎没有提出任何意见。施工过程中发生的止水处理、结构施工和专业安装过程中发生的多次变更，L 工程公司为表现出最大诚意，都表示只做技术变更，不产生经济变更，放弃了几十万元的变更款。

H 工程公司承接的另一栋培训楼工程施工后，要求项目部仔细审图，对设计不合理的地方，及时向发包方反映，必要时进行设计碰头交底。H 工程公司对合同各项条款认真理解，加强现场质量、安全、进度组织管理，文明施工，减少施工扰民。项目部组织相关人员定期召开质量碰头会，不放过任何一个可能造成质量隐患的细节。每周对工地进行安全检查，每月对实际进度和计划进度进行比较，一旦发现滞后，立刻分析原因，采取补救措施。施工以来，项目部针对设计图纸提出的多项优化改进建议，均被发包方采纳。实事求是办理变更洽商手续，工程结算中，合理提出经济索赔，因提供的资料翔实、准确，H 工程公司索赔要求均获得发包方批准。H 工程公司为表示与发包方继续合作的意愿，主动让利 20%。

第二年教学楼工程施工招标时，H 工程公司顺利中标。发包方是这样评价两家公司的："H 工程公司施工组织严密，解决问题效率高，各项措施落实到位，管理人员业务素质高，专业技术力量强，施工中多次发现设计不当之处，并主动与我方和设计单位沟通，提出不少合理化建议，弥补了设计图纸中的缺漏。而且工作细致，服务周到，得到各方面表扬。其所建工程获得市优。竣工时间虽比 L 工程公司推迟了十天，但使用单位普遍反映工程质量问题少。L 工程公司和各方面配合也不错，服务良好，不过 L 工程公司过于依赖设计图纸，对设计中的问题没有提出过任何意见，虽然知道 H 工程公司提出的修改建议合理，能更好完善使用功能，但顾虑成本较高，并未在自己的工程中采纳，毕竟 L 工程公司已经放弃了很多本该增加的工程变更款。H 工程公司工程结算款比 L 工程公司多出几十万元，但都属于合理增项费用。工程使用后，L 工程公司施工的培训楼的使用单位反映，工程质量小毛病较多，该公司正在积极进行处理。这次教学楼工程，L 工程公司没能中标，我们也很遗憾，希望该公司通过这个工程深入反思，抓好施工质量，提高管理人员和技术人员业务素质，让设计更优，功能更完善。这才是企业生存发展之道。而不是靠搞好关系，甚至承担损失来一味迁就发包方。真心希望能在以后的工程中看到 L 工程公司的身影。

评析与启示

建设单位永远会把工程质量放在第一位，在这个前提满足的情况下，才会考虑工期、造价等因素。

本案 H 工程公司在工程施工中，处处着眼于狠抓工程质量细节，加强各项组织管理，提高管理和技术人员的专业素质，着力弥补设计缺漏，完善使用功能，强化科学服务意识，与此同时，实事求是地提出工程变更款索赔要求，合理正当为公司争取利益，体现出一个优秀施工企业良好的业务素质和文明经营管理理念。

L 工程公司为能得到教学楼工程中标机会，只求做好好先生，处处迎合发包方，生怕提多了要求引起发包方不满，在这方面关注多了，必然疏于对施工质量的管理，疏于对人员专业素质的提高。该公司只满足于照图施工，按时竣工，不求精益求精，对设计不合理的地方不进行认真思考，即使看到了问题也不想提和不愿提，造成工程交付使用后，问题多、反映多。企业目标不正确，为了竞争取胜，甘愿放弃正当的索赔要求，让公司蒙受损失。这不应该是一个有经验且成熟优秀的施工企业所为。其与 H 工程公司竞争的结果高下立见。

优秀的建筑施工企业之所以能够在激烈的竞争中获得更多的机会，不是靠打压对手或一味自夸，而是因为他们能用发展的观念不断加强各种知识经验的积累和运用，因此具有更高的管理水平，更好的服务意识，更注重和强调做好细节，可以为用户提供更优质的工程产品，所以比对手具备更强的竞争实力。

18

新风机组管道冻裂漏水，源自产品缺陷而非操作不当

案例简述

发包方：某信息学校

供货方：某空调公司

某信息学校办公楼工程于2011年11月竣工交付使用，当时恰逢冬季，集中空调供暖开始运行，发包方想利用这个机会，对空调设备做一次全面运转调试。2012年1月某一天，物业管理单位发现两台吊顶式新风机组出现几处漏水，经施工方检查，确定是由于机组新风阀关闭不严，水盘管被冻裂造成。因设备安装在顶棚内，现场维修困难，施工方建议将设备拆下来送回厂家维修。物业管理单位技术人员根据经验提出，将设备送回厂家维修，一般情况是更换冻裂部分的水盘管，虽不影响使用，但会使机组性能下降，最稳妥的办法是让厂家更换两台新机组，再由施工方重新安装上。施工方表示可免费拆装，但新风机组由发包方采购，更换新机组只能由发包方联系厂家处理。物业管理单位马上通知发包方，请其给予协调解决。第二天，发包方联系的新风机组设备厂家售后服务人员来到事发现场。

焦点回放

发包方：施工单位和物业管理单位已经检查过了，这两台新风机组出现漏水的原因是新风阀关闭不严，部分水盘管被冻裂造成的，工程于去年11月交付使用，所有新风机组刚刚使用不到三个月。像这类水盘管被冻坏的现象，在以往的项目中发生的多吗？

供货方：由我公司供货的几个项目都曾发生过这种现象，这些项目都在北方城市，××市××大厦刚发生过一起，属于正常现象。

发包方：十几台设备在同一个环境条件下使用，只有这两台冻坏了，其他都没有问题，是不是可以理解这两台设备质量上存在着某种缺陷？

供货方：我公司产品是采用美国技术生产的合资产品，主要部件均为原装进

口，产品按照最严格的国际标准进行生产和检验，质量绝对可靠，设备出库前还会进行最后一道出厂检验，公司不可能把有质量问题的产品提供给用户，这点你们大可放心。刚才听物业管理单位介绍讲，是因为新风阀没关严冻坏了水盘管，这恐怕才是主要原因。

发包方：在你来之前，我们检查了所有新风机组，关闭不严的情况不止这两台，可为什么只有这两台机组水盘管被冻坏，你刚才说的主要原因好像解释不通啊！新风阀没关严问题，我们会和施工方另讨论的，该是谁的问题就由谁来解决。我们知道设备生产厂家绝不会有意给用户提供有问题的产品，但产品也很难做到百分之百没问题。你刚才说过，不少工程发生过新风机组水盘管冻坏现象，不会都是因为新风阀没关严或者物业管理问题吧？我方考虑设备存在某些质量方面的问题。另外，产品说明书里有没有提到在什么外界温度情况下需要关闭新风阀以及应关闭到什么程度等注意事项？

供货方（拿出产品说明书）：那倒没有写，因为新风阀不是设备自带的，一般由施工方采购安装。所以，在产品说明书里不会体现与产品无关的内容。但是，新风阀关闭不严，说明设备在调试或后期管理中存在一些问题。

发包方：谢谢你的提醒，我们会要求施工方和物业管理单位在今后工作中加强设备调试和运行维护管理。现在我们还是继续讨论设备质量这个问题，安装的新风机组设备中也有新风阀没关严，但没被冻坏的情况，从实际情况看无法判断这两台机组水盘管被冻坏与新风阀没关严是否一定存在因果关系。根据你们刚才提到的发生过类似现象的项目情况可以说明，设备存在整体质量不均衡、个别部件质量不完善的问题。生产厂家还需要对设备各部件的技术配置不断研究和改进。而且你们的产品说明书里没有注明什么条件下需要关闭新风阀，什么环境温度下会发生水盘管冻坏等有关注意事项，也没有针对这些事项给用户提出明确要求。

供货方：我们会把校方意见尽快反馈给生产厂家，我公司希望能与贵校长期合作，关于这两台机组如何处理的问题，我们回公司后抓紧时间处理。

发包方：谢谢你们对学校的支持和配合。希望生产厂家尽快答复，早日解决问题，以免影响系统正常使用。

经协商，供货方最终同意免费更换两台新风机组。

评析与启示

本案中，发包方先是从新风机组水盘管被“冻坏”现象入手，紧紧抓住设备生产厂家“产品说明书中没有注明新风阀关闭的有关注意事项和实际“安装的新风机组中也有新风阀没关严，但也没被冻坏的情况”这两点重要细节，推断出“无法判定这两台机组水盘管被冻坏和新风阀没有关严是否存在因果关系”

的结论，再利用设备生产厂家承认发生过类似情况的工程案例，但未解释出原因的事实，分析出产品的个别部件存在质量不完善的地方。同时，通过设备生产厂家提到北方城市和××市××大厦都发生过同样现象，来确证设备确实存在质量缺陷。发包方利用产品说明书注意事项提示不全，多个项目发生过类似现象等几个细节，一步一步推证出有利于自己的结论，维护了发包方的利益。

任何产品说明书都是经过仔细推敲研究而制订的。内容一般会包括产品性能指标、安装或使用方法、适用的环境条件、注意事项、维护保养等。但对产品缺陷和不足则一概避而不谈，或者含糊其辞，通过回避产品本身的质量问题来达到推卸自己责任的目的。当工程投入使用后，大大小小的运转设备都不可避免地会发生这样或那样的质量问题和使用问题。如何透过现象看本质，通过表面看实质，发现被有意掩盖的产品缺陷，对任何一个使用者来讲，都是一门必修课。

19

既然安装了管道消声器，为何室内噪声仍超标？

案例简述

发包方：某研究学院

承包方：某第六建筑公司

某研究院新建一座高标准新闻演播厅。该座演播厅除为本院服务外，还承担了对外演播任务。建设初期，研究院提出演播厅室内噪声须控制在30dB以内，并提出工程验收前，要对演播厅噪声先进行测试，以免工程交付使用后，因达不到噪声要求出现返工，造成更大损失。演播厅施工完成后，发包方为慎重起见，请来声学专家，对演播厅噪声逐点检测。当测试到演播厅主席台上方时，噪声仪显示环境噪声为42dB，远超30dB的使用要求。经现场观察发现，这种沉闷而连续不断的噪声是从主席台上面的顶棚里面发出的。

现场专家分析，出现这类噪声的原因，可能是连接风管的法兰螺栓松动或风管吊架安装不牢固产生晃动引起的，要搞清楚噪声源，需要拆下顶棚查看里面的情况。

发包方让承包方拆下主席台上面的顶棚，沿顶棚里面的整条风管巡查，连接风管的法兰螺栓并没有松动，吊架也很牢固。通过仔细辨听，噪声是从刚安装好不久的通风管里发出的。经专家判断，噪声如果不是因风管连接松动或吊架安装不牢固引起晃动而产生，就一定是因连接风管的设备振动而产生。

发包方召开了由专家、承包方、监理方、设计方参加的噪声分析专题会。

焦点回放

发包方：请问专家，风管本身会产生噪声源吗？

专家：不会。

发包方：您刚才分析，噪声源来自连接风管的设备，请您给大家再仔细解释一下。

专家：大家刚才在现场都感受到了，噪声是从风管里发出的。向室内送风、排风是靠风机通过风管这个通道来完成的。风管本身不会产生噪声，噪声源只能来自风机。风机转动时，它的声音会沿风管传递。为避免风机的噪声传播，设计时会在风机出口和风管一定位置设置消声器，每种消声器都有固定的消声量、隔声量，通过设计计算，在风机出口和风管上设置合理数量的消声器，将风机到风管的噪声逐级消除，直到风管末端噪声达到允许标准。现在主席台上面的环境噪声测试值这么高，应该是风管消声器的消声量、隔声量不足，应先核查一下消声器的性能指标。

发包方：如果是消声器的消声量、隔声量不足，很有可能是消声器的消声指标不达标所致，请施工方仔细核对一下采购的消声器技术要求是否符合设计要求。

承包方：我们与厂家订立消声器采购合同时，是按照图纸技术要求和设计规格提供给厂家的。而且，每个消声器到现场后，监理方都进行了验证，均符合设计要求，所有消声器都履行了报验手续，不存在问题。

承包方拿来消声器采购清单和到货报验单，让在场各方过目。

设计方：消声器采购清单上的技术要求和规格，与设计要求和规格一致。

监理方：消声器报验单上的签字核对过了，是我方监理工程师所签，报验单数量和规格与采购清单一致。

那么，到底哪里出了问题?

发包方：现在最主要的工作是查清问题症结，再认真检查一下消声器从订货到安装过程中的每一个环节。这个过程请专家给予技术帮助。

专家拿来承包方采购清单，仔细检查后发现，在采购清单设备名称一栏下标注的是消声器，货物种类一栏下却没有注明消声器的种类。

发包方：你们采购的消声器是什么类型的？技术清单中为什么没有标明?

承包方：采购合同是合同部拟定的，技术人员只是把设计要求和采购清单提供给合同部，我们再从合同部了解一下。

承包方从合同部了解到，项目部技术人员提供给合同部的技术要求和采购清单规格与图纸的设计要求及规格一致。而图纸只标注了“消声器”，合同部也就照单抓药，采购清单上的货物种类虽为空，但经办人并未在意，因为“货物种类为空”的类似工程很多，经办人认为只要采购清单与图纸一致就不会有错，也未考虑找设计人员确认，关注焦点全放在了价格控制上。

经承包方与消声器厂家核实，厂家提供的消声器全部是单节微穿孔消声器。

专家：问题就出在了这里。风系统消声的好坏主要取决于消声器种类是否选用得当，数量是否设计合理。演播厅对噪声要求较高，安装在风系统上的消声器应使用对高、中频消声效果较好的阻性消声器与对中、低频消声效果较好的抗性消声器，两者组合配置；或使用结合了抗性、阻性和共振消声特点，对高、中、低频消声作用都较好，消声衰减量大于15dB的广频阻抗复合式消声器。微穿孔消声器里面不贴附吸声材料，而是由微穿孔板材料构成，通常在有洁净要求的室内场合下使用，其单节消声衰减量为5~10dB，用在演播厅风系统上，是无法满足噪声要求的。

发包方：现在问题清楚了，设计图纸没有明确消声器种类，承包方就按照普通建筑通常使用的消声器种类进行了采购，设计单位这方面工作存在失误！

设计方：出现这个问题，我们是有责任，我们回去后尽快进行设计修改。不过，趁此机会，我们需要澄清一些问题。设计过程中，我们多次要求发包方提供演播厅灯光负荷、演播厅噪声等级资料，但始终没能提供。因缺少资料，我方只能依据常规建筑对空调通风系统的噪声要求进行设计，这些过程中的往来函件都有据可查。出图后，也没有任何人向我方提出设计修改的问题。发生噪声超标，恐怕也不能全归罪于我方设计问题，这点请大家理解。

发包方：今天各方在一起讨论，并不是要追究哪一方责任，主要目的是为了找出发生问题的原因，找到解决问题的办法，尽快处理，早日进行系统调试。工程整体验收顺利通过才是我们共同的目标。设计单位根据今天的结果，按照专家的意见对消声器种类再重新复核一下，出具设计变更通知单，施工单位拿到通知单后，抓紧订货和安装，大家相互配合。争取两周整改完成。其他事情择时再议。

一周后，承包方按照调整后的设计要求重新采购，在风管上安装了阻抗复合式消声器，系统调试时，演播厅噪声达到30dB要求。

评析与启示

本案安装在风管的消声器，从设计图纸对材料规格的标注到承包方依据设计规格进行订货、监理方对进场材料进行检查验收的整个过程中，并没有发生我们经常看到的设计错误、图纸遗漏、施工单位违规操作出现质量差错、监理检查验收不认真等施工管理中常见的现象。但工程依然出现问题，让人不禁感叹，建设工程要达到精细化管理将是一个艰巨而漫长的过程。

设计人员也许对演播厅空调通风系统消声处理的专业特殊性不了解，未必能意识到演播厅的空调通风系统和一般民用建筑的空调通风系统有什么不一样，所以在消声器规格选择上，也只按照常规建筑对空调通风系统的噪声要求进行了设计。这类专业性的欠缺是可以谅解的。不过，设计方曾多次要求发包方提供演播厅灯光负荷和噪声等级等有关资料，说明设计人员看到了这个细节对演播厅使用功能的影响，遗憾的是，设计人员没有抓住这个细节一追到底，从而失去了赶在承包方订货前修正消声器种类的机会。即使对消声专业特性不熟悉，或者因为设计任务繁重，无暇顾及对演播厅灯光负荷及演播厅噪声等级细节的深究，但如果能把这些不确定性因素在消声器材料性能参数表中以“待订货时进行确认”备注方式标注在图纸上，也能多多少少提醒承包方，在消声器订货前，还有一些设计条件有待设计方进一步补充和确认，从而让承包方谨慎订货。这几个细节的疏漏带来的教训，设计人员要吸取。

本案中承包方是一家口碑不错的施工企业，可以说是工程施工经验比较丰富。但在消声器采购订货过程中，合同部经办人对消声器采购清单中货物种类一栏为空的问题表现出不以为然、习以为常的态度，则反衬出当事人自认为看到的类似工程太多，处理问题时沿用老经验的工作惰性。倘若合同经办人不是只凭经验按图索骥、只图降价照单订货，而是把重视管理细节，不放过任何可疑的蛛丝马迹作为一种工作习惯，就有可能发现“货物种类一栏为空”背后隐藏的问题，从而避免噪声不满足使用要求的错误发生和重新订货产生的费用损失。

而本案中的消声器生产厂家如果不只想着扩大市场销售额，追求利益最大化，而是本着为用户着想，认真对待每一个采购人，发现“货物种类一栏为空”的细节问题，及时提醒采购人，也能很大程度上纠正设计疏漏，避免问题出现。

监理方严格按照设计要求对承包方采购货物进行进场报验，体现了一个合格监理人的职业操守，但在专业众多、系统庞杂的工程建设管理中，仅仅认真履行岗位职责是不够的，作为工程质量的监督人、检查人，具有丰富和广博的专业知识、较高的业务水平，才能对施工中哪怕一个微小的差异、不同和变化带来的质量隐患有所察觉。

这个案例也暴露出发包方在资料管理中存在的问题。《建设工程质量管理条例》规定了建设单位质量责任和义务：“建设单位必须向有关的勘察、设计、施工、工程监理等单位提供与建设工程有关的原始资料。原始资料必须真实、准确、齐全”。设计单位一项重要的设计依据是建设单位提供的真实、准确、齐全的资料。本工程发包方在设计方多次催要演播厅灯光负荷和噪声等级等有关资料的情况下，直至承包方订货时也没有提供给设计单位。使设计单位在演播厅功能资料不全、对专业特殊性不了解的情况下开展设计，造成消声器选型不准确，消声效果达不到功能要求的后果。应该说，发包方没有按照管理条例规定，尽到一个建设单位应尽的责任和义务。

检测机构专家能够通过听声、看物、测数据几个细节判断出噪声超标的来源，再通过核查采购清单发现噪声超标的原因，短短时间找出问题症结和解决问题的方法，不愧为注重细节和利用细节的高手。

20

逃避损坏设备责任作假，检查设备序号破绽百出

案例简述

某安装公司承包的某区县财政局综合楼工程进入专业安装阶段，在一次监理会上，承包方汇报进度情况时提出：本周内现场已开始风机安装，就在两天前，拆开风机包装箱时发现，有一台风机外观变形，因设备属于发包方采购，请发包方协调风机生产厂家重新发货。会后，发包方工程师来到现场，了解这台“损坏”风机的情况。经检查，风机扇叶确实已变形，可奇怪的是，设备包装箱并没有发生任何损坏。

一周前，设备厂家将这批货物送到工地现场时，发包方与监理方、承包方共同进行了验收，检查清点无误后，货物转交给承包方存放保管，承包方当时进行了签收。发包方和监理方根据“损坏”风机的情况初步判断，如果风机包装箱没有破损，说明设备损坏不是发生在运输途中，有可能在设备装箱前就已经发生了损坏。发包方马上通知设备供货厂家到现场解决问题。

设备供货厂家来到现场后，向承包方询问和了解问题的发现经过。

焦点回放

供货方：合同签订的风机数量共有多少台？现场与损坏风机同样型号的有多少台？这个型号的风机已经安装了多少台？还剩多少台没安装？

承包方：合同数量 278 台，与损坏风机同样型号的共有 50 台，已安装了 28 台，还有 22 台没安装。

供货方：请介绍一下当时发现设备损坏的情况。

承包方：我方现场安装人员一拆开包装箱就发现了风机扇叶变形，立即报告了上级。

发包方：发现这台风机损坏后，有没有对剩余 22 台风机进行检查？

承包方：因事出突然，我们想赶紧解决眼前问题，所以，还没来得及拆开剩余 22 台风机包装箱进行检查。

供货方：如果怀疑这台风机在装箱前就发生了损坏，剩余 22 台风机会不会也存在这种可能？请发包方、监理方允许把剩余 22 台风机包装箱全部打开，逐一进行检查。

发包方和监理方商量后，表示同意。

供货方：检查时请注意每个包装箱正面左上角粘贴的一串号码，这是设备序列号，这个序列号应与设备上钢印的序列号一致。

各方将剩余 22 台风机包装箱逐一开箱进行检查核对，并未发现有任何损坏，每台设备序列号也与包装箱外面的序列号一致。

供货方：我们再看看这台损坏风机的序列号和包装箱外面的序列号情况。

各方再仔细查看后发现，损坏风机的序列号和包装箱外面的序列号并不一致。

供货方：请再检查一下拆下来的包装箱，看看有没有与损坏风机的序列号一样的包装箱，或者安装完的风机里，有没有与损坏风机包装箱外面的序列号一样的风机设备。

几方在现场找到了几个与损坏风机序列号一样的空包装箱，其中一个包装箱破损严重。到这时，无须再去核对已安装的风机序列号和损坏风机包装箱外面的序列号是否一致，各方已完全清楚了问题的原因，考虑到合作关系，供货商巧妙地指出了承包方作假行为。事后，发包方了解到，损坏的风机是由于施工人员安装时不小心掉在地上摔坏的，因害怕被处罚，想出了这个“狸猫换太子”的法子。

承包方负责人知道了事情始末后，主动向供货方进行了道歉，并承担了更换设备的费用。

评析与启示

按照房屋建筑和市政工程施工合同通用条款第 5 条规定：“发包人应在材料和工程设备到货 7 天前通知承包人，承包人应会同监理人在约定的时间内，赴交货地点共同进行验收。除专用合同条款另有约定外，发包人提供的材料和工程设备验收后，由承包人负责接收、运输和保管。”

对施工中出现问题的处理方式反映了一个企业的人员素质和管理水平。

本案中，发包方采购的风机到了工地现场后，监理方和承包方均对其进行了数量清点和抽查验收，确认无误后，由承包方签认收货。承包方收货后即应承担起对设备妥善保管的责任。在此期间，施工人员不慎造成风机损坏，作为保管者，承包方应首先了解设备损坏过程的全面情况，对施工人员陈述的损坏原因进行真伪分析，判断其陈述是否合理，是否有证据支持，才能作出正确处理。若的确是自己的责任，就应该按照合同约定进行赔偿，并在以后的工作中，加强现场管理和人员素质教育，这才是一个优秀施工企业应有的大局意识和管理理念。如果承包方以逃避和推卸责任为出发点，就会站在对自己有利的角度去想问题和处理问题，处理结果势必有失公允。

本案供货方通过对比包装箱和设备序列号这一细节让问题迎刃而解，在问题的处理上，既未推脱自己，也未指责对方，陈述过程时有理有据，态度上不卑不亢，表现出工作严谨的优良品质，以及纯熟精通的业务能力，而其展现的工作技巧也更好地加深了与参建方的相互理解和信任，值得施工企业学习。

21

材料性能地区差异大，未充分调查慎重使用

案例简述

某信息学院建设的公寓楼已进入施工图设计阶段，在一次建筑方案讨论会上，设计师向发包方介绍了一种新型外墙板，这种外墙板在南方已开始使用，效果反映不错。该墙板具有质轻、隔热、隔音、保温、成品化、安装简便等特点，有利于加快施工进度，建设单位对此表示认可。

施工承包单位按照设计图纸和合同要求，按期完工并通过竣工验收，工程交付使用第二年，几场大雨过后，建筑室内出现多处漏水，物业管理人员通知施工方派人检修，经检查发现，雨水是顺着墙板接缝处进入室内的，但是铺设的防水卷材却没有出现破损和搭接不严的情况。施工方也解释不清漏水的原因。发包方请设计单位工程师、防水方面的专家来到现场，一起分析原因。专家对漏水的地方和建筑物外墙做了仔细检查，又对外墙施工材料和施工过程进行了解之后，初步分析漏水的原因是因墙板嵌缝剂黏结性不够，使嵌缝产生裂纹，雨水顺裂纹渗透到墙体内部所致。设计单位工程师却对此分析提出异议，认为近些年来，这种新型外墙板已在南方地区很多工程中采用，使用的是同样类型嵌缝剂，并没有出现过类似问题，更没发生过严重渗漏的现象。

专家请设计单位工程师找出施工节点大样图，并向生产嵌缝剂的厂家进行了咨询，发现了其中的问题。

焦点回放

墙板厂家技术负责人：此墙板是我厂引进国外先进工艺技术，通过自行消化改进生产的专利产品。

专家：这种新型墙板质量轻、保温、隔热、隔声、安装简便，具有传统材料不具备的优势，安装以后的整体效果确实不错。你们厂生产的嵌缝剂也是引进的专利技术吗？

墙板厂家技术负责人：不是。我们为了减少成本，没有引进国外的嵌缝剂技

术，现在用于工程上的嵌缝剂是我厂自行研制的，在南方地区已有很多工程采用，据已建成使用的项目管理单位反映，没出现过什么问题。

专家：在北方地区工程中使用情况如何？

墙板厂家技术负责人：已经使用过的工程大部分集中在南方地区，受条件所限，这种嵌缝剂在北方地区使用的工程不多，这方面情况还缺少研究和统计。

专家：既然这种嵌缝剂在北方地区使用的条件和情况不明确，为什么不向设计单位说明？

墙板厂家技术负责人：我们只是材料生产厂家，不是义务讲解员，用户认可我们的产品，才会购买我们的产品，我们理所当然要无条件满足用户需求。而且我们认为，设计单位一定是了解产品的性能，才会在设计中采用。我们只说在北方地区使用的条件和情况不明确，研究统计数据少，并不代表不能在北方地区使用，也不代表一用就漏。向设计单位作出这样的说明恐怕不合适！

发包方：不管怎样，这种嵌缝剂主要集中在南方地区使用这一细节不应忽略。你们应该把材料的适用性和限制条件，以及在各个地区的使用情况告诉设计单位，而不是回避不谈、模棱两可。

专家：设计单位在决定采用这类新型材料之前，应该对配合这种材料使用的辅材进行了解，对其技术性、适用性和局限性做到心中有数。

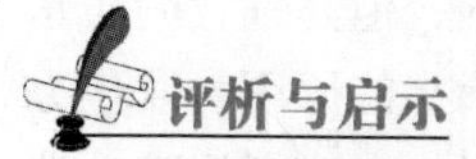

本案设计单位在设计中推荐选用更具优势的新型材料，其理念是值得提倡的。但是，只知道材料的优势而不知道材料的弱点，或者只知道主材的特点而不知道辅材的性能，都是远远不够的。正如专家所言，设计人员应该对可能影响工程质量的主材和辅材的技术性、适用性和局限性了如指掌，熟悉和掌握材料的使用条件。对一些条件尚不明确或市场不够成熟的产品，在没有把握的情况下应慎重使用，一旦决定采用，就应提前做好应对可能发生各种变化的预案，否则就有可能在工程使用中出现问题。如本案设计人员，正是忽视了对不明确材料应慎重使用，对要选用材料应全面了解，对不同环境下使用的材料应做好应对其变化的预案几个重要细节，使本应更具优势的一种新型材料在工程使用中出现质量问题，不仅影响了工程正常使用，对设计单位的声誉也造成了不良影响。

本案施工单位如果能在订立合同时，及时了解并注意到主材和辅材的使用特点及适用性，在施工外墙板时，及早发现用于本工程的嵌缝剂与以往工程中使用的嵌缝剂两者之间的不同和差异，进而能与厂家进行核实，事件的发展可能就会是另一种结果。

22

为求美观损失功能不应该，考虑不周实际使用留遗憾

案例简述

发包方：某合资工厂

设计方：D设计院

某合资工厂新建蒸汽热力站，建筑面积为2600m²，项目位于厂区中心地带，位置较特殊。工厂领导提出热力站外形要避免喧宾夺主，应采取尽量弱化外观效果的设计方案，同时还要与厂区整体风格相适应。项目经过设计招标，D设计院中标。签订设计合同后，各专业设计人员立即投入到紧张的工作中。经过D设计院对设计方案的多次调整，并征得发包方同意，确定热力站全部采用地下形式，地上只留有两组20m×4.8m整片玻璃组成的采光窗和人员疏散出口的建筑方案。为达到美观、弱化外形，同时满足使用功能，设计师将两组20m×4.8m整片玻璃采用45度斜角中空Low-e双玻斜顶形成采光窗，周围种植灌木草坪作为衬托。建设单位对此非常满意。方案确定了，接下来的各项设计陆续展开，一个月后，施工图设计完成。

发包方拿到图纸后，通过招标评审确定了施工单位。工程顺利实施，工厂领导对该项目也非常重视，定期视察工地。在结构完成进入二次装修阶段的一天，工厂领导又一次来到工地，当看到建筑效果图时，思考了几分钟以后说："这种斜顶玻璃窗形式棱角分明不柔和，如果能把斜顶变成平顶效果会更好，也可以有点角度，但角度越小越好，接近平顶，这样可以达到一览无余的整体效果。"对领导的指示各方高度重视，发包方代表要求设计院抓紧核算，调整角度，让斜顶窗变成平顶窗。

D设计院只好把已经确定的采光窗方案重新修改，经结构设计人员反复计算，把两组20m×4.8m整片玻璃之间的角度调整为14度，同时改为5个尺寸为4m×2.4m的玻璃。但施工方提出，由5个尺寸为4m×2.4m玻璃板拼成的一面窗，虽然美观，但因角度放平，玻璃自重受力太大，建议在5个玻璃板中间各增加一根金属支撑肋，但设计院考虑到增加支撑肋会影响采光窗一览无余的整体效

果没有采纳，之后对整块玻璃板四周边框的结构受力又重新调整计算，直至达到可承载整块玻璃自重及风雪荷载的要求。

工程一年后竣工，于冬季正式运营。经调整角度以后的采光窗宽敞明亮，掩映在一片绿树草丛中，与周围景观相辅相成。“白天光线充足，晚上星空灿烂”，得到各方一致好评。但不到两个月，有两块玻璃相继出现炸裂，采光窗里侧的结露水顺着玻璃流到内墙，造成大部分墙面脱落。使用单位只好让发包方请来设计单位及采光窗生产厂家来现场商议。

焦点回放

发包方问使用单位：室外有没有发生过较强的外力撞击，例如石头、重物之类的东西掉在了玻璃上？

使用单位：热力站24小时有人值守，室内设有监控头，我们询问了值班人员，调看了录像记录，没有发现外力撞击的情况。

发包方：没有任何外力作用，玻璃会自己炸裂？会不会是因施工安装方面的问题造成的？查看过玻璃边框吗？

承包方：都仔细检查过了，很牢固。安装时，监理全程监督，并进行了验收，这个过程都有记录。

采光窗生产厂家：安装没有问题。从玻璃炸裂的轨迹和现状看，也不像外力引起的，应该是自身造成的。蒸汽锅炉运行后，室内温度接近30℃，室外温度已经到了零下，室内外温差较大。玻璃平面尺寸为4m×2.4m，面积和自重太大，玻璃在自重和温差的作用下，产生较大挠度变形。虽然玻璃都会产生挠度，但如果面积不大或者自重不大的情况下，挠度变形不会产生太大影响，也不会炸裂。这两块玻璃恰恰具备了两个最不利条件，因此导致炸裂。

发包方：照这么说，大尺寸玻璃就必然会炸裂？

采光窗生产厂家：设计时采取一些措施是可以避免的。例如安装时，加大玻璃倾斜角度，让玻璃重量分散。如果采用小角度，可以视玻璃大小在中间增加一条或两条金属肋，相当于在重量集中的地方做个辅助支撑，情况就会好很多。

听了厂家的解释，D设计院设计人员表情无奈。发包方成员面面相觑。

发包方：采光窗里侧产生这么多结露水难道也是少了支撑肋的原因？

采光窗生产厂家：采光窗在斜面底端应当敷设一条接水槽，接水槽坡向最低点，从最低点接管至排水管或地漏。当采光窗里侧出现结露时，露水会顺着玻璃流到接水槽，再集中排入管道或地漏。

D设计院：原来45°斜角采光窗方案设计有接水槽，但应发包方要求改成14°采光窗以后，因为角度太小，我方认为产生的结露水等不到流进接水槽就会滴到地面上，所以取消了接水槽。

采光窗生产厂家：绝大部分结露水会滴到地面上，但仍有少部分结露水沿着玻璃会流到采光窗低点，时间长了，不断阴湿墙面，就会造成脱落。

D设计院设计人员承认自己没考虑到这个细节。

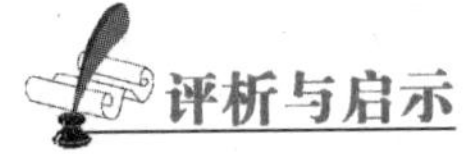

评析与启示

本案发包方的举动在工程建设中屡见不鲜。设计单位在确定建筑形式、建筑外观和建筑效果的过程中都要接受发包方定调、指正、审查、修改直至最后拍板。这里面又有多少是属于设计师自己的想法呢？有时，设计最初的想法会在不断满足发包方意图的修改中最终变得南辕北辙。倘若这些发包方管理人员又是非专业人士，那么判断建筑方案好坏的标准在很大程度上就取决于外观了。如本案发包方，因为45°斜角采光窗棱角分明不柔和，外观不好看，所以要被改成平顶窗，因为增加太多的金属支撑肋影响整体效果所以要被去掉。发包方并不清楚，采用角度较大的采光窗可以分散荷载，把荷载传递到四周窗框和墙体上；而对于角度较小的采光窗增加金属支撑肋，可以减少玻璃中心受力，避免玻璃产生过大挠度和变形。设计单位为满足发包方要求进行设计修改责无旁贷、无可指责，但在设计先天不足的基础上采取的任何补救措施都有可能对原有功能造成影响，甚至破坏，导致建筑功能不完整。如果再加上设计人员经验不足、细节考虑不周（认为角度很小，结露水等不到流进接水槽就会滴到地面上，所以取消了采光窗最低点接水槽）、预见不到工程可能出现的各种情况等因素，其设计造成的缺陷必然会加大建筑功能上的质量缺陷。

本工程出现质量问题的主要原因，一方面是发包方一味追求外观效果，不顾改变建筑设计方案可能带来的不良后果。另一方面，设计单位为满足发包方对美观的要求，采用了虽然可行但缺少对细节全面考虑又未仔细验算的修改方案；施工中，没有认真对待施工方提出的玻璃自重过大宜增加金属支撑肋的建议，即不重新论证，又不听取采纳，结果造成隐患多多。

工程实施过程中，来自方方面面的变化是常有的现象，例如建筑功能、工程范围、合同条款、场地环境等不一而足，但是，有一条原则不能变，就是让合适的人做适合的事。

23

模糊的系统含义让暂估价格相差几十万元

案例简述

某建设方申请了专项资金拟对专家公寓进行施工改造。其中一项主要内容是将热水系统原有的锅炉热源改造为空气源系统热源。设计单位按照委托合同的要求按期完成了设计图纸。建设方通过比选确定了一家招标代理咨询公司编制施工招标文件。其中，建设方要求空气源系统作为暂估价设备计入招标工程量清单。招标代理咨询公司根据设计图纸，经过两周的紧张工作，编制完成了招标文件初稿，在正式报送备案前请建设方审核。建设方聘请了造价方面的资深专家，与专业技术人员共同成立了评审组，对招标文件技术条款、工程量清单进行审查。一位专家和技术人员对招标文件设定的空气源系统暂估价提出了疑问。详见表 4-1。

表 4-1 材料和工程设备暂估价表

工程名称：某专家公寓

材料(设备)名称、规格、序号	计量单位	数量	暂估单价/元	招标人给定		投标人填报		备注
				损耗率/%	合价/元	损耗率/%	合价/元	
插座箱	台	18	1000					
漏电开关箱	台	2	1000					
空气源热泵系统	组	14	20000					
	分部小计							

注：1. 投标人应将上述工程材料、设备暂估单价计入工程量清单综合单价报价中。

2. 表中数量为图纸数量，合价 = 暂估单价 × 数量 × （1 + 损耗率）。

焦点回放

评审专家：这里所列的空气源热泵系统所包含的内容，描述得太笼统，含义不清，每套2万元的定价似乎偏低。

评审专业技术人员：如果只是空气源热泵设备，定价还算适中。但“系统”两字包含的内容就多了。

评审专家：在建设方以往的工程中，使用过这种设备吗？

评审专业技术人员：半年前，我们刚刚改造了一栋职工宿舍。

评审专家：是只改造了设备，还是系统？

评审专业技术人员：新增了12套空气源热泵机组，还有配套水箱、水泵、管道和控制系统，总价400多万元。

评审专家：是不是可以这样理解，只靠12套空气源热泵机组是不能让热水系统正常运转起来的？需配置必要的辅助设备及控制系统，构成一套完整的空气源热泵系统，才能保证热水系统正常使用。

评审专业技术人员：没错。辅助设备及控制系统缺一不可。水泵是起输送和循环动力作用的，控制系统是发出指令、指挥设备动作的。如果没有控制系统，系统就像聋子和瞎子，看不见也摸不着了。

评审专家：我们还是核对图纸吧。

专家与技术人员开始核对设计图纸，发现图纸在设备表中列出了空气源热泵机组数量、型号、规格等明细，水箱和水泵则在热水管道系统图中标注了型号规格，并写明由空气源热泵机组厂家自带。控制系统说明只有简单一句话：控制系统应由空气源热泵机组厂家提供，并要与全楼智能控制系统相配套。

评审专家：从设备表看，只写了空气源热泵机组数量、型号、规格，但从系统看，包含的内容很多，不是简简单单的空气源热泵系统几个字就能涵盖清楚的，这套系统涉及专业多，控制比较复杂，最好请设计人员来解释一下。

建设方请来设计人员为评审组进行介绍。

设计人员介绍说，空气源热泵系统其实包含了14台空气源热泵机组、4台循环水泵、连接管道和控制系统几大部分内容。14台空气源热泵机组之间的内部制热循环控制和控制柜由设备厂家提供。当水箱水温低于设定温度时，自动逐台启动空气源热泵机组，直至全部启动。当水温达到设定值时，逐台关闭空气源热泵机组，直至全部关闭。当开启第一台空气源热泵机组时，运行第一台循环水泵，之后，根据空气源热泵机组相继启动的数量，自动逐台运行循环水泵。水泵采用变频运行。关闭空气源热泵机组对应停止水泵运行数量的控制与开启状态的控制一致。空气源热泵机组控制包括设备运行状态的显示、监测、控制、故障报警和记录存储。该系统纳入楼宇智能控制系统，可实现远程监控管理。

经过设计人员的详细介绍和说明，评审人员终于明白，原来空气源热泵系统包含了如此丰富的内容，准确地说，应该定义为“空气源热泵机组及配套设备和群控系统”。这也与建设方专业技术人员所介绍的以往工程中运行的空气源系统含义基本一致。此后，评审专家和专业技术人员对这套“空气源热泵机组及配套设备和群控系统”重新进行询价，果然不出评审人员所料，这套“空气源热泵机组及配套设备和群控系统”估价为4万元/套，14套估价为56万元。招标代理咨询公司根据评审意见对暂估价表进行了调整，详见表4-2。

表4-2 材料和工程设备暂估价表

工程名称：某专家公寓

材料(设备)名称、规格、序号	计量单位	数量	暂估单价(元)	招标人给定		投标人填报		备注
				损耗率/%	合价/元	损耗率/%	合价/元	
插座箱	台	18	1000					
漏电开关箱	台	2	1000					
空气源热泵机组及配套设备和控制系统	组	14	40000					
	分部小计							

注：1. 投标人应将上述工程材料、设备暂估单价计入工程量清单综合单价报价中。

2. 表中数量为图纸数量，合价 = 暂估单价 × 数量 × （1 + 损耗率）。

评析与启示

应该说，设计人员在设计图纸中对设备和系统的含义表述不全面、不准确是引发本案问题的一个主要原因。设计人员如果在设备明细表中，或者在热水管道系统图中将设备和系统所包含的内容详细说明，招标代理咨询公司造价人员将会理解得更准确，也不会产生如此悬殊的价格差别。就连评审组资深专家和专业技术人员对如此“简明扼要”的设计说明也摸不着头脑、无法理解。好在评审人员工作态度严谨负责，不放过任何疑点，让大家最终弄清了“空气源热泵机组及配套设备和群控系统”的实际含义。可见，“设计人员对设备和系统应准确描述”这一看似并不复杂的细节，如果不认真对待，很容易被忽视，导致最后的结果与开始的设想大相径庭。细节处理好不好其实反映的是工作态度问题，工作认真严谨的人，不但能发现细节，也能做好细节。

通过本案还可以看出，工程的特殊性就在于，它是一种集多学科于一体的系统性产品，在知识日益更新，社会迫切需要复合型人才的今天，造价工程师不应只满足于算工程量、套定额、计单价等单纯性造价工作，还应触类旁通，熟悉相关专业知识，不断学习和了解新工艺、新设备，掌握其性能特点和技术背景，才能更好地满足工程服务的需要，以应对建设市场不断变化的复杂环境。

参 考 文 献

[1] 白云生．水电工程合同管理及工程索赔案例与分析［M］．北京：中国水利水电出版社，2006.

[2] 王俊安，彭邓民．工程造价典型案例分析［M］．北京：中国建材工业出版社，2006.

[3] 李佩云．安装工程常见质量问题案例［M］．北京：中国建筑工业出版社，2003.

[4] 孙念怀．精细化管理操作方法与策略［M］．北京：新华出版社，200.5.

[5] 吕国荣，陈遊芳，蒋如彬．精细化管理的58个关键［M］．北京：机械工业出版社，2006.

[6] 何伯州．工程建设法规与案例［M］．北京：中国建筑工业出版社，2004.

[7] 吴小明．政府采购实务操作与案例［M］．北京：经济科学出版社，2011.

[8] 陈贵民，叶丽影．建设工程管理细节案例与点评［M］北京：机械工业出版社，2010.

[9] 圣丁．哈佛商学院MBA案例教程［M］．北京：经济日报出版社，1997.

[10] 魏中乔．小错误诱发大事故［M］．北京：东方出版社，2007.

只满足于算工程量、套定额、计单价等单纯性造价工作，还应触类旁通，熟悉相关专业知识，不断学习和了解新工艺、新设备，掌握其性能特点和技术背景，才能更好地满足工程服务的需要，以应对建设市场不断变化的复杂环境。